PICHT

MESS- UND PRÜFMETHODEN DER OPTISCHEN FERTIGUNG

MESS- UND PRÜFMETHODEN DER OPTISCHEN FERTIGUNG

BAND I

VON

DR. JOHANNES PICHT
ord. Professor für theoretische Physik
an der Pädagogischen Hochschule
Potsdam

MIT 142 ABBILDUNGEN

1 9 5 3

AKADEMIE-VERLAG · BERLIN

Erschienen im Akademie-Verlag GmbH., Berlin
Lizenz-Nr. 202 · 100/92/51
Satz und Druck der Buchdruckerei F. Mitzlaff, Rudolstadt V/14/7 (695)
Bestell- und Verlagsnummer 5083/I
Printed in Germany

Vorwort

Vor, während und nach der Anfertigung eines optischen Systems sind in den optischen Werkstätten eine große Zahl von Messungen und Prüfungen durchzuführen.

Zunächst handelt es sich darum, festzustellen, ob das zu bearbeitende Material — im allgemeinen handelt es sich hier um die verschiedenen Arten optischen Glases — die von ihm geforderten Eigenschaften besitzt.

Dann ist festzustellen, ob die einzelnen Bearbeitungsvorgänge ordnungsgemäß und vorschriftsmäßig ausgeführt sind.

Ist dies zufriedenstellend geschehen, so ist weiter festzustellen, ob die Materialeigenschaften evtl. durch den Bearbeitungsprozeß beeinflußt wurden.

Nunmehr ist weiter zu untersuchen, ob die bearbeiteten Einzelteile und die daraus zusammengesetzten optischen Systeme in ihren optischen Grundgrößen — wie z. B. Brennweite, Schnittweite, Lage der Brenn-, Haupt- und Knotenpunkte usw. — den geforderten Werten entsprechen.

Endlich aber ist es nötig, das fertige optische System — sofern es sich um eine Erstanfertigung handelt, aber auch bei serienmäßiger Herstellung — auf seine optischen Abbildungseigenschaften, auf seine Abbildungsfehler hin zu untersuchen.

In diesem und einem zugehörigen zweiten Bande sollen die verschiedenen Prüf- und Untersuchungsmethoden, die für diese mannigfachen Prüfungen vor, während und nach der Fertigung optischer Systeme erforderlich sind, zusammengestellt und kurz beschrieben werden.

Dabei ist es natürlich — im Rahmen dieser Arbeit — nicht möglich, auf alle Feinheiten, die bei der Durchführung der Prüfverfahren zum Zwecke ihrer höchstmöglichen Genauigkeitssteigerung zu beachten sind, ausführlich einzugehen. Dazu würde ein mehrfacher Umfang der Hefte erforderlich sein. Wohl aber wird — wenigstens an vielen Stellen — die Genauigkeit kurz formelmäßig diskutiert; insbesondere wird darauf hingewiesen, in welcher Weise die Ungenauigkeit, d. h. der Fehler des Meßergebnisses von den Meß- bzw. Ablesefehlern der hierbei auszuführenden Einzelmessungen abhängt.

Ist dx der Fehler des Meßergebnisses, so läßt sich für die „Genauigkeit" G, mit der die Größe x auf Grund der Messung bestimmt werden kann, in einfacher Weise ein Maß so definieren, daß G den Wert 1 annimmt, wenn der Wert der Größe x mit voller „Exaktheit", also völlig einwandfrei durch die Messung ermittelt werden kann. Zu diesem Zweck könnte man etwa die „Genauigkeit" $G = \frac{|x| - |dx|}{|x| + |dx|}$ setzen. Ein so definiertes Maß für den Begriff der Genauigkeit würde besagen, daß der wirkliche, der wahre Wert der zu messenden Größe zwischen $\frac{m}{m+1}$ und $\frac{m}{m-1}$ des durch die Messung erhaltenen Wertes liegt, wenn $|dx| = \frac{|x|}{m}$ ist. Bezeichnen wir mit M den durch die Messung erhaltenen „Meßwert", mit W den „wahren Wert" der zu messenden Größe, so ist

$$\frac{m}{m+1} M < W < \frac{m}{m-1} M, \quad \text{wo } m = \frac{|x|}{|dx|} = \frac{W}{dM} \approx \frac{M}{|dM|},$$

so daß

$$\frac{M^2}{M+|dM|} \lesseqgtr W \lesseqgtr \frac{M^2}{M-|dM|} \quad \text{für } W \gtrless 0,$$

wofür wir auch — da bzw.: sofern $|dM| \ll |M|$ ist — mit ausreichender Näherung schreiben können

$$M\left(1 - \frac{|dM|}{M}\right) < W < M\left(1 + \frac{|dM|}{M}\right) \quad \text{für } W \gtrless 0.$$

Der „wahre Wert" einer mit dem Meßfehler $|dM|$ gemessenen Größe liegt demnach zwischen dem $\frac{M}{M+|dM|}$-fachen und dem $\frac{M}{M-|dM|}$-fachen Betrag des durch die Messung gefundenen Wertes M $\left[\text{bzw. zwischen dem } \left(1 - \frac{|dM|}{M}\right)\text{-fachen und dem } \left(1 + \frac{|dM|}{M}\right)\text{-fachen Betrag jenes Wertes } M\right]$ und: — Der durch die Messung gefundene Wert M besitzt die „Genauigkeit"[1] $\frac{|M| - |dM|}{|M| + |dM|} \approx 1 - 2\left|\frac{dM}{M}\right|$, entsprechend der Tatsache, daß ja der (relative) *Bereich* der „Unsicherheit" des Meßergebnisses die Größe $2\left|\frac{dM}{M}\right|$ hat.

Es soll noch erwähnt werden, daß bereits ein dem Inhalt dieser Hefte ähnlicher Handbuchartikel vorliegt, und zwar handelt es sich um die beiden Beiträge[2]) von Heinrich Kessler, Jena, im „Handbuch der Physik" von H. Geiger und K. Scheel, Band XVIII (Berlin 1927), Kap. 3 (Optische Konstanten): „Die Messung der

[1]) Es sei noch besonders darauf hingewiesen, daß im Text oft von der Meßgenauigkeit oder der „Genauigkeit, mit der eine Größe gemessen werden kann", die Rede ist, wo es sich eigentlich um die Größe der Ungenauigkeit der Messung bzw. der Unsicherheit in der Größe des Meßwertes handelt. Dementsprechend heißt es z. B. auf S. 3: „Da sich bei besonderer Sorgfalt die Meßgenauigkeit der Brechungsindex-Messung auf eine Einheit der 5. Dezimale ‚steigern' läßt" (gegen eine Einheit der 4. Dezimale), wo es richtiger heißen müßte, die Meßungenauigkeit läßt sich auf eine Einheit der 5. Dezimale verringern. Der Verf. glaubt aber, daß diese „sprachliche Inkorrektheit" vom Leser sofort erkannt wird und nicht jeweils besonders erwähnt zu werden braucht.

[2]) Soweit diese Beiträge nachstehend noch besonders zitiert sind, geschieht dies durch den Hinweis: H. Kessler (I) bzw. H. Kessler (II).

Brechungszahlen von Gasen, flüssigen und festen Körpern, Kristallen usw. Methoden. Apparate" (S. 623—721) und „Die Methoden zur Prüfung von optischen Instrumenten, Linsen, Spiegeln, Mikroskopen, Fernrohren usw." (S. 721—834).

Auch an anderen Stellen, z. B. im „Lehrbuch der praktischen Physik" von FRIEDRICH KOHLRAUSCH sind — in der Bearbeitung von SCHÖNROCK — verschiedene der gebräuchlichen Meßmethoden beschrieben. Ferner existieren eine Reihe von Zeitschriften-Aufsätzen[1]), in denen ein zusammenfassender Überblick über Meßmethoden der optischen Fertigung gegeben wird.

Wenn ich es trotzdem unternehme, im Anschluß an meine — naturgemäß überarbeiteten und ergänzten — Vorlesungen, die ich vor etwa 10 und mehr Jahren an der Technischen Hochschule Berlin vor Studenten sowie vor Werksangehörigen der optischen Praxis gehalten habe, in diesen Heften über Prüf- und Meßmethoden der optischen Fertigung zu berichten, so bin ich mir natürlich vollkommen bewußt, daß zwischen diesen Darstellungen und denen der früheren oben erwähnten Bearbeiter, besonders denen von H. KESSLER, oft große Ähnlichkeit bestehen wird. Doch ist dies wohl bei einer zusammenfassenden Darstellung vieler Einzelmethoden nicht anders zu erwarten.

Auch scheint es mir trotz der besonders ausführlichen Handbuchartikel von H. KESSLER — auf die ich übrigens wiederholt verwiesen habe — nicht überflüssig, die Prüf- und Meßmethoden der optischen Fertigung gesondert zu behandeln, da dies Gelegenheit gibt, auf die inzwischen in der Literatur beschriebenen weiteren Verfahren mehr oder weniger ausführlich — z. T. nur durch Literaturhinweis und kurze Inhaltsangabe — einzugehen[2]), und da außerdem die verhältnismäßig dünnen und preiswerten Bände sicher mehr geeignet sind, von den Männern der Praxis zu Rate gezogen zu werden als die unverhältnismäßig umfangreichen

---

[1]) CHR. v. HOFE, Optische Meßverfahren in der Werkstatt. D. prakt. Maschinenkonstr. u. Fertig.-Ing. 1925, 1—12 [—, —]. — F. WEIDERT, Die Arbeitsverfahren des Optikers und seine Hilfsmittel. ZS. des VDI **67**, 171—178, 1923 [**4**, 1033]. — J. FLÜGGE, Glastechnische Probleme des Optik-Konstrukteurs. Sprechsaal **64**, 716—718, 1931 [**13**, 193]. — C. H. MORGAN, Instruments for testing and adjusting optical systems. Rev. Scient. Instr. (N. S.) **1**, 404—412, 1930 [**11**, 2258]. — F. WEIDERT, Herstellung und Eigenschaften des optischen Glases. Monatsblätter des Berliner Bezirksvereines deutscher Ingenieure, Maiheft 1921, 38 S. [**2**, 947]. — Die bei den Literaturstellen in eckigen Klammern beigefügten Zahlen haben den Zweck, es dem Benutzer dieses Bandes (und des folgenden) zu erleichtern, sich über den Inhalt der betr. Arbeit kurz zu informieren. Sie beziehen sich auf die Referate in den Physikalischen Berichten und geben hierfür Band und Seite an.

[2]) Im Interesse der Umfangsbeschränkung sind ältere Literaturstellen im allgemeinen nicht angegeben, zumal diese sehr ausführlich in den genannten Handbuchbeiträgen von H. KESSLER mitgeteilt sind, auf die daher auch in dieser Hinsicht verwiesen sei. Dagegen konnten die seit Fertigstellung des Manuskriptes dieses 1. Bandes erschienenen einschlägigen Arbeiten — soweit sie dem Verf. bekanntgeworden sind und es ihm im Interesse der Vollständigkeit dieser kleinen Schrift notwendig und wünschenswert erschien — noch kurz (zum Teil nur in den Anmerkungen) inhaltsmäßig berücksichtigt werden, obwohl der Satz bereits fertiggestellt war, wofür ich dem Verlage meinen Dank ausspreche. Gleichfalls danke ich meinem Assistenten, Herrn Dipl.-phys. Jochen Klebe, für die Zusammenstellung jener Arbeiten sowie für die Anfertigung des Namensregisters.

Handbücher, die gleichzeitig noch viele den Spezialisten im Augenblick weniger interessierende Aufsätze enthalten.

So gehe denn dieses Buch hinaus in die Praxis. Wenn es zu seinem bescheidenen Teile dazu beiträgt, die sprichwörtliche Güte der deutschen optischen Wertarbeit auf seiner bisherigen Höhe zu erhalten oder noch zu steigern, so hat es seine Pflicht und seinen Zweck erfüllt[1]).

Johannes Picht

[1]) Verf. wird es dankbar begrüßen, wenn ihm aus der Praxis Hinweise auf weitere Meßmethoden oder Ausgestaltung und Verbesserungen der hier besprochenen Methoden zugesandt werden. [Potsdam-Griebnitzsee, Stubenrauchstr. 39.]

Inhaltsverzeichnis

Abschnitt A

I. BESTIMMUNG DES BRECHUNGSINDEX

Die Prüfung des Brechungsindex wird in den meisten Fällen schon *vor* Anfertigung der Linsen, d. h. *vor* der Bearbeitung bereits am Rohglas vorgenommen. Diese Prüfung am Rohglas geschieht entweder mit Hilfe von Refraktometermethoden oder auch mit dem Spektrometer. Die verschiedenen Methoden zur Bestimmung des Brechungsindex sind im KOHLRAUSCH (s. o.), sowie besonders ausführlich in dem Beitrag I von H. KESSLER beschrieben. Wir beschränken uns hier auf eine Darstellung der wichtigsten Methoden[1] [2].

1. TOTALREFRAKTOMETER-METHODEN

Die Refraktometer beruhen auf der Totalreflexion. Betrachten wir zwei aneinandergrenzende Medien (Abb. 1) von verschiedenem Brechungsindex n und N, wo $N > n$ sei, und lassen wir in dem (optisch dichteren) Medium mit dem höheren Index N Lichtstrahlen unter einem Winkel i zum Einfallslot auf die Trennungsfläche auffallen, so tritt Licht nur dann in das zweite (optisch dünnere) Medium (n) über, wenn i kleiner oder höchstens gleich ist dem sogenannten „Grenzwinkel i_g der Totalreflexion", wo $i_g = \arcsin \frac{n}{N}$. Diese Gleichung folgt sofort aus dem Brechungsgesetz $N \sin i = n \sin i'$, wenn i' der Winkel des gebrochenen Strahls mit der Normalen der Trennungsfläche ist. Für $i = i_g$ wird $i' = 90^0$. Ist $i > i_g$, so werden die Lichtstrahlen an der Trennungsfläche total reflektiert.

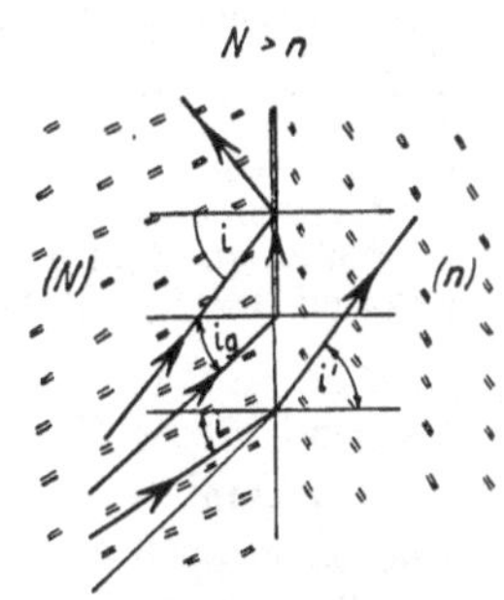

Abb. 1. Charakteristischer Verlauf der Lichtstrahlen verschiedener Neigung i gegen die Normale der Trennungsebene zweier optischer Medien.

Lassen wir umgekehrt Licht aus dem optisch dünneren Medium (n) auf die Trennungsfläche fallen, so tritt für

---

[1]) Auf die Abhängigkeit des Brechungsindex optischer Gläser von der Temperatur sei hier nicht eingegangen. FRED. A. MOLBY, Index of refraction and coefficients of expansion of optical glasses at low temperatures. Journ. Opt. Soc. Amer. **39,** 600—611, 1949 [**29,** 273] zeigt, daß diese Abhängigkeit ein Minimum aufweist, das für längere Wellenlängen bei höherer Temperatur liegt als für kürzere und gibt Tabellen und Kurven der Temperaturabhängigkeit des Brechungsindex (sowie des Ausdehnungskoeffizienten) einiger optischer Gläser.

[2]) Literaturhinweise betr. die Bestimmung des Brechungsindex dünner Schichten siehe unter B VI, Reflexmindernde Oberflächenschichten.

alle Strahlrichtungen Licht in das dichtere Medium ein. Die „streifend einfallenden Strahlen", d. h. diejenigen Strahlen, die mit dem Einfallslot einen Winkel von 90^0 bilden, verlaufen im dichteren Medium unter dem „Brechungsgrenzwinkel i_g''" zur Normalen der Trennungsfläche, der gleich dem Grenzwinkel i_g der Totalreflexion ist. Sie laufen also zueinander parallel und lassen sich durch eine Linse — etwa durch das Objektiv eines Fernrohres — in einem Punkt der Brennebene der Linse vereinigen. Dieser Punkt der Brennebene ist dann der Richtung i_g eindeutig zugeordnet, ebenso wie jeder andere Punkt der Brennebene der Linse eine andere Strahlrichtung, d. h. ein Parallelstrahlenbündel anderer Richtung eindeutig kennzeichnet.

Strahlen, die mit der Normalen der Trennungsfläche einen Winkel $> i_g$ bilden, sind im dichteren Medium nicht vorhanden. Die diesen Richtungen zugeordneten Punkte der Brennebene der Linse erhalten demnach kein Licht, sind also in der Brennebene der Linse, d. h. im Gesichtsfeld des Fernrohrs, dunkel.

Wohl aber treten — falls im dünneren Medium nicht nur streifend einfallende Strahlen vorhanden sind — im dichteren Medium auch Strahlen auf, die mit der Normalen der Trennungsebene Winkel $< i_g$ bilden, so daß in der Linsenbrennebene ein gewisser größerer Bereich, der den Winkeln $\leqq i_g$ zugeordnet ist, von Licht erfüllt ist (Abb. 2).

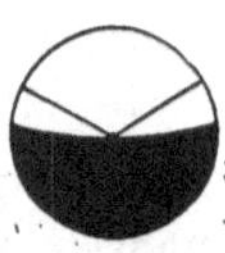

Abb. 2. Gesichtsfeld in einem auf Unendlich eingestellten Fernrohr (mit Fadenkreuz im Okular in der Ebene des Zwischenbildes), das gegen die Trennungsfläche zweier optischer Medien gerichtet ist, von denen das dem Fernrohr *zugekehrte* den größeren Brechungsindex (N) hat. Die aus dem optisch dünneren Medium (n) unter verschiedenen Einfallswinkeln $\leqq \frac{\pi}{2}$ auf die Trennungsfläche fallenden Lichtstrahlen erfüllen nach dem Übergang in das optisch dichtere Medium nur einen Winkelbereich $\leqq i_g$, während Strahlen mit Neigungswinkeln $> i_g$ nicht auftreten. Der Teil des Gesichtsfeldes, der im dichteren Medium Strahlrichtungswinkeln $> i_g$ zugeordnet ist, bleibt also dunkel, während der den Stahlrichtungswinkeln $\leqq i_g$ zugeordnete Bereich hell erscheint.

Während dieser Bereich auf der einen Seite — für Winkel $< i_g$ — evtl. allmählich in Dunkelheit übergeht, besitzt er auf der anderen Seite, für den Winkel i_g, eine scharfe Grenze gegen Dunkelheit.

Die Messung des Brechungsindex mittels Refraktometer beruht nun darauf, daß für das zu prüfende Glas (n) [oder die zu prüfende Flüssigkeit] der Grenzwinkel i_g — mit Bezug auf ein Glas mit bekanntem Brechungsindex N — bestimmt wird.

Die Refraktometer enthalten deswegen zunächst ein sogenanntes „Meßprisma" M (Abb. 3), einen Glasblock, der (mindestens) eine ebene Fläche, die Auflagefläche für das zu prüfende Glas, besitzt. Im übrigen aber kann dieser Glaskörper — wie wir noch sehen werden — verschiedene Form haben. Die ebene Auflagefläche des Meßprismas liegt horizontal. In gleicher Höhe mit ihr befindet sich neben dem Meßprisma eine monochromatische Lichtquelle, also etwa ein Natriumbrenner oder ein GEISSLERsches Rohr, dessen Licht eine bestimmte Wellenlänge besitzt oder aus dessem Licht durch spektrale Zerlegung Licht einer bestimmten Wellenlänge ausgewählt wird. Eine rechteckige Blende zwischen Lichtquelle und Meßprisma sorgt dafür, daß das Licht nicht das Meßprisma selbst trifft, sondern nur (dicht) über ihm verläuft.

Schneidet man nun aus dem zu prüfenden Rohglas einen kleinen Quader oder Zylinder aus (das „Prüfprisma" P), der an zwei aneinanderstoßenden Seiten angeschliffen ist, und legt ihn mit der einen angeschliffenen Seite so auf das Meßprisma, daß die andere angeschliffene Seite der Lichtquelle zugekehrt ist, so tritt das Licht in das zu *prüfende* Prisma ein, trifft die Trennungsfläche gegen das Meßprisma streifend und tritt in *dieses* so ein, wie es zuvor beschrieben wurde. Mit Hilfe eines Fernrohres — das bei den verschiedenen Fabrikaten noch verschiedene Form hat — läßt sich der Winkel i_g messen. Zu diesem Zwecke ist das Fernrohr um eine zur ebenen Auflagefläche des Meßprismas parallele Gerade schwenkbar. In der Brennebene des Fernrohrobjektivs ist ein Fadenkreuz angebracht, dessen Fadenschnittpunkt die Richtung der optischen Achse des Fernrohrs kennzeichnet. Durch Verschwenken des Fernrohrs wird die „Grenzlinie der Brechung" mit dem Schnittpunkte des Fadenkreuzes zur Deckung gebracht (Abb. 2). An einer besonderen Vorrichtung kann diese Verschwenkung abgelesen und so der Winkel i_g bestimmt werden.

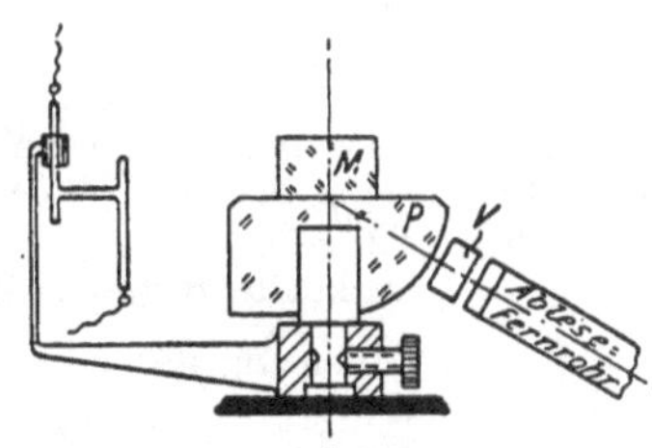

Abb. 3. Schematische Darstellung eines Meßgerätes (Refraktometers) zur Bestimmung der Brechungsindizes einer Glasplatte P (Prüfprisma = zu prüfendes Prisma). Das Meßprima M besitzt hier auf der dem Ablesefernrohr zugekehrten Seite als Begrenzungsfläche eine Kreiszylinderfläche (oder Kugelfläche). Zwischen dieser und dem Fernrohr ist — mit dem Fernrohr fest verbunden und daher mit diesem verschwenkbar — eine Vorschaltlinse V angeordnet, deren erste Fläche eine der erwähnten Begrenzungsfläche des Meßprismas parallele Fläche ist, deren Radius sich also vom Radius der Austrittsfläche des Meßprismas nur um den Luftabstand beider Flächen unterscheidet. Die zweite Fläche der Vorschaltlinse ist eine Planfläche. Durch diese Vorschaltlinse wird erreicht, daß die im Meßprisma parallel verlaufenden Strahlen als Parallelstrahlenbündel in das Ablesefernrohr eintreten, so daß jedem der verschiedenen Richtungswinkel eindeutig ein Punkt der Bildebene des Ablesefernrohres zugeordnet ist.

Es sei noch erwähnt, daß vor dem Auflegen des zu untersuchenden Probestückchens auf das Meßprisma auf dieses ein Tropfen Monobromnaphthalin oder einer anderen geeigneten Flüssigkeit (Cassiaöl, Arsenbromur) gebracht werden muß, deren Brechungsindex höher ist als der des zu untersuchenden Glases. Dies ist notwendig, da sonst die Berührung zwischen Probeglas und Meßprisma nicht innig genug ist, um das Licht in das Meßprisma übertreten zu lassen[1]).

Wir betrachten nun noch die verschiedenen Formen der Meßprismen und die zugehörigen Formeln für die Berechnung des gesuchten Brechungsindex. In Abb. 3 und 4 haben wir den einfachsten Fall vor uns. Für ihn gilt mit den dort benutzten Bezeichnungen

$$n_\lambda = N_\lambda \sin \alpha_\lambda, \tag{I, 1}$$

[1]) Der sich bildende Flüssigkeitsfilm zwischen Meßprisma und Prüfling muß natürlich eine planparallele Schicht bilden. Ist dies nicht der Fall — etwa durch Staubteilchen verschiedener Dicke —, so wird dadurch das Resultat verfälscht. Ob der Flüssigkeitsfilm eine planparallele Schicht bildet, erkennt man daran, daß die zunächst auftretenden Newtonschen Interferenzfransen verschwinden, nachdem sie immer breiter und breiter geworden sind.

wenn λ die Wellenlänge des benutzten Lichtes ist. In Abb. 5 ist das Meßprisma ein Prisma mit dem brechenden Winkel φ. Gemessen wird der Winkel β gegen die

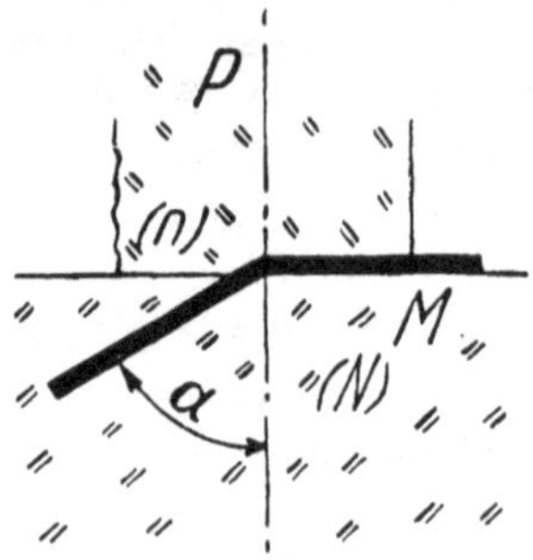

Abb. 4

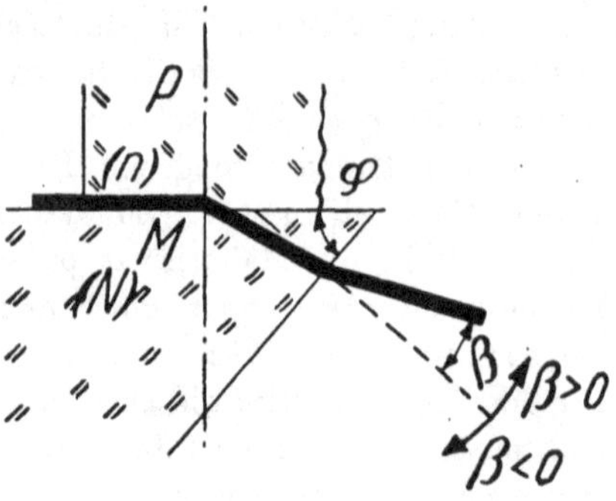

Abb. 5

Abb. 4. Zur Ableitung der Formel $n_\lambda = N_\lambda \sin \alpha_\lambda$ für die Berechnung des Brechungsindex n_λ des Prüflings P bei Benutzung eines Meßprismas der in Abb. 3 benutzten Form. [Die — bei dem hier gezeichneten Strahlverlauf — auf der linken Seite des Meßprismas zu denkende Begrenzungsfläche ist in der Zeichnung fortgelassen.]

Abb. 5. Zur Ableitung der Formel

$$n_\lambda = \sin \varphi \sqrt{N_\lambda^2 - \sin^2 \beta_\lambda} + \cos \varphi \sin \beta_\lambda$$

für die Berechnung des Brechungsindex λ des Prüflings bei Benutzung eines Meßprismas, dessen eine (ebene) Begrenzungsfläche mit der (ebenen) Auflagefläche (für den Prüfling) den Winkel φ bildet. Die Abb. zeigt auch, in welchem Fall $\beta > 0$, in welchem Fall $\beta < 0$ in die Formel einzusetzen ist.

Normale der schrägliegenden Prismenfläche. Aus diesem Winkel und dem Brechungsindex N_λ des Meßprismas ergibt sich der gesuchte Brechungsindex n_λ nach der Formel:

$$n_\lambda = \sin \varphi \sqrt{N_\lambda^2 - \sin^2 \beta_\lambda} + \cos \varphi \sin \beta_\lambda, \qquad \text{(I, 2)}$$

wobei noch auf das Vorzeichen von β geachtet werden muß (vgl. Abb. 5). In Abb. 6 ist $\varphi = 90^0$, und die vorige Formel vereinfacht sich zu

$$n_\lambda = \sqrt{N_\lambda^2 - \sin^2 \beta_\lambda}. \qquad \text{(I, 3)}$$

In allen diesen Formeln tritt als wesentliche Größe der Brechungsindex N_λ des Meßprismas auf. Dies bringt unter Umständen Schwierigkeiten mit sich, da der Brechungsindex N_λ im allgemeinen nur für bestimmte Wellenlängen bekannt sein wird und außerdem seine Abhängigkeit von der Temperatur nicht genau bekannt ist. Es wurde deshalb von A. W. Tronnier *und dem Verf.*[1]) eine Form des Meßprismas vorgeschlagen, bei der der Brechungsindex N leicht eliminiert werden kann und sich so für die Berechnung des gesuchten Brechungsindex n sehr einfache, von N unabhängige Formeln ergeben. Abb. 7 stellt eine Vereinigung der Abb. 4 und 6 dar. Mißt man hier die Winkel α_λ und β_λ (Abb. 8), so ergibt sich n_λ aus der Formel

$$n_\lambda = \operatorname{tg} \alpha_\lambda \sin \beta_\lambda. \qquad \text{(I, 4)}$$

[1]) A. W. Tronnier und Johannes Picht, Über ein neues Totalrefraktometer. ZS. f. techn. Phys. **13**, 402—406, 1932 [**13**, 2093].

Abb. 9 stellt ebenso eine Vereinigung der Abb. 5 (mit $\varphi = 45^0$) und 6 dar. Hier ergibt sich n_λ aus der Formel

$$n_\lambda = \sin\beta_\lambda + \sqrt{2}\,\sin\beta_\lambda^*, \qquad \text{(I, 5)}$$

falls man die Winkel β_λ und β_λ^* mißt. Mißt man dagegen statt des Winkels β_λ^* den Winkel γ_λ, den der austretende Strahl mit der Horizontalen bildet, so wird

$$n_\lambda = \sin\beta_\lambda + \cos\gamma_\lambda - \sin\gamma_\lambda. \qquad \text{(I, 6)}$$

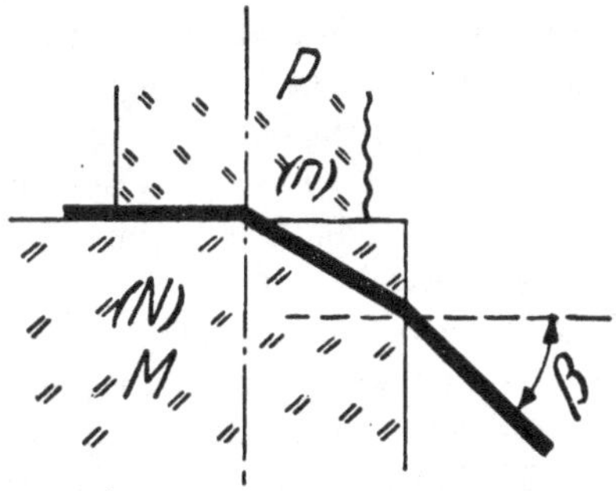

Abb. 6

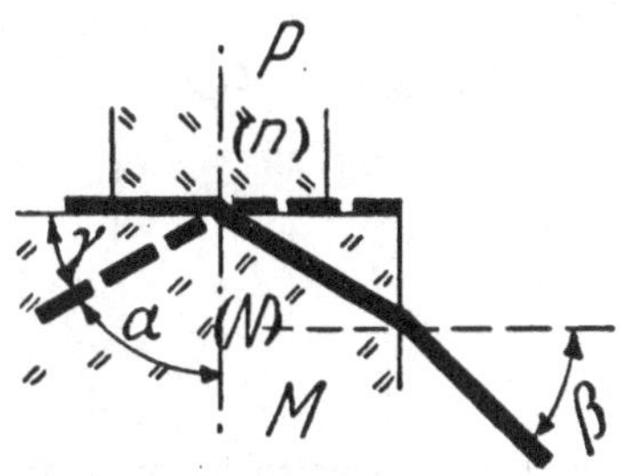

Abb. 7

Abb. 6. Sonderfall der in Abb. 5 angegebenen Form des Meßprismas. Für diese Form ergibt sich der Brechungsindex n_λ des Prüflings aus der Formel

$$n_\lambda = \sqrt{N_\lambda^2 - \sin^2\beta_\lambda}.$$

Abb. 7. Zur Ableitung der Formel $n_\lambda = \operatorname{tg}\alpha_\lambda \sin\beta_\lambda$ für die Berechnung der Brechungsindizes n_λ des Prüflings bei Benutzung eines *Kombinations-Refraktometers* mit Kombinations-Meßprisma nach Abb. 8.

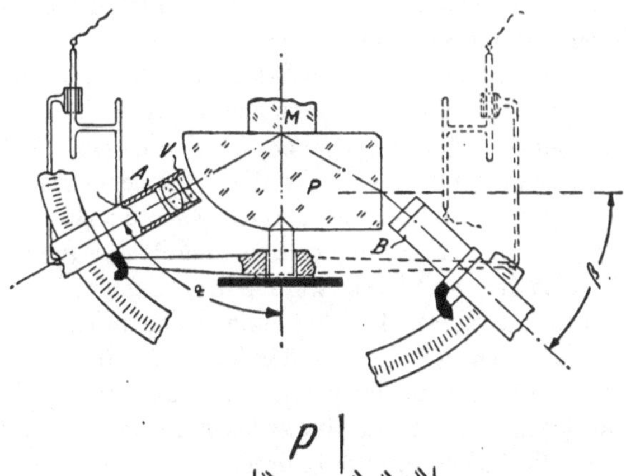

Abb. 8. Schema des Aufbaues eines Kombinations-Refraktometers zur Bestimmung der Brechungsindizes des Prüflings P für beliebige Wellenlängen λ *ohne Kenntnis der* entsprechenden *Brechungsindizes des Meßprismas.* In der Zeichnung ist als Meßprisma eine Kombination der Meßprismen nach Abb. 3 und 6 dargestellt.

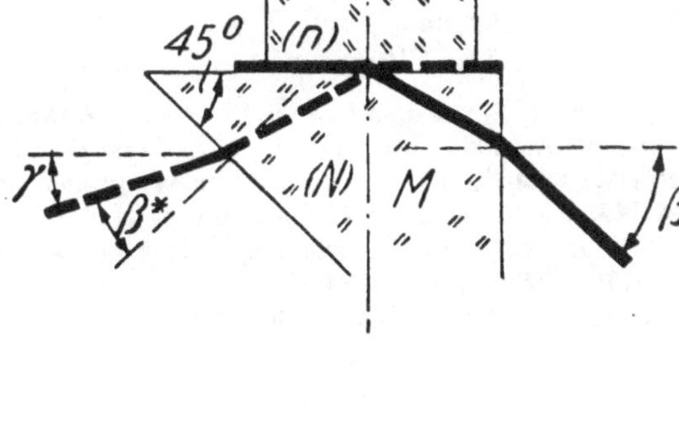

Abb. 9. Kombinations-Meßprisma (aus den Meßprismen nach Abb. 5 und 6) für ein Kombinations-Refraktometer nach Abb. 8. Der Brechungsindex n_λ ergibt sich aus den gemessenen Winkeln β und β^* nach der Formel

$$n_\lambda = \sin\beta_\lambda + \sqrt{2}\,\sin\beta_\lambda^* \quad \text{bzw.}$$

aus den gemessenen Winkeln β und γ nach der Formel

$$n_\lambda = \sin\beta_\lambda + \cos\gamma_\lambda - \sin\gamma_\lambda.$$

In allen angegebenen Fällen ist natürlich dafür zu sorgen, daß in dem zu prüfenden Glasstück tatsächlich Strahlen auftreten, die streifend zur Trennungsfläche gegen das Meßprisma verlaufen, da andernfalls die Resultate gefälscht werden. Man erreicht dies dadurch, daß man den Winkel zwischen den beiden anpolierten Flächen des Prüfstückes etwa gleich 90^0 wählt, oder — falls dies aus irgendwelchen Gründen nicht angängig ist — den Lichteinfall, d. h. die Lage der Lichtquelle und der zwischenzuschaltenden Blenden, entsprechend wählt, wie dies Abb. 10 zeigt.

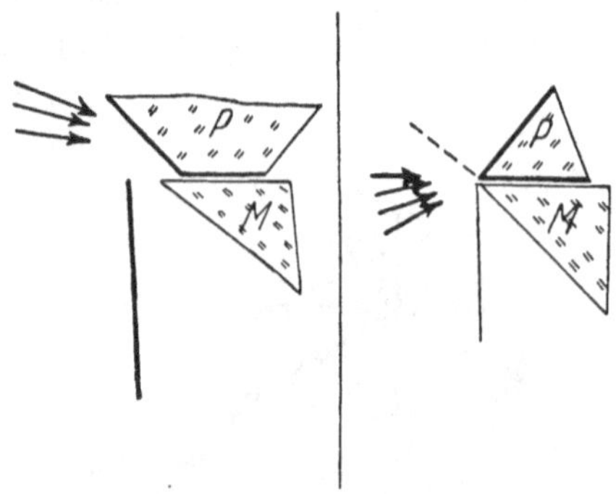

Abb. 10. Wahl von Beleuchtungsrichtung und Blendenzwischenschaltung, um zu erreichen, daß im Prüfling P Strahlen auftreten, die streifend zu M, also parallel zur Berührungsfläche zwischen Prüfling P und Meßprisma M verlaufen, so daß in M Strahlen unter dem Brechungsgrenzwinkel i_g auftreten. $[N(M) > n(P)]$.

Die Meßungenauigkeit der angegebenen Methoden beträgt etwa eine Einheit der vierten Dezimalstelle, läßt sich aber bei besonderer Sorgfalt auf eine Einheit der fünften Dezimale verringern[1]).

H. Schulz[2]) weist darauf hin, daß die Meßgenauigkeit nicht über den ganzen Meßbereich konstant ist, und daß bei Refraktometern, bei denen nicht der Winkel des austretenden Strahls, sondern an einer Skala unmittelbar der Brechungsindex abgelesen wird, diese Skala dem Brechungsindex nicht proportional geteilt ist. Durch Einschalten eines geeigneten Prismas hinter dem Meßprisma läßt sich erreichen, daß die Skala in einem großen Bereich dem Brechungsindex nahezu proportional ist.

Während die zuvor beschriebenen Methoden auf dem Vorhandensein eines Brechungsgrenzwinkels und demnach nur indirekt auf der Totalreflexion beruhen, lassen sich auch Methoden angeben, die direkt von der Totalreflexion Gebrauch machen. Sorgt man nämlich — etwa durch zwischengeschaltete Blenden — dafür, daß das von der monochromatischen Lichtquelle ausgehende Licht das Prüfstück nicht direkt trifft, sondern in das Meßprisma so eintreten kann, daß es in ihm auf die Trennungsfläche zu gerichtet ist, so werden die Strahlen, für die $i \leqq i_g$ ist, z. T. in das Prüfstück eintreten, z. T. an der Trennungsfläche reflektiert werden. Die Strahlen aber, für die $i > i_g$ ist, werden an der Trennungsfläche total reflektiert. Beobachtet man die reflektierten Strahlen mit einem auf Unendlich eingestellten Fernrohr, so erhält man jetzt in der Brennebene des Fernrohrs nicht mehr wie bei den zuvor beschriebenen Methoden ein völlig dunkles und ein helles Feld mit scharfer Trennungslinie, sondern ein sehr helles und daran anschließend ein weniger helles Feld, wie dies Abb. 11 zeigt. Der Übergang ist hier nicht so scharf wie bei den früheren Methoden,

[1]) A. Biot, Sur la méthode de l'incidence rasante pour la détermination des indices de réfraction. Ann. de Bruxelles (B) **51**, 185—191, 1931 [**13**, 656]. — Albert Arnulf und Niuta Winter-Klein, Ein Refraktometer großer Genauigkeit. Rev. d'Opt. **16**, 267—272, 1937 [**19**, 2189]. — Hier: Meßungenauigkeit $\leqq 1 \cdot 10^{-6}$ angegeben.

[2]) H. Schulz, Zur Theorie der Refraktometer. ZS. f. Instrkde **48**, 26—30, 1928; **63**, 261—265, 1943 [**9**, 1546; **24**, 1427]. — Siehe auch J. Ernest Wilkins jr., The theory of the refractometer. Journ. Opt. Soc. Amer. **40**, 259, 1950 [**29**, 1498].

so daß auch die Meßgenauigkeit geringer ist. Im übrigen kann natürlich auch jetzt das Meßprisma wieder die verschiedenen oben angegebenen Formen haben.

Der Vorteil der zuletzt beschriebenen Methoden besteht im wesentlichen darin, daß das Prüfstück nur eine plangeschliffene und anpolierte Fläche zu haben braucht, daß also auch sehr kleine Prüfstücke oder solche, die aus irgendwelchem Grunde nur an einer Fläche angeschliffen werden können, benutzt werden können. Auch bei stark absorbierendem Glas wendet man zur Bestimmung des Brechungsindex vorteilhaft die eigentlichen Totalreflexionsmethoden an.

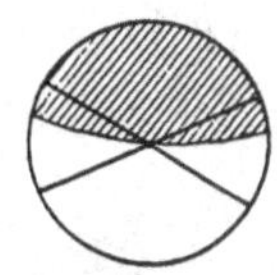

Abb. 11. Gesichtsfeld in einem (auf Unendlich eingestellten) Beobachtungsfernrohr (mit Fadenkreuz im Okular in der Ebene des Zwischenbildes), das in einem Totalrefraktometer gegen die Trennungsfläche von Prüfprisma und Meßprisma so gerichtet ist, daß das dem Fernrohr zugekehrte Prisma wieder den größeren Brechungsindex (N) besitzt, daß aber die beleuchtenden Strahlen zunächst in das Meßprisma mit dem (größeren) Brechungsindex N eintreten. In diesem Fall werden die Strahlen, deren Einfallswinkel (gegen die Normale der Berührungsebenen beider Prismen) $> i_g$ sind, im Meßprisma *total* reflektiert. Die diesen Strahlrichtungen in der Fernrohrbildebene zugeordneten Punkte sind daher sehr hell. Die übrigen Strahlen mit Einfallswinkeln $< i_g$ werden zum Teil in das *Prüf*prisma (n) *eintreten*, also *nur zum Teil* im Meßprisma reflektiert und besitzen daher eine geringere Intensität als die zuvor genannten Strahlen. Der diesen Strahlen mit Einfallswinkeln $< i_g$ zugeordnete Teil des Gesichtsfeldes ist daher intensitätsschwächer, *aber nicht völlig dunkel*. Die Trennungslinien zwischen beiden Teilen des Gesichtsfeldes, auf die der Schnittpunkt des Fadenkreuzes einzustellen ist, ist deshalb hier weniger deutlich ausgeprägt als in dem durch Abb. 2 dargestellten Fall.

Von A. H. Pfund[1]) wurde ein neues Refraktometer entwickelt, das gleichfalls unmittelbar auf Totalreflexion und der Erscheinung beruht, daß auch bei dieser noch ein Teil des Lichtes in das dünnere Medium bis auf Bruchteile einer Wellenlänge eindringt. Das Refraktometer enthält eine durchsichtige Halbkugel — etwa aus künstlichem Rutil ($N = 2{,}61$ für den ordentlichen Strahl; der außerordentliche Strahl — Rutil ist doppelbrechend — wird durch einen Polarisator ausgeschaltet), die mit der (glatten) Oberfläche des auf seinen Brechungsindex hin zu untersuchenden Materials in *punkt*förmige Berührung gebracht wird. Es erscheinen bei Beleuchtung (mit monochromatischem Licht) von der Seite der Halbkugel her die Newtonschen Interferenzringe mit dem Newtonschen schwarzen Fleck an der Berührungsstelle. Bei einem bestimmten kritischen Winkel für das System Halbkugel-Prüfling verschwindet dieser, während er — wegen des „Eindringens des Lichtes bei Totalreflexion in das zweite Medium" — bei Winkeln $i \geqq i_g$ für das System Halbkugel-Luft noch nicht verschwindet. Aus diesem Grunde läßt sich der kritische Winkel (i_g) Halbkugel-Prüfling nach Angabe der Verf. besonders genau messen und liefert mit *diesem* i_g den Brechungsindex n des Prüflings: $n = N \sin i_g$ mit großer Genauigkeit. Durch Einbringen von Flüssigkeit (Wasser, Azeton, Schwefelkohlenstoff oder Öl) zwischen Prüfling und Halbkugel wird die Messung nicht beeinflußt.

[1]) A. H. Pfund, A high index refractometer. Journ. Opt. Soc. Amer. **39**, 966—969, 1949 [**29**, 1034]. — A. H. Pfund, E. J. Weichel and B. H. Billings, A new improved refractometer. Journ. Opt. Soc. Amer. **39**, 631, 1949 [**29**, 406].

2. FLÜSSIGKEITSREFRAKTOMETER

Im Hinblick auf später zu erwähnende Methoden sei noch erwähnt, daß die Totalrefraktometer auch zur Messung des Brechungsindex von Flüssigkeiten benutzt werden können, wenn man auf das Meßprisma einen kleinen, oben und unten offenen Hohlzylinder klebt, in den die Flüssigkeit hineingebracht werden kann

Für die Bestimmung des Brechungsindex von Flüssigkeiten sind auch besonders konstruierte Refraktometer angefertigt, die gleichfalls auf dem Prinzip der Totalreflexion beruhen. Wir erwähnen hier nur das ABBEsche Flüssigkeitsrefraktometer und das PULFRICHsche Eintauchrefraktometer.

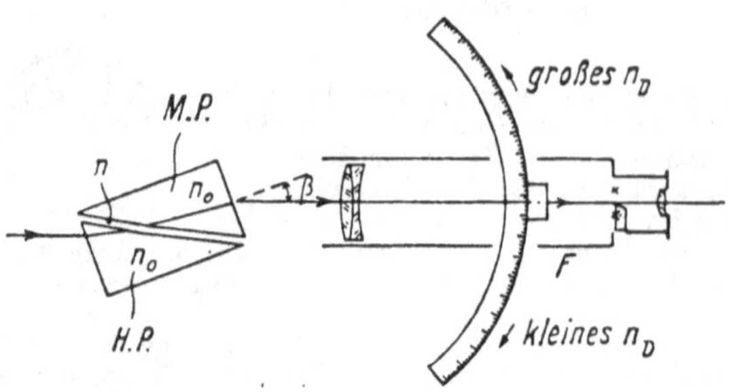

Abb. 12. Schematische Darstellung eines Flüssigkeitsrefraktometers nach ABBE. Teilkreis und Beobachtungsfernrohr sind fest miteinander verbunden, während die beiden Prismen, zwischen denen sich die zu prüfende Flüssigkeit (von kleinerem Brechungsindex) befindet, gemeinsam so gedreht werden können (und müssen), daß die im Meßprisma *M. P.* unter dem Grenzwinkel i_g (in der Zeichenebene) verlaufenden Strahlen in der Bildebene des Fernrohres an der Stelle des Fadenkreuzschnittpunktes vereinigt werden (Gesichtsfeld wie Abb. 2). Die Grenzlinie zwischen beleuchtetem und unbeleuchtetem Teil des Gesichtsfeldes geht dann also durch den Fadenkreuzschnittpunkt hindurch. Die hierfür erforderliche *Drehung* des *Prismas* wird am Teilkreis abgelesen.

Das ABBEsche Flüssigkeitsrefraktometer, dessen prinzipiellen Aufbau Abb. 12 zeigt, besteht im wesentlichen aus dem (rechtwinkligen) Meßprisma mit dem brechenden Winkel φ (60°) und einem ihm gleichen Hilfsprisma, die beide den gleichen und bekannten Brechungsindex N haben und mit ihren Hypotenusenflächen einander in sehr geringem Abstand von etwa 0,10 mm gegenüberliegen, ferner dem Beobachtungsfernrohr und dem Teilkreis, an dem die Lage des Fernrohres zur Prismenkombination und demnach der Winkel β der aus dem Meßprisma austretenden Strahlen gegen die Normale der Austrittsfläche abgelesen werden kann.

Ein Tropfen der auf ihren Brechungsindex n ($< N = n_0$) zu prüfenden Flüssigkeit wird auf die Hypotenusenfläche des Meßprismas gebracht und das Hilfsprisma dagegengelegt, so daß sich der Tropfen als Flüssigkeitsschicht zwischen beiden Hypotenusenflächen ausbreitet. Läßt man nun monochromatisches Licht in das Hilfsprisma eintreten, so tritt dieses in die Flüssigkeitsschicht so ein, daß auch Lichtstrahlen parallel zu den Hypotenusenflächen vorhanden sind, die in das Meßprisma unter dem Brechungsgrenzwinkel eintreten. Im Beobachtungsfernrohr erscheint wieder das in Abb. 2 dargestellte Hell-Dunkel-Gesichtsfeld. Die Prismenkombination wird nun so gedreht, daß die Grenzlinie „hell gegen dunkel" in der Richtung der optischen Achse des Beobachtungsrohres liegt. Aus dem Winkel φ des Meßprismas und dem Austrittswinkel β der unter dem Grenzwinkel der Totalreflexion in das Meßprisma eintretenden Strahlen ergibt sich n nach Formel (I, 2)[1].

[1]) Die Meßgenauigkeit dieser ABBEschen Flüssigkeitsrefraktometer beträgt auch etwa 1 Einheit der vierten Dezimale. — Eine Vorrichtung, um es zu Messungen an sehr kleinen

Das besonders für wässerige Lösungen geeignete PULFRICHsche Eintauchrefraktometer ist in Abb. 13 dargestellt. Es benötigt einen von unten durchsichtigen Trog, der die zu untersuchende brechende Flüssigkeit enthält, und besitzt auswechselbare Meßprismen für verschiedene Bereiche der Brechungsindices. Eine Drehung von Meßprisma gegen Beobachtungsrohr findet hier *nicht* statt. Die Lage der Grenzlinie des Hell-Dunkel-Gesichtsfeldes wird an einer im Beobachtungsrohr befindlichen Skala abgelesen. In einer Tabelle kann man die den verschiedenen Meßprismen und den verschiedenen Skalenstrichen entsprechenden Brechungsindices n der untersuchten Flüssigkeit ablesen[1]).

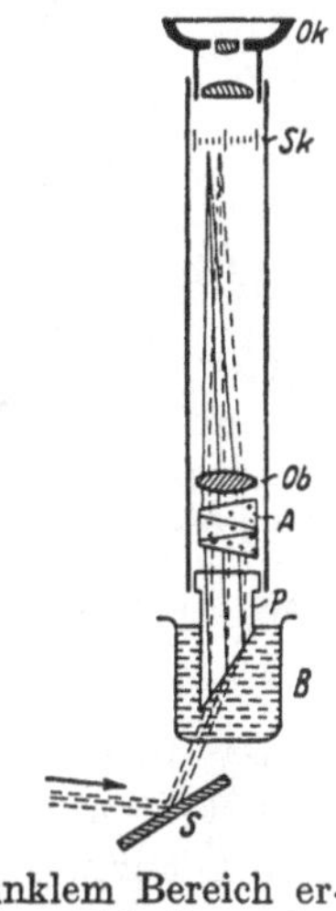

Abb. 13. Eintauchrefraktometer nach PULFRICH. Das (auswechselbare) Meßprisma muß wieder einen größeren Brechungsindex haben als die zu prüfende Flüssigkeit, damit auch die das *Meß*prisma (in der Abb. durch P bezeichnet) *streifend* treffenden Strahlen nach ihrem Eintritt in das Meßprisma mit der Normalen der Grenzebene (zwischen Flüssigkeit und Meßprisma) einen Winkel $< \frac{\pi}{2}$ bilden, also im Beobachtungsfernrohr eine Grenzlinie zwischen hellem und dunklem Bereich ergeben, deren Lage an einer Skala abgelesen werden kann und — aus einer Tabelle — den Brechungsindex der Flüssigkeit abzulesen gestattet.

Auf die Kompensationsprismen, die in den beiden letztgenannten Flüssigkeitsrefraktometern oft angebracht sind, um die Untersuchungen mit weißem Licht durchführen zu können, den Brechungsindex aber für eine bestimmte Wellenlänge — meist für die gelbe Na-Linie (n_D) — zu erhalten, sei hier nicht eingegangen[2]). Desgleichen nicht auf Flüssigkeitsrefraktometer für bestimmte Wellenlängenbereiche[3]).

3. SPEKTROMETER-METHODEN

Auf die Messung des Brechungsindex mittels Spektrometer sei gleichfalls nur ganz kurz eingegangen[4]).

Flüssigkeitsmengen $\left(\text{bis zu } \frac{1}{4} \text{ bis } \frac{1}{2} \text{ mm}^3\right)$ benutzen zu können, beschreibt SVEN-GÖSTA BLOHM, Microrefractometry with ABBE-Type refractometer. Acta chem. Scand. **4,** 1495 bis 1497, 1950 [**30,** 1595].

[1]) Vgl.: G. HANSEN, Das Eintauchrefraktometer von C. Zeiß. Zeiß-Nachrichten 5. Folge, 1—30, 1944 [—, —]. — Eine Tabelle der Korrektionen, die am Ergebnis anzubringen sind, wenn der brechende Winkel des Meßprismas des PULFRICH-Refraktometers von 90° (bis zu 9′) abweicht, gibt P. DE REEDER, Enige opmerkingen betreffend de PULFRICH-Refractometer. Chem. Weekbl. **46,** 201—203, 1950 [**29,** 1192].

[2]) Vgl.: H. KESSLERS oben angegebenen Handbuchartikel.

[3]) Z. B.: JAMES L. LAUER and P. H. MILLER, An instrument for the measurement of the index of refraction of liquids in the wave-length range 200 mμ to 1000 mμ. Phys. Rev. (2) **72,** 166—167, 1947 [**28,** 335] - Meßgenauigkeit $1 \pm 0{,}0002$.

[4]) Außer auf den Handbuchartikel von H. KESSLER (I) und das Lehrbuch von FR. KOHLRAUSCH sei auf H. ERFLE, Zur Abhängigkeit der Ablenkung und Farbenzerstreuung vom Einfallswinkel und vom Prismenwinkel, Centr. Ztg. f. Opt. u. Mech. **41,** 439—443, 453—456, 467—472, 1920 [**2,** 334] verwiesen.

Das Spektrometer (Abb. 14) besteht bekanntlich aus dem mit einem Spalt versehenen Kollimator, ferner dem Beobachtungsfernrohr (das möglichst ein Autokollimationsokular besitzen soll), dem Spektrometertisch, dem Teilkreis und zwei einander diametral gegenüberstehenden Ableselupen oder -mikroskopen zum genauen Ablesen der Teilkreise und ihrer Nonien.

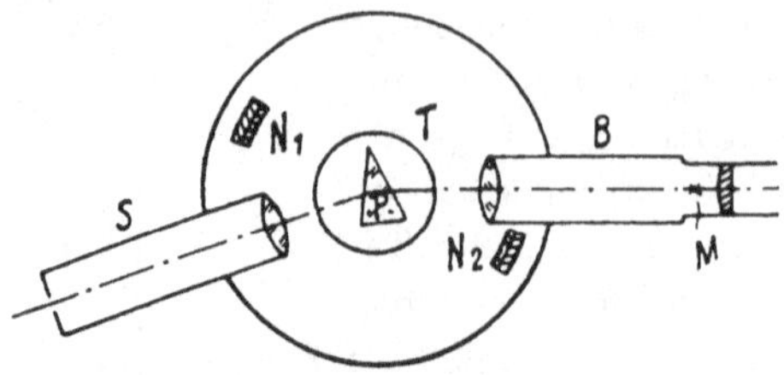

Abb. 14. Schematische Darstellung des Spektrometers. S = Kollimator mit (beleuchteter) Spalt- oder Lochblende, P = Prüfprisma, B = Beobachtungsfernrohr (mit Okularmikrometer M, evtl. Autokollimationsokular), T = drehbarer Spektrometertisch, N_1, N_2 = Nonien zur genauen Ablesung der darunter befindlichen Teilkreise, die die Stellung des Kollimators und Beobachtungsfernrohres relativ zur Stellung des Spektrometertisches abzulesen gestatten.

Das Spektrometerfernrohr besitzt ein Fadenkreuz, auf das das Okular scharf eingestellt werden muß. Um das Fernrohr auf unendlich einzustellen, betrachtet man mit ihm ein sehr weit entferntes Objekt und verschiebt Okular und Fadenkreuz — ohne deren gegenseitige Einstellung zu verändern — so lange, bis das Objekt scharf erscheint und gegen das Fadenkreuz keine Parallaxe besitzt. Sodann bringt man den Spalt des Kollimators in die Brennebene des Kollimatorobjektivs. Zu diesem Zwecke beleuchtet man den Kollimatorspalt, bringt das auf unendlich eingestellte Fernrohr dem Kollimatorrohr diametral gegenüber und verschiebt den Kollimatorspalt so lange, bis er im Fernrohr ohne Parallaxe gegen das Fadenkreuz gesehen wird. Die am Teilkreis abgelesene Stellung des Fernrohrs bei Koinzidenz des dem Spaltbild parallelen Fadens des Fadenkreuzes mit der Mitte des Spaltbildes ist die Nullstellung des Fernrohres.

Für die Bestimmung des Brechungsindex eines Glases benötigt man ein aus dem betreffenden Glasmaterial hergestelltes Prisma, das auf dem Spektrometertisch zwischen Kollimator und Fernrohr so gestellt wird, daß die aus dem Kollimatorobjektiv austretenden (parallelen) Strahlen eine Fläche (I) des Prismas treffen. Man muß nun zunächst den brechenden Winkel des Prismas mit Hilfe des Spektrometers bestimmen.

Dies kann z. B. so geschehen[1]), daß man das Fernrohr (Abb. 15) auf das an Fläche I des Prismas gespiegelte Bild des Kollimatorspaltes einstellt, Kollimator und Fernrohr feststellt (arretiert), am Teilkreis mit Hilfe der Ablesemikroskope die Stellung des Spektrometertisches abliest und diesen zusammen mit dem auf ihm stehenden Prisma so weit dreht, bis das an der später als Austrittsfläche benutzten Prismenfläche (II) gespiegelte Bild des Spaltes wieder im Fernrohr erscheint. Am Teilkreis liest man ab, um welchen Winkel man zu diesem Zwecke den Spektrometertisch drehen mußte. Ist dieser Winkel gleich α, so ist der Winkel φ an der brechenden Kante des Prismas:

$$\varphi = 180^0 - \alpha .$$

[1]) Andere Methoden — z. B. Senkrechtstellung des Autokollimationsfernrohres zur Fläche I, dann zu Fläche II u. a. — siehe den oben erwähnten Handbuchartikel von H. KESSLER (I).

Nunmehr wird der Kollimatorspalt monochromatisch mit der Lichtart, für die man den Brechungsindex zu bestimmen wünscht, beleuchtet, Fernrohr und Kollimatorrohr wieder in Nullstellung (s. o.) gebracht, das Prisma mit seiner Fläche I dem Kollimator gegenübergestellt und das Fernrohr dann so verschwenkt, daß das durch das Prisma hindurchgegangene Parallelstrahlenbündel in das Objektiv des Fernrohrs eintritt und das Spaltbild mit dem Fadenkreuz zusammenfällt. Der Winkel, um den zu diesem Zwecke das Fernrohr aus der Nullstellung gedreht werden muß, ist die durch das Prisma bewirkte Ablenkung δ der in Richtung der Kollimatorachse verlaufenden einfallenden Strahlen. Aus dieser Ablenkung δ und dem zuvor gemessenen Prismenwinkel φ läßt sich unter bestimmten Voraussetzungen der Brechungsindex des Glases bestimmen, und zwar beziehen sich diese Voraussetzungen auf die bei der Bestimmung der Ablenkung benutzte Stellung des Prismas.

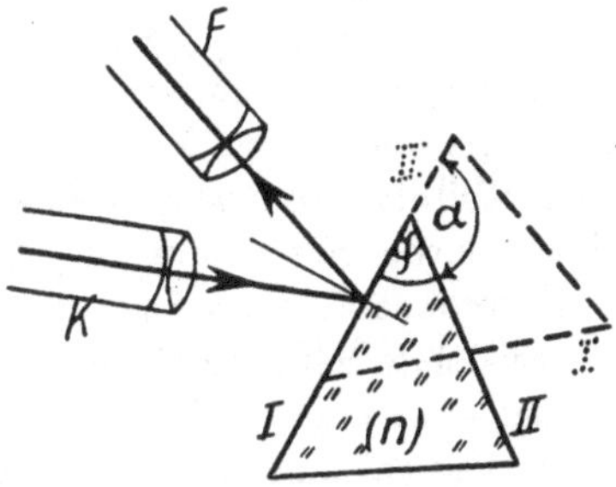

Abb. 15

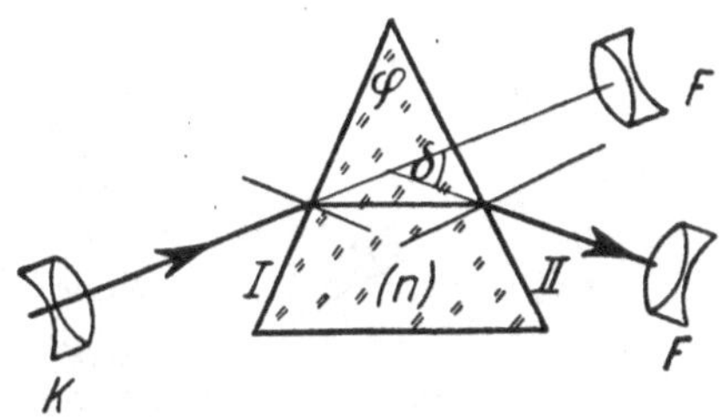

Abb. 16

Abb. 15. Zur Messung des Prismenwinkels φ mittels des Spektrometers (Abb. 14). Durch Drehung des Spektrometertisches, auf dem das Prisma fest aufgestellt ist, um den Winkel $\alpha (= 180^0 - \varphi)$ kann Prismenfläche *II* in eine Lage gebracht werden, die derjenigen parallel ist, die die Prismenfläche *I* vor der Drehung besaß, was mit Hilfe des Kollimators *K* und des Fernrohres *F* festgestellt werden kann. Aus dem gemessenen Winkel α ergibt sich dann der Prismenwinkel φ zu $\varphi = 180^0 - \alpha$.

Abb. 16. Zur Bestimmung des Brechungsindex n_λ eines Prismas mit Hilfe des „symmetrischen Strahlenganges", gekennzeichnet durch das „Minimum der Ablenkung". Kollimator und Fernrohr (dieses in zwei verschiedenen Lagen) sind nur durch ihre Objektive *K* bzw. *F* angedeutet. δ ist die durch das Prisma bewirkte Ablenkung der aus dem Kollimator achsenparallel austretenden Strahlen. Man mißt δ durch den Winkel, um den das Beobachtungsfernrohr aus seiner Anfangslage gedreht werden muß, um das (abgelenkte) Bild des Kollimatorspaltes mit dem Fadenkreuzschnittpunkt zusammenfallend zu sehen, wobei die Anfangslage entsprechend — aber ohne zwischengeschaltetes Prisma — durch Einstellung des Fernrohres auf den Kollimatorspalt bestimmt wird. Wann das Minimum der Ablenkung erreicht ist, erkennt man leicht, indem man den Spektrometertisch, der das Prisma trägt, leicht hin- und herdreht. Für den Brechungsindex gilt dann

$$n_\lambda = \frac{\sin \frac{\varphi + \delta}{2}}{\sin \frac{\varphi}{2}}.$$

Eine Methode, die des „symmetrischen Strahlenganges" (Abb. 16), ist durch das „Minimum der Ablenkung" gekennzeichnet. Um das Ablenkungsminimum zu finden, hat man bei feststehendem Kollimatorrohr den Spektrometertisch mit dem darauf stehenden Prisma zu drehen und mit dem Beobachtungsfernrohr das durch das Prisma abgelenkte Bild des Kollimatorspaltes zu verfolgen. Man geht vorteilhaft von einer Stellung des Prismas aus, die dem Augenschein nach schon angenähert dem symmetrischen Strahlengang entspricht. Man findet dann beim Drehen des Prismentisches sehr bald die Stellung, bei der das Minimum der Ablenkung erreicht ist, bei der das Beobachtungsfernrohr also seiner Nullstellung (s. o.) am nächsten steht. Liest man nun den zugehörigen δ-Wert ab, so ergibt sich der Brechungsindex n aus der Formel

$$n_\lambda = \frac{\sin \frac{\varphi + \delta}{2}}{\sin \frac{\varphi}{2}}. \qquad \text{(I, 7)}$$

Eine andere Methode ist die der „senkrechten Inzidenz“ (Abb. 17), bei der die Eintrittsfläche I des Prismas zur Kollimatorachse senkrecht steht. Man findet diese Stellung des Prismas, indem man den Prismentisch so lange dreht, bis die an der Fläche I gespiegelten, aus dem Kollimatorobjektiv kommenden Strahlen in dieses zurückgeworfen werden und ein mit dem Spalt zusammenfallendes Spaltbild erzeugen. Falls dieses Spaltbild schwer zu beobachten ist, das Spektrometer aber ein Autokollimationsfernrohr besitzt, kann auch zunächst dieses zum Prisma so gestellt werden, daß das an der dem Fernrohrobjektiv gegenüberstehenden Prismenfläche gespiegelte Bild des Fadenkreuzes mit diesem zusammenfällt.

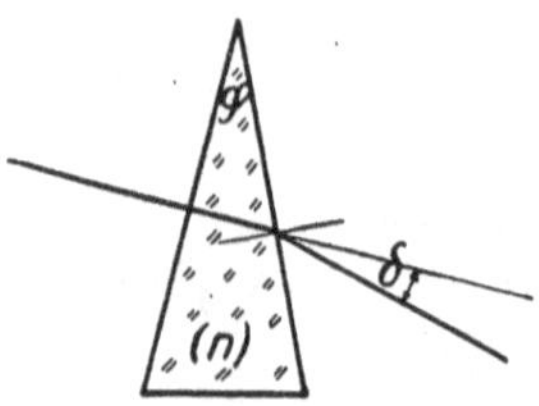

Abb. 17. Zur Bestimmung des Brechungsindex $n_\lambda = \frac{\sin(\varphi + \delta)}{\sin \varphi}$ eines Prismas mittels senkrechter Inzidenz oder Exzidenz.

Man kann nun entweder nach Arretierung von Prismentisch und Fernrohr das Kollimatorrohr mit Beleuchtungseinrichtung so verschwenken, bis das Spaltbild mit dem Fadenkreuz koinzidiert („senkrechte Exzidenz“) oder nach Feststellung des Prismentisches und Teilkreisablesung der Fernrohrstellung das Kollimatorrohr an die Stellung des Fernrohres bringen und das Fernrohr dann durch Verschwenken auf das Spaltbild einstellen oder den Prismentisch mit dem Prisma um den Winkel $180^0 + \alpha - \varphi$ drehen, wenn α der Winkel ist, um den das Fernrohr gegen seine Nullstellung (s. o.) verschwenkt war.

Bei dieser Prismenstellung (senkrechte Inzidenz oder senkrechte Exzidenz) ergibt sich n aus der Formel

$$n_\lambda = \frac{\sin(\varphi + \delta)}{\sin \varphi}. \qquad \text{(I, 8)}$$

Eine weitere Methode, den Brechungsindex mit Hilfe des Spektrometers zu messen, ist die des streifenden Eintritts der vom Kollimeter kommenden Parallelstrahlen (Abb. 18). Diese Methode arbeitet also wieder mit dem Brechungsgrenzwinkel, und zwar ergibt sich jetzt n aus der Formel

$$n_\lambda^2 = 1 + \left(\frac{\cos(\varphi + \delta) - \cos \varphi}{\sin \varphi}\right)^2. \qquad \text{(I, 9)}$$

Wird hierbei nicht die Ablenkung δ, sondern der Winkel β des austretenden Strahles gegen die Normale der Austrittsfläche gemessen, so ergibt sich n aus

$$n_\lambda^2 = 1 + \left(\frac{\sin\beta - \cos\varphi}{\sin\varphi}\right)^2, \tag{I, 10}$$

wo wieder wie in (I, 2) auf das Vorzeichen von β zu achten ist.

Die Meßgenauigkeit der verschiedenen Spektrometermethoden hängt natürlich von der Einstellgenauigkeit sowie von der Ablesegenauigkeit der Winkel ab. Bei guten Spektrometern läßt sich der Brechungsindex mit einer Genauigkeit von ein bis zwei Einheiten der fünften Dezimalstelle bestimmen[1]).

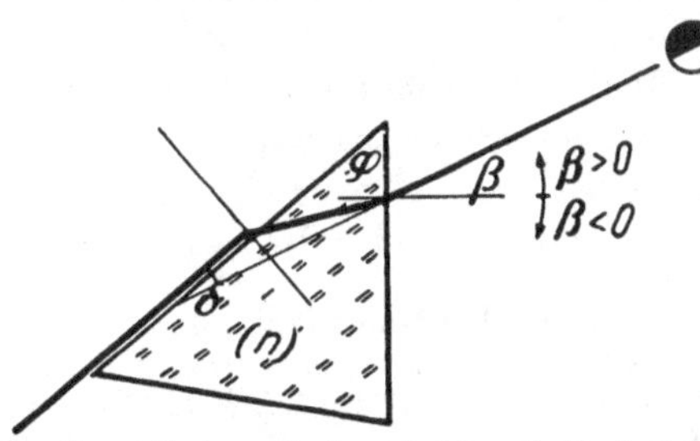

Abb. 18. Bestimmung des Brechungsindex n_λ aus dem Brechungsgrenzwinkel i_g mit Benutzung des Spektrometers. Es kann entweder der Winkel δ gemessen werden, um den das Beobachtungsfernrohr gegen die Richtung des Kollimators gedreht ist, wenn die Grenzlinie zwischen hell und dunkel des Gesichtsfeldes (s. Abb. 2) mit dem Schnittpunkt des Fadenkreuzes im Beobachtungsfernrohr zusammenfällt:

$$n_\lambda^2 = 1 + \left(\frac{\cos(\varphi+\delta) - \cos\varphi}{\sin\varphi}\right)^2,$$

oder aus dem Winkel β, den das Beobachtungsfernrohr bei der gleichen Einstellung mit der Normalen zur Austrittsebene des Prismas bildet:

$$n_\lambda^2 = 1 + \left(\frac{\sin\beta - \cos\varphi}{\sin\varphi}\right)^2$$

wobei dieser Winkel β leicht bestimmbar ist, wenn das Beobachtungsfernrohr ein Autokollimationsfernrohr ist, indem man das Fernrohr nach seiner Einstellung auf die Linie zwischen hell und dunkel (s. Abb. 2) so verschwenkt, daß das Bild des in der Austrittsebene des Prismas gespiegelten Fadenkreuzes mit diesem zusammenfällt, und am Teilkreis des Spektrometers den Winkel (β) abliest, um den hierbei das Autokollimationsfernrohr verschwenkt wurde.

Erwähnt sei noch, daß auch für Flüssigkeiten der Brechungsindex mittels Spektrometer mit erhöhter Genauigkeit bestimmt werden kann. Man benötigt dazu ein Hohlprisma mit planparallelen Seitenwänden[2]).

---

[1]) Vgl. hierzu: L. W. Tilton, Permissible curvature of prism surfaces and inaccuracy of collimation in precise minimum-deviation refractometry. Bur. of Stand. Journ. of Res. **11**, 25—57, 1933 [**14**, 1972]. — L. W. Tilton, Prism size and orientation in minimum-deviation refractometry. Bur. of Stand. Journ. of Res. **6**, 59—76, 1931 [**12**, 1136]. — L. W. Tilton, Standard conditions for precise prism refractometry. Bur. of Stand. Journ. of Res. **14**, 393—418, 1935 [**17**, 105]. Hier wird eine mögliche Genauigkeit von 2 bis 3 Einheiten der 6. Dezimalstelle angegeben.

[2]) Andere Methoden zur Bestimmung des Brechungsindex von Flüssigkeiten sind u. a. angegeben in:

A. Sellerio, Un metodo di grande precisione e un metodo di grande semplicita per determinare l'indice di rifrazione dei liquidi. Cim. (N. S.) **3**, 390—404, 1926 [**10**, 2118]. — Claude Clayton Kiplinger, A Simple Method for Determining the Approximate Index of Refraction of Liquids with a Common Microscope. Journ. chem. Soc. **125**, 963—965, 1924 [**5**, 1217].

Für das Gebiet des Infraroten und des Ultravioletten sind zum Teil besondere Spektrometer sowie besondere Meßmethoden entwickelt, auf die hier nicht näher eingegangen werden soll[1]).

4. INTERFERENZ-METHODEN

Außer den genannten Methoden zur Bestimmung des Brechungsindex gibt es noch viele andere, auf die wir aber hier nicht im einzelnen eingehen können, die wir vielmehr nur kurz unter Hinweis auf wichtigere Literaturstellen erwähnen wollen.

Hier sind besonders die Interferenzrefraktometer zu nennen[2]), mit denen Änderungen des Brechungsindex — z. B. in Abhängigkeit von der Temperatur oder bei Flüssigkeitsmischungen in Abhängigkeit von Änderungen des Mischungsverhältnisses — oder Brechungsindexunterschiede zweier Glasarten[3]) usw. fest-

[1]) Siehe z. B.: Mme M. MARQUET, Étude des indices de réfraction et de la transparence des verres d'optique dans l'infrarouge photographique (jusqu' à 10 000 Å environ). Rev. d'Opt. **21,** 207—224, 1942 [**28,** 334]. — P. T. SCHARF, Some new techniques in prismarefractometry. Journ. Opt. Soc. Amer. **37,** 992, 1947 [**29,** 406]. — GILBERT W. KING, An empirical formula for the refractive indices of infrared dispersing materials. Phys. Rev. (2) **76,** 473, 1949 [**29,** 722]. — LEROY W. TILTON, EARLE K. PLYLER and ROBERT E. STEPHENS, Refractive index of silver chloride for visible and infrared radiant energy. Journ. Opt. Soc. Amer. **39,** 1061, 1949 [**29,** 1034]. — LEROY W. TILTON, EARLE K. PLYLER and ROBERT E. STEPHENS, Refractive index of silver chloride for visible and infrared radiant energy. Journ. Opt. Soc. Amer. **40,** 540—543, 1950 [**30,** 1027]. — LEROY W. TILTON, EARLE K. PLYLER and ROBERT E. STEPHENS, Refractive indices of thallium bromide-iodide crystals for visible and infrared radiant energy. Bur. Stand. J. Res. **43,** 81—86, 1949 [**30,** 1147].

[2]) F. F. MARTENS, Über eine neue Form des Jaminschen Interferenzrefraktometers. ZS. f. Phys. **61,** 363—367, 1930 [**13,** 1260]. — S. E. GREEN, Some Aspects of the Geometry of the Jamin Refractometer. Phil. Mag. (7) **14,** 1090—1102, 1932 [**14,** 300]. — OTTO SCHÖNROCK, Interferenzrefraktor von Jamin. ZS. f. Instrkde **62,** 209—219, 241—255, 1942 [**24,** 48]. — H. SCHARDIN, Theorie und Anwendung des Mach-Zehnderschen Interferenzrefraktometers. ZS. f. Instrkde **53,** 396—403, 424—436, 1933 [**14,** 2110]. — W. EWART WILLIAMS, Studies in interferometry. I. A new type of interference refractometer. Proc. Phys. Soc. **44,** 451—464, 1932 [**13,** 2189]. Betrifft eine Abänderung des RAYLEIGHschen Interferometers. — A. E. BRODSKY und J. M. SCHERSCHEWER, Die interferometrische Bestimmung der Brechungsindizes verdünnter Lösungen. ZS. f. phys. Chem. (A) **155,** 417—430, 1931 [**12,** 2812]. - Betrifft Messungen mit dem HABER-LÖWE-Interferometer. — A. KRUIS und W. GEFFCKEN, Eine Drehkammer zur interferometrischen Bestimmung der Brechungsindizes von Lösungen. ZS. f. phys. Chem. (A) **166,** 16—22, 1933 [**14,** 2110]. - Drehkammer in Verbindung mit RAYLEIGH-LÖWE-Interferometer. — CESARINA BORTOLOTTI, Metodo interferenziale per la misura di indici di rifrazione delle soluzione. Cim. (N. S.) **7,** 148—152, 1930 [**11,** 1885]. - Beruht auf Anwendung der FIZEAU-FOUCAULTschen Interferenzstreifen. — G. HANSEN, Über farbfreie Kompensatoren für Interferenzrefraktometer. ZS. f. Instrkde **50,** 460—474, 1930 [**11,** 2256].

[3]) Hier sind außer den in Anm. 2 genannten Arbeiten besonders noch folgende zu nennen: A. J. DALLADAY and F. TWYMAN, The measurement of small variations of refractive index throughout meltings of optical glass. Trans. Soc. Glass Techn. **5,** 325—330, 1921 [**3,** 632]. — Benutzung des HILGERschen Interferometers. — A. ZACHARJEWSKY, Eine Methode zur Messung kleiner Unterschiede der Brechungsindizes und der Dispersion optischer Gläser. Verh. Opt. Inst. Leningrad **5,** 1—19, 1929 [**10,** 2024]. Das hier angegebene Verfahren besitzt hohe Empfindlichkeit ($3 \cdot 10^{-6}$), ausreichende Genauigkeit ($1 \cdot 10^{-5}$) und Schnelligkeit und Einfachheit und ist daher — nach Angabe von K. SCHEEL — besonders für Laboratorien

gestellt werden können. Man kann mit Interferenzmethoden für n eine Genauigkeit von zwei bis drei Einheiten der siebenten Dezimalstelle erreichen.

Aber auch zur unmittelbaren Bestimmung des Brechungsindex — besonders von Flüssigkeiten — sind Interferenzmethoden entwickelt[1]).

Für absorbierende Medien sowie für Kristalle sind verschiedene der vorstehend genannten Methoden der Brechungsindex-Bestimmung zwar gleichfalls anwendbar, oft aber nicht ausreichend. Für die besonderen hierfür entwickelten Methoden sei auf die Originalliteratur[2]), [3]) verwiesen.

5. WEITERE METHODEN, BESONDERS FÜR FERTIGE LINSEN USW.

Um den Brechungsindex großer Objektivscheiben zu bestimmen, wird vorgeschlagen[4]), am Rande zwei gegeneinander unter *etwa* 60^0 geneigte, zur Scheiben-

optischer Werke geeignet. — G. HANSEN, Messung kleiner Brechungsunterschiede durch Lichtablenkung und Interferenz. Zeiß-Nachrichten **3**, 1—11, 1940 [**23**, 216]. — Behandelt das MACH-ZEHNDER-Interferometer und die TÖPLERsche Schlierenmethode. Empfindlichkeit der Interferometermethode etwa das Vierfache von der der Schlierenmethode.

¹) O. JASSE, Sur une nouvelle méthode interferentielle de mesure des indices de liquides. C. R. **185**, 1268—1269, 1927 [**9**, 720]. - Flüssigkeit zwischen zwei halbversilberten Platten. — W. GEFFCKEN, Über eine neuartige Methode zur Bestimmung des Brechungsindex von Lösungen nach dem Interferometerprinzip. ZS. f. Elektrochem. **37**, 233—237, 1931 [**12**, 1752]. — N. VEDENEJEWA, S. GRUM-GRŽIMAJLO und A. WOLKOFF, Interferenzmethode zur Bestimmung des Brechungsexponenten mit dem Mikroskop. Acta Physicochim. URSS. **5**, 391—404, 1936 [**18**, 258]. — A. BIOT, Méthode pour la mesure des variations lentes de l'indice de réfraction dans les corps solides. Ann. de Bruxelles (B) **54**, 93—99, 1934 [**15**, 1574].

²) A. M. TAYLOR und A. M. GLOVER, Untersuchungen über den Brechungsindex. I u. II. Journ. Opt. Soc. **23**, 206—215, 1933 [**14**, 1475]. - Behandelt Bestimmung des Brechungsindex und der Dispersion stark absorbierender Substanzen in der Nähe der Absorptionslinien sowie in diesen nach vier verschiedenen Methoden. — M. BEREK, Ein mikroskopisches Verfahren zur Bestimmung der komplexen Brechungsindices für homogene Lichtwellen im optisch isotropen und anisotropen absorbierenden Medien. Mitt. Leitz-Werke 1941, 1—10, Nr. 63 [**22**, 1293]. - Benutzt Reflexion linear polarisierten Lichtes und Bestimmung der Änderung des Polarisationszustandes. — H. LITTMANN, Die Messung des Brechungsvermögens absorbierender Flüssigkeiten. Phys. ZS. **41**, 442—447, 1940 [**22**, 702]. — Vgl. hierzu auch: H. LITTMANN, Die Reflexion an absorbierenden Medien. Ann. d. Phys. (5) **38**, 139—152, 1940 [**21**, 2514]. —

³) PETER WULFF, Eine interferometrische Methode zur Bestimmung der Lichtbrechung in Kristallen. ZS. f. Elektrochem. **34**, 611—616, 1928 [**10**, 56]. — Benutzung des RAYLEIGH-Interferometers in der von HABER-LÖWE gegebenen Form. Einbettung des Kristalls in Flüssigkeit (s. u.). — W. FABER, Über eine Abänderung der BRÖGGER-RAMSAYschen Methode zur Messung der Brechungsexponenten von Kristallen an Prismen aus natürlichen Kristallflächen. ZS. f. Krist. (A) **75**, 332—336, 1930 [**12**, 81]. - Benutzt gleichfalls Einbettung in Flüssigkeit, Messung aber mit Spektrometer (senkrechte Inzidenz). — A. CAVINATO, L'uso del prisma per la determinazione degli indici principali di rifrazione dei cristalli. Rendiconti Accad. d. L. Roma (6) **19**, 640—645, 1934 [**15**, 2090]. - Benutzung von Prismen mit zur optischen Achse verschieden orientierter Halbierungslinie des brechenden Winkels. — CHARLES PROFFER SYLOR, Accuracy of microscopical methods for determining refractive index by immersion. Bur. of Stand. Journ. of Res. **15**, 277—294, 1935 [**17**, 447]. - Bestimmung des Brechungsindex von Kristallsplittern. — T. T. QUIRKE and W. C. LACY, Measurements of the indices of refraction in anisotropic media. Amer. Min. **24**, 705—724, 1939 [**21**, 713]. - Benutzung eines Spektrometers zur quantitativen Bestimmung des Ganges und des Brechungsindex des ordentlichen und außerordentlichen Strahles für alle möglichen Richtungen.

⁴) J. BAROT, Méthode pour la mesure des indices des grands disques de verre. Rev. d'Opt. **2**, 502—505, 1923 [**5**, 550].

normalen parallele Flächen anzuschleifen. Durch Vergleich mit einem kleineren, sorgfältig auf Prismenwinkel und Ablenkung untersuchten 60^0-Prisma läßt sich der wirkliche Neigungswinkel der beiden angeschliffenen Flächen sowie die Ablenkung in einfacher Weise sehr genau mittels Mikrometerokular bestimmen.

Um bei fertig geschliffenen Linsen den Brechungsindex zu bestimmen, können wir die beschriebenen Methoden benutzen, die von der Totalreflexion bzw. vom Brechungsgrenzwinkel Gebrauch machen, vorausgesetzt, daß es möglich ist, den Rand der Linse an einer (bzw. zwei *benachbarten*) kleinen Stelle plan anzuschleifen und zu polieren. In den meisten Fällen wird dies möglich sein.

Ist die Durchbiegung der Linse nicht zu stark, so daß man zwei gegenüberliegende Teile des Randes durch ganz im Innern der Linse liegende Gerade verbinden kann, so kann man (bei nicht zu großen Linsen) zwei einander *gegenüberliegende* Teile des Randes planparallel anschleifen und anpolieren. Mit einem Mikroskop, dessen Verschiebung längs seiner Achse mit großer Genauigkeit gemessen werden kann, stellt man auf ein feines Objekt ein, etwa auf einen feinen Strich auf einem Objektträger (Verfahren von DE CHAULNES). Bringt man jetzt die Linse so zwischen Mikroskop und Objekt, daß die beiden anpolierten ebenen Flächen senkrecht zur Mikroskopachse sind, so müssen wir das Mikroskop um einen gewissen Betrag l heben, der genau bestimmt wird. Ferner wird auch der Abstand d der beiden ebenen Flächen des Linsenrandes genau gemessen. Dann ergibt sich der Brechungsindex der Linse aus der Formel (Abb. 19)

$$n = \frac{d}{d-l},$$

wobei die Winkel i und i' als genügend klein vorausgesetzt sind.

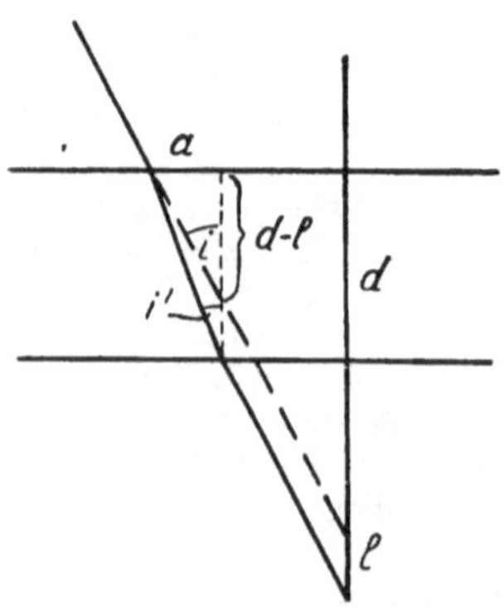

Abb. 19. Zusammenhang der scheinbaren Hebung l eines Objektes bei Beobachtung durch eine planparallele Glasplatte vom Brechungsindex n und der Dicke d. Es ist

$$\operatorname{tg} i = \frac{a}{d-l}; \quad \operatorname{tg} i' = \frac{a}{d}; \quad \frac{d}{d-l} \approx \frac{\sin i}{\sin i'} (= n); \quad l = \frac{n-1}{n} d.$$

Anwendung kann diese Beziehung finden zur Bestimmung des Brechungsindex n einer planparallelen Glasplatte sowie einer fertigen Linse genügend großer Rand- und Mittendicke.

Auch bei Planparallelplatten läßt sich diese Meßmethode mit Vorteil anwenden, deren *Meßungenauigkeit* etwa eine Einheit der dritten Dezimalstelle beträgt.

Eine andere für Planparallelplatten geeignete Methode wurde von A. H. PFUND[1]) angegeben. Die Unterseite der (annähernd) planparallelen Platte der Dicke d

[1]) A. H. PFUND, A plane-parallel plate refractometer. Journ. Opt. Soc. Amer. **21,** 182—186, 1931 [**12, 1646**]. — Andere Methoden sind angegeben von: H. SCHULZ, Refraktometrische Messungen an Planparallelplatten. ZS. f. Phys. **71,** 551, 1931 [**12, 2941**]. — FRANK BENFORD, A simple refractometer. Journ. Opt. Soc. Amer. **29,** 352—354, 1939 [**22, 465**]. — W. BRÜGEL, Dispersionsmessungen im Ultrarot unter Verwendung einer Planparallelplatte. Optik **6,** 293—298, 1950 [**29,** 1778]. - Schiefstellung der (dicken) Platte; Ausgleich der

wird (Abb. 20) mit einem einseitig scharf begrenzten weißen Farbstreifen bestrichen und von oben mit konvergentem Licht so beleuchtet, daß auf dem weißen Überzug an seiner scharfen Grenzlinie ein möglichst heller und möglichst kleiner Lichtfleck entsteht. Neben dem weißen Farbstreifen befindet sich ein Maßstab. Von oben auf die Platte gesehen, sieht man um den Lichtpunkt einen breiten dunklen Ring und darauf — von diesem scharf abgegrenzt — einen breiten hellen Ring. Der Durchmesser D_g des scharfen Grenzkreises wird an dem Maßstab abgelesen. Dann ist

$$n_{\text{Glas}} = \frac{\sqrt{D_g^2 + 16d^2}}{D_g}.$$

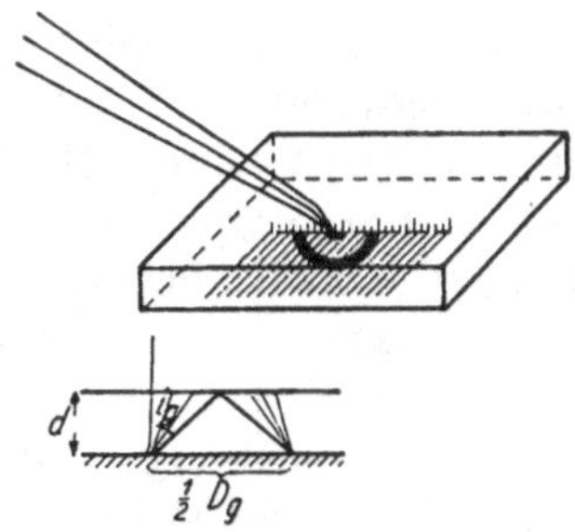

Abb. 20. „Plattenrefraktometer" nach A. H. PFUND zur Bestimmung des Brechungsindex von (≈) planparallelen Platten aus der Dicke d der Platte und dem Durchmesser D_g des durch Totalreflexion an der oberen ebenen Fläche auf der unteren Fläche erzeugten scharfen Grenzkreises zwischen einem dunklen und hellen Kreisraum.

$$n = \frac{1}{\sin i_g} = \frac{\sqrt{D_\lambda^2 + 16d^2}}{D_g}.$$

Mit einem solchen „Plattenrefraktometer" läßt sich auch der Brechungsindex von Flüssigkeiten bestimmen. Bringt man auf die Platte eine dünne Flüssigkeitsschicht vom unbekannten Brechungsindex n_{Fl} $(< n_{\text{Glas}})$, so ist

$$n_{\text{Fl}} = n_{\text{Glas}} \cdot \frac{D_{\text{Fl}}}{\sqrt{D_{\text{Fl}}^2 + 16d^2}},$$

wenn der Durchmesser des scharfen Grenzkreises jetzt D_{Fl} ist. Wird D auf 0,1 mm abgelesen, so erhält man n bis zur dritten Dezimale.

Eine andere Methode zur Bestimmung des Brechungsindex einer fertig geschliffenen Linse besteht darin, diese in eine *Mischung zweier durchsichtiger* Flüssigkeiten von verschiedenem Brechungsindex zu bringen[1]). Der Brechungsindex der einen Flüssigkeit soll größer, der der anderen kleiner sein als der des zu prüfenden Glases. Man bringe die Flüssigkeit in ein Gefäß, das zwei einander gegenüberliegende optisch plangeschliffene durchsichtige Wände besitzt. Dann beobachte man durch diese Flüssigkeit hindurch mit einem auf Unendlich eingestellten Fernrohr einen weit entfernten Gegenstand bzw. einen leuchtenden Punkt, der sich im Brennpunkt eines gegenüberstehenden Kollimators befindet; hierbei soll man die Einstellung des Fernrohres nicht ändern müssen. Bringt man nun die zu prüfende Linse so in die Flüssigkeit, daß sie sich zwischen Gegenstand und Fern-

dadurch bedingten Parallelversetzung durch seitliche Verschiebung der Lichtquelle, die (auf 0,01 mm genau gemessen) n auf einige Einheiten der 3. Dezimale genau ergibt, wenn Plattenschrägstellung auf 0,1° genau bestimmt wird.

[1]) Untersuchung hierfür geeigneter Flüssigkeiten und Flüssigkeitsgemische z. B. in: A. MAYRHOFER, Über Immersionsflüssigkeiten zur Bestimmung des Brechungsvermögens fester Körper nach dem Einbettungsverfahren. Mikrochem. (N. F.) **3**, 52—71, 1931 [**12**, 2290].

rohr befindet — und zwar in beliebiger Lage —, so wird das Bild des Gegenstandes im allgemeinen nicht mehr scharf sein. Es wird nur dann kein Einfluß auf die Einstellung des Fernrohres, also auf die Abbildung vorhanden sein, wenn der Brechungsindex der Mischung genau mit dem des Glases übereinstimmt. Durch allmähliches Ändern des Mischungsverhältnisses ist dies erreichbar.

Hierfür ist es vorteilhaft, für die eine Flüssigkeit — etwa für die mit geringerem Brechungsindex — eine leicht verdunstende (alkoholische) Flüssigkeit zu wählen und dann zunächst das Mischungsverhältnis der beiden Flüssigkeiten so zu wählen, daß der Brechungsindex sicher kleiner ist als der des zu prüfenden Glases. Je mehr von der leicht verdunstenden Flüssigkeit verdunstet — was künstlich beschleunigt werden kann —, um so mehr nähert sich der Brechungsindex der Mischung dem des Glases, bis beide übereinstimmen. Bestimmt man dann schnell — d. h. bevor weitere Verdunstungen das Mischungsverhältnis geändert haben — den Brechungsindex der Mischung etwa mit Hilfe eines der oben angegebenen Verfahren[1]), so hat man auch den Brechungsindex des untersuchten Glases. Natürlich muß dies Verfahren für jede Farbe, für die man den Brechungsindex der Linse prüfen will, von Anfang an wiederholt werden, da sich im allgemeinen für jede Farbe ein anderes Mischungsverhältnis ergeben wird.

Die *Meßgenauigkeit* dieses Eintauchverfahrens soll etwa eine Einheit der vierten Dezimalstelle sein.

Da die Bestimmung der Gleichheit der Brechungsindizes von Flüssigkeitsgemisch und Glasmaterial gewisse Schwierigkeiten bietet, sind auch Methoden erdacht, bei annähernder Gleichheit beider Brechungsindizes ihren noch vorhandenen Unterschied zu bestimmen[2]) bzw. zu berechnen.

Nach CHALMERS berechnet man ihn aus der verbleibenden Einstelldifferenz a des Beobachtungsfernrohres, d. h. aus der Okularverschiebung a, die nötig ist, um das Fernrohr wieder auf das Objekt scharf einzustellen. Es ist hierbei erforderlich, daß man die Mittendicke d und die Radien[3]) r_1 und r_2 der betreffenden Linse — die Verfahren zu ihrer Bestimmung s. S. 26 u. f. — genau kennt[4]). Ist noch f die Brennweite des Fernrohrobjektivs, e_1 der Abstand der Linse von der dem Fern-

[1]) S. a. H. ERFLE, Eine vereinfachte Bestimmung des Brechungsverhältnisses des Flüssigkeitsgemisches beim Eintauchverfahren. Central-Ztg. f. Opt. u. Mech. **42**, 358—361, 1921 [**3**, 191].

[2]) A. BIOT, Sur la réfractométrie des lentilles. Ann. de Bruxelles (B) **47**, 5—12, 1927 [**8**, 1289]. — A. BIOT, Sur une méthode de détermination des indices de réfraction. Ann. de Bruxelles (B) **52**, 58—60, 1932 [**13**, 1692]. - Benutzung von Interferenzerscheinungen, die zwischen den (versilberten) planparallelen Platten entstehen, zwischen denen sich die Linse befindet. Bestimmung von n auf eine Einheit der fünften Dezimale. — J. W. OBREIMOFF, A method of measuring small differences of the refractive indices. Trans. Opt. Inst. Petrograd **1**, 15 S., 1922, Nr. 1 [**3**, 1336]; Journ. Russ. Phys.-chem. Ges. **50**, 85—99, 1922 [**4**, 1468]. - Benutzung einer Flüssigkeit, deren Dispersionskurve genau bekannt ist.

[3]) Positiv, wenn der Krümmungsmittelpunkt der Fläche im Sinne der Lichtrichtung hinter dem Flächenscheitel liegt.

[4]) S. a. H. SCHULZ, Glasbestimmung bei Achromaten. ZS. f. Instrkde **58**, 412, 1938 [**20**, 1211]. - Ableitung einer Formel, die für einen zweilinsigen verkitteten Achromaten die Brechungsindizes aus der Gesamtbrechkraft, den Einzelbrechkräften und den geometrischen Bestimmungsstücken zu berechnen gestattet.

rohr zugekehrten planparallelen Begrenzungsplatte des Flüssigkeitstroges und e_2 der Abstand dieser Platte vom Fernrohrobjektiv, so gilt näherungsweise für den Unterschied Δn des Brechungsindex n' der Linse von dem der Mischung (n)

$$\Delta n = n' - n = \frac{r_1 r_2 a}{(r_2 - r_1)\left[f^2 - a\left(f - e_2 - \frac{e_1}{n} - \frac{d}{n}\,\frac{r_2}{r_2 - r_1}\right)\right]},$$

eine Formel, die sich — wenn a, e_1, e_2, d klein gegen f sind und $\frac{r_2}{r_2 - r_1}$ nicht zu große Werte annimmt — vereinfacht zu[1])

$$\Delta n \approx \frac{r_1 r_2 a}{f^2 (r_2 - r_1)}.$$

Natürlich ist es auch möglich, bei Kenntnis der Radien und der Dicke der Linse deren *Brechungsindex* auf Grund einer *Schnittweitenmessung* zu berechnen, indem man die bekannte Formel für die Schnittweite einer Linse

$$s = f - \frac{d}{n}\,\frac{D_1}{D} = \frac{r_2}{n-1} \cdot \frac{n(r_1 - d) + d}{n(r_2 - r_1 + d) - d}$$

nach n auflöst. In der angegebenen Formel sind d die Mittendicke, r_1 und r_2 die Linsenradien, s die Schnittweite. Die Bestimmung des Brechungsindex in dieser Art ist aber ziemlich ungenau.

Im Anschluß sei noch kurz erwähnt, daß man die Gleichheit der Brechungsindizes von Glas (Linse oder Prisma) und Mischung auch nach anderen Methoden[2]) bestimmen kann. Bei der Exnerschen Methode stellt man mit einem Mikroskop

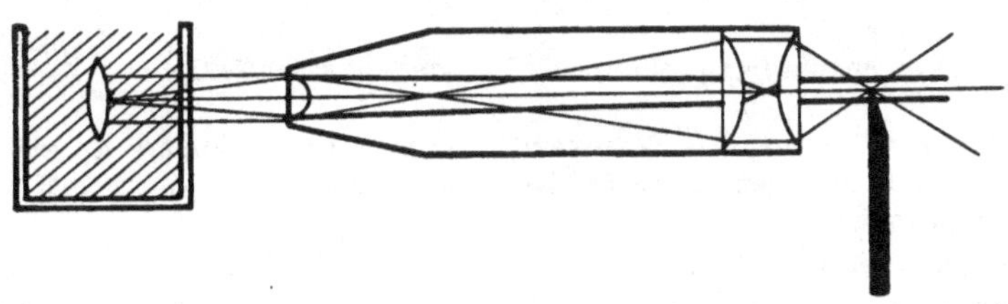

Abb. 21. Exnersche Methode zur Bestimmung des Brechungsindex n_λ einer fertigen Linse oder eines Rohglases mit Hilfe eines Flüssigkeitsgemisches, dessen Brechungsindex durch Änderung des Mischungsverhältnisses so geändert wird, daß Linse und Flüssigkeitsgemisch — dessen Brechungsindex dann z. B. mit dem Pulfrichschen Eintauchrefraktometer gemessen werden muß — gleichen Brechungsindex haben. Feststellung der Gleichheit der Brechungsindizes mit Benutzung der Foucaultschen Messerschneiden-Beobachtung.

[1]) H. Erfle, Bestimmung des Brechungsexponenten von Linsen oder von Bruchstücken fester Körper. Zentralztg. f. Opt. u. Mech. 1919, 165—168 [**1**, 430]. — H. Erfle, Über die durch zweifache Spiegelung in Linsenfolgen entstehenden Nebenbilder und ihre Verwendung zur Bestimmung der Linsenkonstanten. Zentralztg. f. Opt. u. Mech. 1919, 297 bis 301, 309—313 [**1**, 347].

[2]) Albert Goossens, Een nieuwe en gemakkelijke Methode voor het bepalen van Brekingsindices van Immersiestoffen, in 't bijzonder van gesmolten Mengsels, gebruikt bij de Methode van Becke. Natuurwetensch. Tijdschr. **11**, 1—5, 1929 [**11**, 1679]. - Benutzung des Auftretens bzw. Verschwindens der Beckeschen Linien bei Beobachtung mit dem Mikroskop.

auf die in das Flüssigkeitsgemisch gebrachte Linse scharf ein und bringt zwischen Okular und Auge an die Stelle der Austrittspupille des Mikroskops eine FOUCAULTsche Messerschneide. Man blendet auf diese Weise gewisse Strahlen, die vom Objekt herkommen, ab, wie dies Abb. 21 zeigt. Man sieht das Objekt also beschattet. Welche Teile des Objektes, also hier der zu prüfenden Linse, beschattet sind, hängt davon ab, ob der Brechungsindex des Glases größer oder kleiner ist als der des Flüssigkeitsgemisches. Im Augenblick der Gleichheit beider Brechungsindizes bemerkt man ein Umschlagen der Beschattung, d. h. die bisher beschatteten Teile sind hinterher unbeschattet und umgekehrt.

II. BESTIMMUNG DER DISPERSION

Die Methoden zur Bestimmung der Dispersion sind im wesentlichen mit denen zur Bestimmung des Brechungsindex identisch. Wir haben nur für bestimmte Wellenlängen, für bestimmte Spektrallinien den Brechungsindex nach den zuvor beschriebenen Methoden zu bestimmen.

Von ABBE ist das folgende System von Meßlinien angegeben:

Wellenlänge	7679	6563	5893	4861	4340 ÅE
Element	K	H_α	Na	H_β	H_γ
Bezeichnung der Linie	A'	C	D	F	G'

Als Maß für die Dispersion dienen die mittlere Dispersion $n_F - n_C$ bzw. die partiellen Dispersionen $n_G - n_F, n_F - n_D, n_D - n_C$ und die aus ihnen gebildeten relativen partiellen Dispersionen

$$\frac{n_{G'} - n_F}{n_F - n_C}, \quad \frac{n_F - n_D}{n_F - n_C}, \quad \frac{n_D - n_C}{n_F - n_C}.$$

Außerdem ist die sogenannte reziproke Dispersion oder ABBEsche Zahl $\nu = \dfrac{n_D - 1}{n_F - n_C}$ wichtig.

Von HASSELKUS[1]) sowie von WEIDERT[2]) wurde angeregt, andere Spektrallinien den Messungen zugrunde zu legen, u. zw. schlägt WEIDERT statt des ABBEschen Systems folgende Hg-Linien vor:

6907,496 6234,310 5460,740 4916,036 4358,342 4046,563 ÅE,

die für die Charakterisierung des Glases sowie für die Messung der Brechungsindizes besondere Vorteile besitzen, gleichzeitig aber auch die Interpolation auf die Linien des ABBEschen Systems leicht ermöglichen.

Um die Dispersion zu bestimmen, ist es vorteilhaft, statt der monochromatischen Lichtquelle bei der Bestimmung des Brechungsindex gleich eine *Lichtquelle* zu benutzen, *die die angegebenen Wellenlängen* (*und möglichst nur diese*) enthält. Dadurch läßt sich die *Genauigkeit* der *Dispersions*messungen *um eine halbe bis eine Zehnerpotenz* steigern, indem man in der Bildebene des Fernrohres ein Fadenschraubenmikrometer anbringt und so die Differenzen der einzelnen gut unterscheidbaren

[1]) W. HASSELKUS, On the measurement of refractive indices; and a description of a large spectrometer of the autocollimating type. Proc. Opt. Convention London 1926, Part II, S. 925—936 [**8**, 1677].

[2]) F. WEIDERT, Die zweckmäßigste Wahl der Wellenlängen und Lichtquellen für die Messung von Brechungsverhältnissen. ZS. f. techn. Phys. **7**, 304—310, 1926 [**7**, 1938].

Grenzlinien mit erhöhter Genauigkeit (in Winkelmaß) mißt. Hiermit berechnet man dann die einzelnen Dispersionswerte.

Auf einige mehr theoretische Arbeiten[1]) zur Dispersion sei noch kurz hingewiesen.

III. PRÜFMETHODEN FÜR PRISMEN

Bei der Prüfung von Prismen handelt es sich sowohl um die Messung und Prüfung der Prismenwinkel als auch um die Prüfung, ob die Flächen der Prismen eben und einwandfrei gearbeitet sind, endlich aber auch darum, ob die brechenden Kanten genau senkrecht zu den sie begrenzenden Grundflächen des Prismas stehen, ob also kein Pyramidalfehler vorhanden ist.

Wegen der Methoden zur Prüfung der Flächen sei auf A, VI verwiesen.

Die Prüfung der Prismenwinkel ist schon kurz in A, I bei der Bestimmung des Brechungsindex mittels Spektrometer erwähnt.

Bei der Prüfung von Prismen, die in optischen Systemen benutzt werden sollen, ist möglichst darauf zu achten, daß bei der Prüfung der Strahlengang derselbe ist wie bei der Benutzung des Prismas im fertigen optischen Instrument.

Bei schwach keilförmigen, also fast planparallelen Glasplatten, deren Brechungsindex n für die zur Prüfung benutzte Wellenlänge bekannt sein muß, genügt es, die Ablenkung δ mittels Spektrometer zu messen, um den Keilwinkel φ zu bestimmen. Es ist nämlich

$$\varphi = \frac{\delta}{n-1}.$$

Handelt es sich um die Prüfung bzw. um die Bestimmung der Ablenkung eines sog. „Meßkeiles“, also eines Prismas sehr kleinen Prismenwinkels mit Ablenkungswinkeln in der Größenordnung weniger Minuten, so kann man nach v. Hofe[2]) folgendermaßen verfahren: Man bringt den zu messenden Keil (auf einem Spektrometertisch) so vor ein Autokollimationsfernrohr, in dessen Brenn-(Bild-)ebene sich

[1]) H. Erfle, Das Minimum der Dispersion und die größte Dispersion, sowie die chromatische Vergrößerungsdifferenz im Hauptschnitte eines Prismas. ZS. f. Instrkde **39,** 280—288, 297—312, 1919 [**1,** 772]. — H. Erfle, Zur Abhängigkeit der Ablenkung und der Farbenzerstreuung vom Einfallswinkel und vom Prismenwinkel. Central-Ztg. f. Opt. u. Mech. **41,** 439—443, 453—456, 467—472, 1920 [**2,** 334]. — J. Hartmann, Über die Gestalt meiner Dispersionsformel. ZS. f. Instrkde **51,** 324—326, 1931 [**12,** 1971]. - Mit Hilfe der Hartmannschen Dispersionsformel $n - n_0 = \frac{c}{(\lambda - \lambda_0)^a}$ mit a ($\approx$ 1,2) zwischen 0,8 und 1,3 lassen sich bekanntlich auf Grund einiger bestimmter Wellenlängenwerte λ_0 und der zugehörigen Brechungsindizes n_0 die Brechungsindizes n der übrigen λ-Werte errechnen, u. zw. nach H. Kessler (I) mit einer Genauigkeit von einigen Einheiten der fünften Dezimalstelle. — M. Herzberger and H. Jenkins, Color correction in optical systems and types of glass. Journ. Opt. Soc. Amer. **39,** 984—989, 1949 [**29,** 1345]. - Es wird u. a. eine vier Materialkonstanten enthaltende Dispersionsformel angegeben, die für durchsichtige Stoffe für λ-Werte zwischen 400 mμ und 1000 mμ den Brechungsindex auf $\pm$ 0,00002 genau ergibt.

[2]) Chr. v. Hofe, Über das Messen kleiner Prismenwinkel. Optik **6,** 14—19, 1950 [**29,** 1041]. - Auch auf die Anwendung der Vorrichtung zur Messung der Ablenkung, wenn diese größere Werte besitzt, sowie zur Messung des Brechungsindex n geht der Verf. näher ein.

eine beleuchtete Skala befindet und das einem ebenen Spiegel gegenüber steht, daß sich der Keil zwischen dem Objektiv und dem Spiegel befindet und die Keilablenkung nach der einen Seite erfolgt. Durch die Autokollimation wird die Ablenkung des Keiles verdoppelt. Der Betrag, um den die Mitte der Skala (bzw. ein dort befindlicher Spalt) abgelenkt erscheint, wird — mit Hilfe einer Mikrometertrommel — abgelesen. Man dreht daraufhin den Keil so um 180°, daß die Ablenkung nach der anderen Seite hin erfolgt, und liest die Stelle, an der sich der Skalennullstrich (bzw. das Spaltbild) nunmehr befindet, mit Hilfe der Mikrometertrommel erneut ab. Beträgt der Unterschied d der beiden Ablesungen y, so ist — da d der vierfachen Keilablenkung entspricht — die (winkelmäßige) Keilablenkung $\delta = \frac{y}{4f'}$, wenn f' die Brennweite des Objektivs des Autokollimationsfernrohres ist. Bei Keilen bis zu 25′ Ablenkung soll der Meßfehler etwa 0,2″ betragen, wenn $f' \approx 344$ mm beträgt. Es ist $|d\delta| = \left|\frac{dy}{4f'}\right| + \left|\delta \frac{df'}{f'}\right|$ der zu erwartende Meßfehler.

Um bei einem gewöhnlichen rechtwinkligen Prisma, wie es z. B. für *Porro*-prismensätze gebraucht wird, zu prüfen, um welchen Winkel ϑ der „90°-Winkel" von 90° abweicht, läßt man das von einem auf Unendlich eingestellten Autokollimationsfernrohr mit beleuchtetem Fadenkreuz kommende parallele Strahlenbündel nahezu senkrecht durch die Hypotenusenfläche des Prismas in dieses eintreten[1]) (Abb. 22). Nach Reflexion an den beiden Kathetenflächen treten die Strahlen wieder aus der Hypotenusenfläche aus und erzeugen im Fernrohr zwei Bilder des Fadenkreuzes[2]), die mit diesem nur dann zusammenfallen, wenn der zu prüfende Prismenwinkel φ genau 90° ist. Weicht er von 90° um den Betrag ϑ ab ($\varphi = 90° + \vartheta$, wo $\vartheta \gtreqless 0$ sein kann), so sind die Bilder des Fadenkreuzes gegen dieses nach beiden Seiten um die mit dem Okularmikrometer zu messende Strecke $x = \delta \cdot f = 2n\vartheta \cdot f$ in der Horizontalebene verschoben, wo f

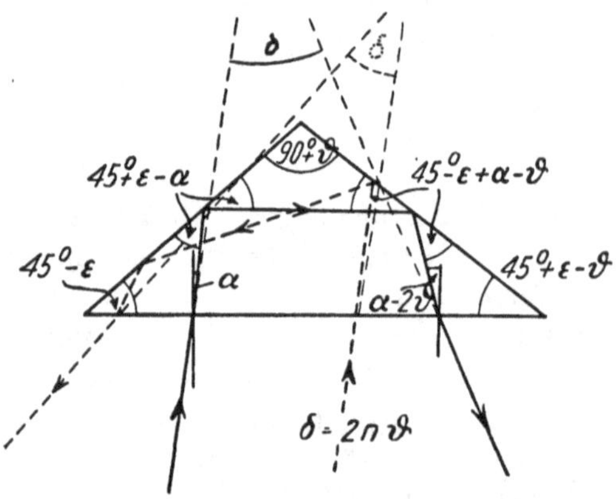

Abb. 22. Zur Bestimmung der Abweichung des „90°-Winkels" eines Prismas von seinem Soll-Wert mit Benutzung eines Autokollimationsfernrohres.

[1]) Vgl. z. B.: C. F. SMITH, A Method of Testing Prisms. The Optician **61**, 215—216, 1921 [**2**, 1060]. — G. W. MOFFITT, An instrument for the testing of prisms. Journ. Opt. Soc. Amer. **7**, 831—852, 1923 [**5**, 550]. - Behandelt auch Prüfung des Dachkantprismas, des Pentaprismas und des gleichseitigen Prismas. — A. AUBERTIN, Méthodes géométrique et interférentielle de mesure de l'angle au sommet d'un prisme à réflexion totale; vérification d'une lame. Rev. d'Opt. **5**, 161—182, 1926 [**8**, 365]. - Enthält auch eine Interferenzmethode.

[2]) Außerdem entstehen Bilder durch Reflexion an der Hypotenusenfläche, u. zw. *ein* Bild durch Reflexion an der Fläche Luft—Glas, zwei weitere Bilder durch Reflexion an

die Brennweite des Fernrohrobjektives ist. Die Abweichung der 45°-Winkel von ihrem Sollbetrage ist auf die Abweichung des Fadenkreuzbildes ohne Einfluß. Es ist demnach

$$\vartheta = \pm \frac{x}{2nf}.$$

Ob $\vartheta > 0$ oder < 0 ist, entscheidet man am einfachsten[1]), indem man ein verhältnismäßig enges Strahlenbündel benutzt. Man muß zu diesem Zwecke die Hypotenusenfläche bis auf zwei kleine Bereiche (Eintrittsstelle und Austrittsstelle des Bündels) abblenden. Findet dann die Verschiebung des Strahlenbündels in der Richtung statt, die der Richtung der im Prisma annähernd parallel zur Hypotenusenfläche verlaufenden Strahlen entspricht, so ist $\vartheta > 0$; im entgegengesetzten Fall ist $\vartheta < 0$.

Ist das Bild des Fadenkreuzes nicht nur in der Horizontalen um die Strecke x, sondern auch in der Vertikalen um die Strecke y gegen das Fadenkreuz selbst verschoben, so besitzt das Prisma auch einen Pyramidalfehler, und zwar ist der Winkel χ, den die brechende Kante des rechten Winkels mit der Hypotenusenfläche bildet, entsprechend zu berechnen aus

$$\chi = \frac{y}{2nf}.$$

Sind x und y in dem gleichen Maßstab gemessen wie f, so ist das Ergebnis noch mit 206 264,806 zu multiplizieren, um ϑ und χ in Winkelsekunden zu erhalten. Die *Meßgenauigkeit* hängt wesentlich von der Mikrometermessung ab und beträgt nach Aubertin[2]) etwa $1\frac{1}{4}''$.

Eine andere Methode zum Bestimmen des Winkelfehlers ϑ und des Pyramidalfehlers χ einfacher rechtwinkliger Prismen geben Nicholson und Cheshire[3]) an. Man setzt das Prisma mit seiner Hypotenusenfläche auf den Tisch des Spektrometers und dreht ihn und mit ihm das Prisma um die vertikale Achse. Der Bildpunkt, der bei fehlerfreien Prismen an derselben Stelle der Brennebene des Fernrohres liegt wie das direkte Bild, beschreibt bei der Drehung des Prismas angenähert eine semikubische Parabel, deren Scheitelpunkte durch die Strecken $f \cdot \vartheta (\sqrt{2n^2-1} - 1)$ und $f \cdot \chi (\sqrt{2n^2-1} - 1)$ gegeben sind, wenn f wieder die Brennweite des Fernrohres, n der Brechungsindex des Prismas ist.

Um bei einem rechtwinkligen Prisma die Abweichung ε des „45°-Winkels" von 45° zu messen, läßt man (Abb. 23) das Parallelstrahlenbündel annähernd senkrecht

---

der Fläche Glas—Luft und erneutes Durchlaufen des Prismas. Diese drei Bilder drehen sich aber, wenn man das Prisma um eine Gerade senkrecht zur Ebene des Prismenwinkels dreht, u. zw. um den doppelten Winkel, während die zu benutzenden Bilder sich nicht mitdrehen, da die Ablenkung vom Einfallswinkel α unabhängig ist, solange man die Winkel α und ϑ als klein voraussetzen darf.

[1]) G. W. Moffitt (s. [1]) S. 22) gibt hierfür ein anderes Kriterium an. Er benutzt eine kleine in einen Teil des Strahlenganges geschaltete Zylinderlinse mit schräggestellter Achse.

[2]) A. Aubertin (s. [1]) S. 22).

[3]) J. W. Nicholson and F. J. Cheshire, On the Theory of Right-Angled Prisms. Proc. Roy. Soc. London (A) **104**, 572—587, 1923 [**5**, 924].

auf die eine Kathetenfläche fallen und bestimmt mit dem Okularmikrometer des Autokollimationsfernrohres der Brennweite f die Abweichung des direkt an der betreffenden Kathete reflektierten Bildes von dem im Innern des Prismas an der anderen Kathete reflektierten Bilde. Der Winkel, den die beiden reflektierten Strahlengänge miteinander bilden, ist

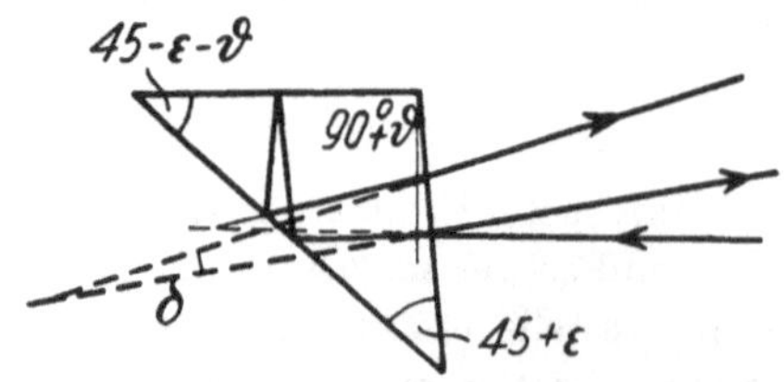

Abb. 23. Zur Bestimmung der Abweichung der „45°-Winkel" eines gleichschenkligen Prismas von ihrem Soll-Wert mit Benutzung eines Autokollimationsfernrohres.

$$\delta = 2n\,(2\varepsilon + \vartheta),$$

$$\text{d. h. } \varepsilon = \frac{\delta}{4n} - \frac{\vartheta}{2} = \frac{x}{4nf} - \frac{\vartheta}{2},$$

wenn x der mit dem Okularmikrometer gemessene Abstand beider reflektierter Fadenkreuzbilder ist.

Eine einfache Methode, die Winkel eines einfachen Prismas von nahezu gleichseitigem Hauptschnitt ohne Spektrometer auf etwa 15″ genau zu messen, gibt P. Werner[1]) an. Er benutzt hierzu nur ein Prismenbinokel mit Strichteilung, die in Winkelmaß zu eichen ist, sowie zwei Objekte von etwa 10° Winkelabstand, der indessen nicht sehr genau bekannt zu sein braucht. Der Brechungsindex soll auf etwa 1% genau bekannt sein. Bezüglich der Ausführung der Messung sei auf die Arbeit verwiesen.

Handelt es sich um den Vergleich eines Prismas mit einem gegebenen Normalprisma — wie dies in optischen Werkstätten oft erforderlich ist, um z. B. aus einem Satz von Prismen zwei identische für eine Anordnung herauszusuchen — so benutzt man vorteilhaft einen Kollimator genügend großer Öffnung und zwei Fernrohre, von denen das eine ein Okularmikrometer besitzt[2]). Das Prisma wird so aufgestellt (Abb. 24), daß das Licht vom Kollimator auf beide Prismenflächen, die den zu bestimmenden Winkel einschließen, trifft. Das an der einen Fläche reflektierte Licht gelangt in das eine, das an der anderen Fläche reflektierte Licht gleichzeitig in das andere Fernrohr, die beide für das Normalprisma auf das Bild des Kollimatorspaltes eingerichtet werden. Dann wird das Normalprisma gegen das zu prüfende Prisma ausgetauscht. Der Prismentisch mit dem zu prüfenden Prisma wird so gedreht, daß das eine Spiegelbild des Spaltes wieder mit dem Fadenkreuz des einen Fernrohres zusammenfällt. Am Okularmikrometer des anderen Fernrohres kann man dann die Abweichung x des an der zweiten Prismenfläche reflektierten Spaltbildes von der Soll-Lage und demnach die Abweichung $\vartheta = \frac{x}{2f}$ des Prismenwinkels feststellen.

[Natürlich kann diese Vergleichsprüfung — und ebenso die absolute Messung eines Prismenwinkels — in entsprechender Weise mit einem üblichen Spektrometer vorgenommen werden. Bei nur einem Fernrohr ist dieses nacheinander in die Stellungen 1 und 2 (bei feststehendem Prismentisch) zu bringen, deren genaue Lagen

[1]) P. Werner, Messung der Winkel eines Glasprismas mit nahezu gleichseitigem Hauptschnitt. ZS. f. Unterr. **40**, 102—106, 1927 [**9**, 69].

[2]) J. Guild, Angle comparators of high precision for the goniometry of prisms. Opt. Soc. London, June 8, 1922; Nature **109**, 830, 1922; Trans. Opt. Soc. **23**, 297—310, 1922 [**4**, 884].

am Teilkreis des Spektrometers abgelesen werden. Ist die Differenz der beiden Ablesungen α, so ist der Prismenwinkel $\varphi = \alpha/2$.]

Man kann auch — wie dies Abb. 25 zeigt — den Vergleich eines Prismas mit einem Normalprisma in der Art vornehmen, daß man zunächst das Normalprisma an eine ebene Auflegefläche, etwa eine Glasplatte mit einwandfrei ebener Fläche,

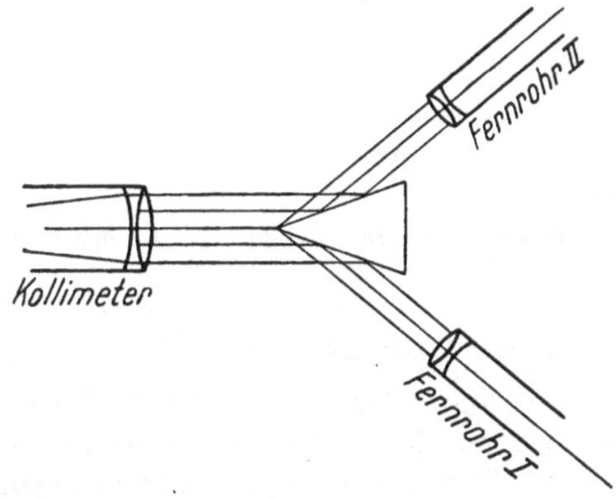

Abb. 24

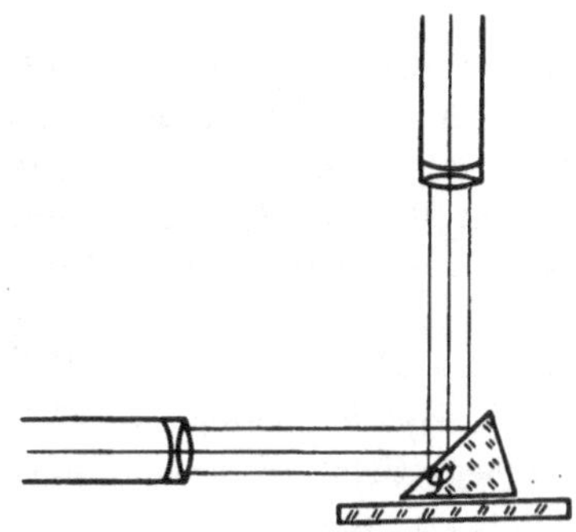

Abb. 25

Abb. 24. Zur Bestimmung der Abweichung der Winkel eines Prismas von denen eines Normalprismas (Vergleichsprisma) bzw. zur Bestimmung zweier bezüglich ihrer Prismenwinkel identischer Prismen mit Hilfe eines Kollimators und zweier Fernrohre, von denen das eine ein Okularmikrometer besitzt.

Abb. 25. Zur Bestimmung der Abweichung der Winkel eines Prismas von denen eines Normalprismas (Vergleichsprisma) bzw. zur Bestimmung zweier bezüglich ihrer Prismenwinkel identischer Prismen mit Hilfe eines Kollimators, eines Fernrohres mit Okularmikrometer und einer Glasplatte mit einer einwandfrei ebenen Fläche.

legt — wobei die Auflage noch durch Interferenzstreifen geprüft werden kann — und Kollimator und Fernrohr fest einstellt. Austausch des Normalprismas gegen das zu prüfende Prisma zeigt die evtl. vorhandene Abweichung des Prismenwinkels an einer abweichenden, mit Okularmikrometer zu bestimmenden Lage des Kollimatorspaltbildes, und zwar sowohl den Fehler des Prismenwinkels als auch einen evtl. vorhandenen Pyramidalfehler. Die Größe der Fehler ergeben sich aus

$$\vartheta = \frac{1}{2}\,\frac{x}{f}; \qquad \chi = \frac{1}{2}\,\frac{y}{f}.$$

Von D. S. PERFECT[1]) ist für den Vergleich von Prismen mit einem Normalprisma eine Interferenzmethode angegeben, mit der eine *Meßgenauigkeit* von 0,1″ erreicht werden kann. Zunächst wird das Normalprisma vor den Strahlengang eines Interferometers gebracht und die Lage der Interferenzstreifen festgestellt. Sodann wird das zu messende Prisma an die Stelle des Normalprismas gebracht und die evtl. vorhandene Winkeldifferenz gegen das Normalprisma durch Kompression der Luft in einem gleichfalls in dem Strahlengang befindlichen Hohlprisma von etwa 15° brechendem Winkel ausgeglichen, bis die Interferenzstreifen wieder die frühere Lage haben.

[1]) D. S. PERFECT, An application of the interferometer to the goniometry of prisms. Trans. Opt. Soc. **30**, 118—125, 1928/29 [**10**, 2118].

IV. BESTIMMUNG DER KRÜMMUNGSRADIEN

Bevor wir die Messung der Krümmungsradien r optischer Flächen besprechen, fragen wir nach dem Einfluß, den eine Ungenauigkeit von r auf die Genauigkeit der zugehörigen Flächenbrennweite f bzw. f' hat. Aus

$$\frac{f}{n} = \frac{f'}{n'} = \frac{r}{n'-n} \quad \text{folgt} \quad \frac{df}{f} = \frac{df'}{f'} = \frac{dr}{r}, \qquad \text{(IV, 1)}$$

d. h. der *prozentuale Fehler in der Brennweite* ist *ebenso groß wie der des Radius*. Mit der Genauigkeit, mit der die Brennweite eingehalten werden soll, muß demnach auch der Radius eingehalten werden.

Zur Messung des Krümmungsradius gibt es *rein mechanische, optisch-mechanische* sowie *rein optische Methoden.*

1. MECHANISCHE MESSMETHODEN

Bei den mechanischen Meßmethoden[1]) wird die sogenannte „Pfeilhöhe“ oder „Scheiteltiefe“, d. h. die Höhe h einer Kugelkappe (bzw. eines Kreisabschnittes) gemessen, deren Grundflächendurchmesser 2ϱ (bzw. dessen Sehne) bekannt sein muß. Aus h und 2ϱ läßt sich der Krümmungsradius r der Kugelfläche berechnen (Abb. 26), und zwar ist[2])

$$r = \frac{\varrho^2}{2h} + \frac{h}{2}. \qquad \text{(IV, 2)}$$

Die Instrumente, mit denen man h mißt, heißen Sphärometer. Das einfachste Sphärometer besteht aus einer Platte mit drei zueinander parallelen und zur Platte

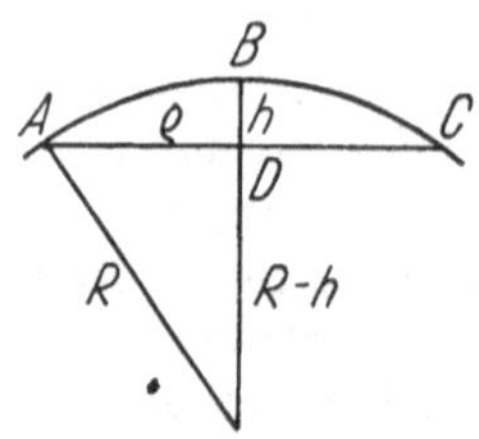

Abb. 26. Beziehung zwischen Krümmungsradius R einer Kugelfläche und Höhe (Scheiteltiefe) h sowie Grundkreis-Durchmesser 2ϱ eines Abschnittes jener Kugelfläche:

$$R = \frac{\varrho^2}{2h} + \frac{h}{2} = \frac{\varrho}{\sin\varphi}$$

mit

$$\cos\varphi = \frac{\varrho^2 - h^2}{\varrho^2 + h^2} \approx 1 - 2\left(\frac{h}{\varrho}\right)^2.$$

senkrechten Füßen gleicher Länge, die an ihren freien Enden feine Spitzen besitzen. Diese Spitzen bilden die Ecken eines gleichseitigen Dreiecks von der Seitenlänge s, die genau bekannt sein muß. Parallel zu den drei Füßen läßt sich eine

---

[1]) Vgl. auch H. JENSEN, Die Bestimmung von Krümmungsradien nach mechanischen Meßmethoden und ein Vergleich ihrer Genauigkeit. Optik **6**, 261—272, 1950 [**29**, 1646].

[2]) Statt r nach Formel (IV, 2) zu berechnen, ist es auch möglich, aus dem gemessenen Werte h und dem bekannten Werte ϱ den Kugelmittelpunktswinkel 2φ, der zur Kugelkappe vom Grundflächendurchmesser 2ϱ (und der Pfeilhöhe h) gehört, zu berechnen:

$$\cos\varphi = \frac{\varrho^2 - h^2}{\varrho^2 + h^2} \qquad \text{(IV, 2a)}$$

Mit diesem Winkel φ ergibt sich dann der Radius r der Kugelfläche zu

$$r = \frac{\varrho}{\sin\varphi} \qquad \text{(IV, 2b)}$$

gleichfalls mit einer Spitze versehene Mikrometerschraube so durch die Platte hin und her schrauben, daß sie durch den Schwerpunkt des genannten gleichseitigen Dreiecks geht, von den drei festen Spitzen also um $\varrho = \frac{s}{3}\sqrt{3}$ entfernt ist (Abb. 27).

Man stellt das Sphärometer auf die zu prüfende Kugelfläche, wobei man die Schraube so weit vor- oder zurückschraubt, daß alle vier Spitzen die Kugelfläche berühren. Der Betrag, um den die Schraube hierbei aus ihrer Null-Lage[1]) — das ist diejenige, bei der die Spitze der Schraube mit den drei festen Spitzen in einer Ebene liegt — hinein- (konkav) oder zurückgeschraubt (konvex) ist, ist mit Hilfe eines Lineals und einer Trommel auf 0,01 mm genau ablesbar und gibt den Wert h. Aus s und h berechnet sich dann wegen $\varrho = \frac{s}{3}\sqrt{3}$ der Krümmungsradius r der Kugelfläche zu

$$r = \frac{s^2}{6h} + \frac{h}{2}. \qquad \text{(IV, 3)}$$

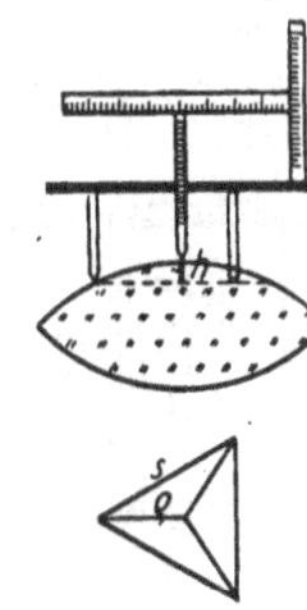

Abb. 27. Schraubensphärometer zur Bestimmung des Krümmungsradius r einer Kugelfläche aus der Scheiteltiefe h und dem (paarweise gleichen) Abstand s der drei festen Spitzen:

$$r = \frac{s^2}{6h} + \frac{h}{2}.$$

Eine Änderung dieses Sphärometers (zwecks Genauigkeitssteigerung) wurde von J. L. Houghton[2]) vorgeschlagen. Die verstellbare Schraube ist durch einen, an seinem oberen Ende plangeschliffenen und polierten Glasstab ersetzt, der durch sein Eigengewicht stets gleichartig die zu prüfende Fläche berührt. Die Scheiteltiefe h wird aus der mittels Mikrometerschraube gemessenen Verschiebung einer Plankonvexlinse gemessen, die sich — mit ihrer Krümmungsfläche nach unten — über der Planfläche des Glasstabes befindet und dieser jeweils so weit genähert wird, daß gerade der dunkle (Newtonsche) Interferenzfleck auftritt, beide Flächen sich also gerade berühren.

Wesentlich genauer als das eben beschriebene Schraubensphärometer sind die — wohl am häufigsten benutzten — Sphärometer, bei denen die Verschiebung des zur Messung der Scheiteltiefe dienenden Taststiftes nicht durch *Verschrauben* geschieht, sondern durch *Gleiten* eines Stiftes, auf dessen Fläche sich eine Teilung befindet, die bzw. deren Verschiebung mit einem Ablesemikroskop abgelesen werden kann (Abb. 28). Bei diesem Sphärometer werden die drei Spitzen meist durch einen bzw. durch mehrere gegeneinander auswechselbare Kreisringe ersetzt, deren oberer Rand geschärft ist, und deren Durchmesser genau bekannt sind. Aus praktischen Gründen wird der Rand der Ringe jedoch nicht vollkommen scharf gewählt, sondern so, daß er noch eine — überall gleiche — endliche, aber sehr kleine Breite

[1]) Die Null-Lage muß (mittels einer exakt ebenen Fläche) besonders geprüft bzw. ermittelt werden. (Vgl. unten.)

[2]) J. L. Houghton, An improved spherometer. Journ. scient. instr. **18**, 167—168, 1941 [**23**, 1537]. Siehe auch S. 26, Anm. 1.

hat[1]). Auf jedem der Ringe sind dann zwei Radien-Werte ϱ_1 und ϱ_2 angegeben; für Konvexflächen gilt der innere (kleinere) Radius, für Konkavflächen der äußere (größere). Die Pfeilhöhe h der untersuchten Kugelfläche ist gleich der durch das Ablesemikroskop abgelesenen Verschiebung des Taststiftes aus seiner Null-Lage[2]), die wieder dadurch definiert ist, daß die Spitze des Tasters in der Ebene des Kreisringrandes liegt. Man prüft dies durch Auflegen einer sehr genau geschliffenen Planfläche, von deren Planheit man sich auf andere Weise überzeugt hat. (Es ist vorteilhaft, sich gleich drei solcher Planplatten — mit je einer sehr genauen Planfläche — herzustellen. Legt man diese dann zu je zweien mit ihren Planflächen aufeinander — dies ist dreimal möglich —, so dürfen sich keine Interferenzfarben zeigen, wenn die Flächen gut plan sein sollen.)

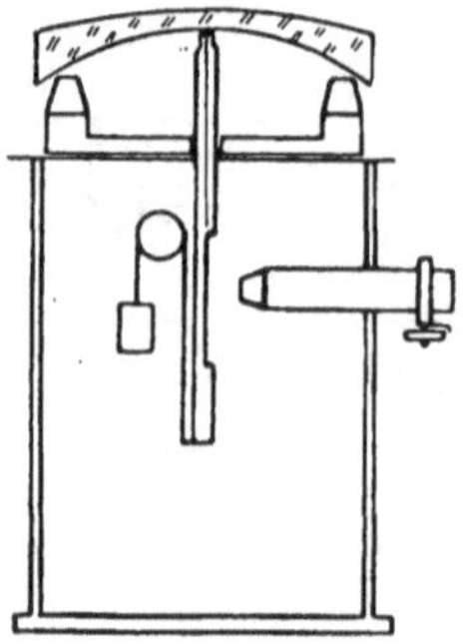

Abb. 28. Darstellung eines Ringsphärometers, bei dem die Ablesung der Höhe (Scheiteltiefe) h der Kugelkappe an einem sich selbständig einstellenden Meßstab mit Mikroskop und Mikrometer abgelesen wird. Aus diesem Wert h und dem (auf dem Ring angegebenen) Ringradius ϱ findet man

$$r = \frac{\varrho^2}{2h} + \frac{h}{2} = \frac{\varrho}{\sin\varphi}$$

mit

$$\cos\varphi = \frac{\varrho^2 - h^2}{\varrho^2 + h^2} \approx 1 - 2\left(\frac{h}{\varrho}\right)^2$$

$$\sin\varphi = \frac{2\varrho h}{\varrho^2 + h^2}.$$

Eine andere Möglichkeit, den Krümmungsradius einer Kugelfläche zu bestimmen, besteht darin, die betreffende Linse auf einem sehr genau meßbar verstellbaren Schlitten unter einem Taststift hinwegzubewegen, dessen hierdurch bewirkte Hebung oder Senkung wieder mit einem Mikroskop an einer auf ihr befindlichen Teilung genau abgelesen werden kann (Abb. 29). Die höchste bzw. tiefste Stellung des Taststiftes entspricht dann dem Linsenscheitel. Um diese Extremstellung wirklich erreichen zu können, muß der Schlitten, auf dem die zu prüfende Linse vollkommen fest ruht, nach zwei zueinander senkrechten Richtungen verschiebbar sein. Die eine der beiden Verschiebungen braucht indessen nur meßbar zu sein. Hat man die Extremstellung erreicht, und verschiebt man jetzt den Schlitten mit der Linse in der meßbaren Richtung um den Betrag ϱ, so hebt (Konkavfläche) oder senkt (Konvexfläche) sich der Taststift um den ablesbaren Betrag h. — Dieses „MOFFITT*sche Schlittensphärometer*" eignet sich *auch* zur Bestimmung des Krümmungsradius von *zylindrischen, parabolischen*[3]) u. a. Flächen. Da der Taststift aber

[1]) D. H. KRÜSS, Über die Einrichtung der Sphärometer. ZS. f. Instrkde **42**, 245—247, 1922 [**3**, 1102]. — Hier wird auch der Fall betrachtet, daß der Querschnitt des Ringes halbkreisförmig ist, oder daß der Ring durch drei Kugeln ersetzt ist. Die in diesen Fällen an den Messungen anzubringenden Korrektionen werden berechnet.

[2]) U. zw. ist für Konvexflächen $h > 0$, für Konkavflächen $h < 0$, wenn man für Konvexflächen $r > 0$, für Konkavflächen $r < 0$, setzt. Im allgemeinen aber wird es nur auf den absoluten Betrag von r ankommen, so daß h in beiden Fällen positiv zu nehmen ist.

[3]) J. PICHT, Zur Messung des Scheitelkrümmungsradius parabolischer Flächen mit dem MOFFITTschen Schlittensphärometer. Optik **10**, — , 1953.

im allgemeinen nicht in einer feinen Spitze, sondern in einer kleinen Kugel endigt, deren Radius k sei, so gilt für die Berechnung des Radius r der untersuchten Kugelfläche jetzt die Formel

$$r = \frac{\varrho^2}{2h} + \frac{h}{2} \pm k, \qquad \text{(IV, 4)}$$

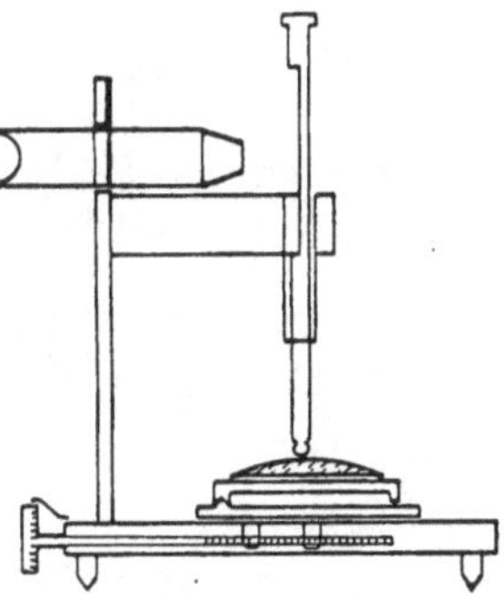

Abb. 29

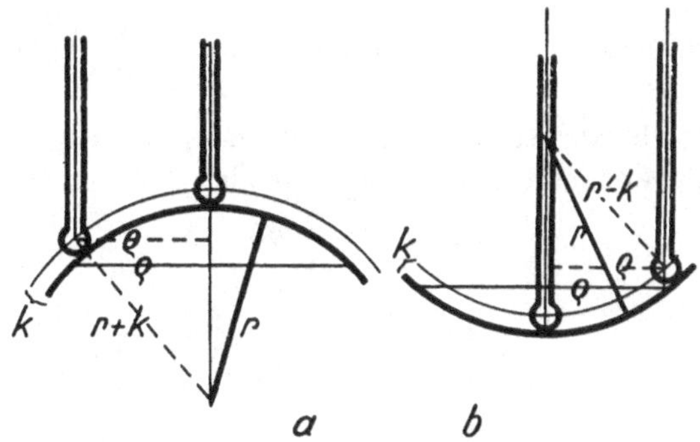

Abb. 30

Abb. 29. Darstellung eines MOFFITTschen Schlittensphärometers zur Bestimmung des Krümmungsradius von Kugelflächen, Zylinderflächen oder anderen z. B. parabolischen Flächen. — Für Kugel- und Kreiszylinderflächen gilt

$$r = \frac{\varrho^2}{2h} + \frac{h}{2} \pm k \quad \text{für} \quad \begin{matrix}\text{Konkavflächen}\\ \text{Konvexflächen}\end{matrix},$$

wo k der Radius der kleinen Kugel am Ende des Meßstabes ist. Für parabolische Flächen berechnet man den Scheitelkrümmungsradius nach dem Formelsystem:

$y_0 = \varrho$	$y_1 = \dfrac{\varrho}{1 \mp \dfrac{k}{\sqrt{p_0^2 + y_0^2}}} \approx \varrho\left(1 \pm \dfrac{k}{\sqrt{p_0^2 + y_0^2}}\right)$	$y_2 = \dfrac{\varrho}{1 \mp \dfrac{k}{\sqrt{p_1^2 + y_1^2}}} \approx \varrho\left(1 \pm \dfrac{k}{\sqrt{p_1^2 + y_1^2}}\right)$
$p_0 = \dfrac{1}{2}\,\dfrac{y_0^2}{h \pm k}$	$p_1 = \dfrac{1}{2}\,\dfrac{y_1^2}{h \pm k}$	$p_2 = \dfrac{1}{2}\,\dfrac{y_2^2}{h \pm k}$

und so fort, bis sich die aufeinander folgenden p_j-Werte innerhalb der gewünschten Genauigkeit nicht mehr voneinander unterscheiden. Der so gewonnene p_j-Wert ist dann der Wert r des Scheitelkrümmungsradius der Paraboloid-Fläche, wobei sich für verschiedene ϱ, h-Werte stets der gleiche r-Wert ergeben muß, wenn es sich um eine einwandfrei parabolische Fläche handelt[1]).

Abb. 30. Zur Darstellung der Verhältnisse beim MOFFITTschen Schlittensphärometer. Verschiebt man den in einer kleinen Kugel vom Radius k endenden Meßstab längs eines Kreises vom Radius r parallel zu sich selbst, so beziehen sich die gemessenen Verschiebungen h und ϱ des Meßstabes (Taststiftes) in und senkrecht zu seiner Längserstreckung auf die Verschiebung des Mittelpunktes der kleinen Kugel, der dabei einen Kreisbogen vom Radius $r + k$ (bei einer Konvexfläche) bzw. vom Radius $r - k$ (bei einer Konkavfläche) beschreibt.

wo das —-Zeichen für Konvex-, das +-Zeichen für Konkavflächen gilt, da (Abb. 30 a und b) bei Konvexflächen statt r der Wert $r + k$, bei Konkavflächen dagegen der Wert $r - k$ gemessen wird[2]).

[1]) Andere Formeln zur Berechnung von p bei J. PICHT (s. S. 28, Anm. 3).

[2]) Andere Ausführungen von Sphärometern sind beschrieben in: WILHELM VOLKMANN, Messung von Linsenkrümmungen. D. Opt. Wochenschr. 1920, 432—433, Nr. 49/50 [2, 269]. — J. A. TOMKINS, On the Measurement of the Principal Curvatures of a Surface. Optician **66**, 399—402, 1924 [**5**, 1217]. — A. BIOT, Un sphéromètre à trois sphères. Ann. de Bruxelles

Die Genauigkeit der Radienmessung nach den angegebenen Sphärometerverfahren finden wir durch Differenzieren der zugehörigen Formel. Es ist[1])

$$dr = \frac{\varrho}{h}\,d\varrho - \frac{1}{2}\left(\frac{\varrho^2}{h^2} - 1\right) dh\,[\pm\, dk], \tag{IV, 5}$$

so daß

$$|dr| \leqq \frac{\varrho}{h}\,|d\varrho| + \frac{1}{2}\left(\frac{\varrho^2}{h^2} - 1\right)|dh|\,[+\,|dk|], \tag{IV, 6}$$

wofür wir auch schreiben können, wenn wir den für das MOFFITTsche Schlittensphärometer noch hinzutretenden Fehleranteil $|dk|$ fortlassen,

$$|dr| \leqq \frac{2r - h}{\varrho}\,|d\varrho| + \frac{r - h}{h}\,|dh|, \tag{IV, 7}$$

$$\left|\frac{dr}{r}\right| \leqq \left(2 - \frac{h}{r}\right)\left|\frac{d\varrho}{\varrho}\right| + \left(1 - \frac{h}{r}\right)\left|\frac{dh}{h}\right|. \tag{IV, 8}$$

Der Fehler der Bestimmung von r mittels Sphärometer setzt sich also aus den Teilfehlern $d\varrho, dh$ [und dk] nach Multiplikation dieser Teilfehler mit gewissen Faktoren additiv zusammen. Sowohl ein Meßfehler in h als auch ein Fehler in der Angabe von ϱ macht sich in r um so stärker bemerkbar, je größer r und je kleiner h ist, d. h. je kleiner ϱ gewählt wird. Ist $h \ll r$, so wird

$$\left|\frac{dr}{r}\right| \approx 2\left|\frac{d\varrho}{\varrho}\right| + \left|\frac{dh}{h}\right|, \tag{IV, 9}$$

während für $h = r$, d. h. also für $\varrho = r$

$$\left|\frac{dr}{r}\right| = \left|\frac{d\varrho}{\varrho}\right|. \tag{IV, 10}$$

Für $\varrho = r$ wird also der prozentuale (und auch der absolute) Fehler in r gleich dem entsprechenden Fehler in ϱ, während für $h \ll r$, d. h. für $\varrho \ll r$, der prozentuale Fehler der Angabe des ϱ-Wertes mit doppeltem Betrage und doppelt so stark wie der prozentuale Meßfehler von h in den prozentualen Fehler von r eingeht. Es ist also vorteilhaft, für die r-Messung möglichst große Ringdurchmesser

(2) **43**, 96—99, 1923 [**6**, 1074]. — A. BIOT, Sur le sphéromètre à anneau. Sphérométrie absolue et sphérométrie relative. Ann. de Bruxelles (B) **49**, 251—257, 1929 [**11**, 2306]. — A. BIOT, Un projet de sphéromètre. Classification des sphéromètres. Ann. de Bruxelles (B) **51**, 5—12, 1931 [**12**, 1999].

[1]) Ist r statt nach (IV, 2) mittels der Formeln (IV, 2a) und (IV, 2b) berechnet, so ergibt sich die Genauigkeit aus

$$dr = \frac{d\varrho}{\sin\varphi} - \varrho\,\frac{\cos\varphi}{\sin^2\varphi}\,d\varphi, \text{ (IV, 5a)}; \qquad |dr| \leqq \frac{|d\varrho|}{\sin\varphi} + \varrho\,\frac{\cos\varphi}{\sin^2\varphi}\,|d\varphi|, \text{ (IV, 6a)}$$

worin noch

$$d\varphi = \frac{2}{\varrho^2 + h^2}(\varrho\,dh - h\,d\varrho) \text{ (IV, 5b)}; \qquad |d\varphi| \leqq \frac{2}{\varrho^2 + h^2}(\varrho|dh| + h|d\varrho|) \text{ (IV, 6b)}$$

ist. Aus den beiden Formeln für dr und $d\varphi$ ergibt sich natürlich wieder Formel (IV, 5), so daß auch jetzt (IV, 6) — bzw. (IV, 7) — gilt.

$2\varrho\,(\leqq 2r)$ zu wählen und dementsprechend bei einem ausreichend abgestuften Satz von Ringen für das Sphärometer den jeweils größtmöglichen Ring zu benutzen.

Die Genauigkeit von ϱ und h kann man bei gutem Sphärometern etwa mit $|d\varrho| = |dh| = 0{,}003$ mm ansetzen[1]). Hiermit errechnet man leicht, daß sich z. B. ein Kugelradius r mit einem Ringradius $\varrho \approx \frac{1}{10} r$ nur mit einem Meßfehler von $\pm\,0{,}66$ mm messen läßt. Wählt man dagegen $\varrho \approx \frac{1}{2} r$, so beträgt der Meßfehler für r etwa $\pm\,0{,}03$ mm. Allgemein kann man sagen, daß sich mit einem Ringradius $\varrho \approx \frac{1}{m} r$ der Wert von r bei $d\varrho = dh = \Delta$ mit einer Genauigkeit von $dr = \pm \frac{1 + \sqrt{m^2 - 1}}{m - \sqrt{m^2 - 1}} \cdot \Delta$ bestimmen läßt. [Berücksichtigen wir noch dk und nehmen wir dk von der gleichen Größe Δ an, so wird $dr = \pm \frac{1 + m}{m - \sqrt{m^2 - 1}}\,\Delta$.]

Zum Schluß seien noch die zur näherungsweisen Bestimmung des Krümmungsradius dienenden Sphärometeruhren erwähnt, die entweder nur drei in einer Reihe liegende Spitzen — von denen die mittlere beweglich ist — oder einen Kreisring und eine durch dessen Mittelpunkt gehende bewegliche Spitze haben. In beiden Fällen wird die Bewegung der Spitze durch eine Gliederkette auf einen Zeiger übertragen, der über einer Skala spielt. Im allgemeinen aber ist diese Skala nicht nach Scheiteltiefen (Pfeilhöhen) oder nach Krümmungsradien geteilt, sondern — unter Berücksichtigung eines mittleren Brechungsindex ($n = 1{,}523$) — nach Brechkräften $D = \frac{n-1}{r} = \frac{0{,}523}{r}$. Diese „Taschensphärometer", wie sie auch genannt werden, werden besonders in der Brillenoptik benutzt und geben die Brechkraft der einzelnen Flächen des Brillenglases. Bei den Taschensphärometern mit drei Spitzen ist besonders darauf zu achten, daß sie möglichst senkrecht zur Kugelfläche gehalten werden.

2. OPTISCH-MECHANISCHE METHODEN

In der optischen Werkstatt prüft man die einzelnen bearbeiteten Flächen im allgemeinen nicht mit Sphärometern, sondern mit *Probegläsern*, die man zuvor herstellt. Legt man die betreffende fertig bearbeitete Fläche mit dem Probeglas der gleichen, aber entgegengesetzten Krümmung zusammen, so dürfen keine Interferenzerscheinungen auftreten, wenn der Krümmungsradius der zu prüfenden Fläche mit demjenigen des Probeglases genau übereinstimmen soll.

---

[1]) Vgl. auch: HANS JENSEN, Die Genauigkeit des Ringsphärometers. Feinmechanik und Präzision **50,** 359—361, 1942 [**24,** 558]; ZS. f. Instrkde **62,** 390, 1942 (Kurzer Sitzungsbericht) [**24,** 659]. — In dieser Arbeit wird $|dh| = 0{,}001$ mm und $|d\varrho| = 0{,}0025$ mm angesetzt, wobei für $d\varrho$ Unrundheit der Ringe, Kantenabrundung und Wärmeausdehnung infolge Temperaturänderung von 2° berücksichtigt ist. Unter dieser Voraussetzung über $|dh|$ und $|d\varrho|$ lassen sich bei genügender Unterteilung der Ringdurchmesser einzelne Flächen mit einer Genauigkeit von 0,01 bis 0,03 mm messen, falls $r \leqq 80$ mm ist.

Die Herstellung der Probegläser geschieht stets paarweise. Man schleift eines mit der Konvexfläche, das andere mit der Konkavfläche des betreffenden Krümmungsradius. Beide dürfen, mit den betreffenden Flächen zusammengelegt, keine Interferenzerscheinung ergeben. Ist dies erfüllt, so sind ihre Krümmungsradien vollkommen gleich. Prüft man jetzt die Krümmungsradien der beiden Probegläser mit dem Sphärometer genau nach, so findet man fast stets wegen der unvermeidlichen Meßfehler trotzdem verschiedene Werte für den Krümmungsradius. Der tatsächliche Wert ist dann der Mittelwert aus den Messungen.

Es ist indessen nicht statthaft, zur Vereinfachung der Berechnung des Radius in die Formel $r = \frac{\varrho^2}{2h} + \frac{h}{2}$ für ϱ und h die arithmetischen Mittel

$$\left[\varrho = \frac{1}{2}(\varrho_1 + \varrho_2); \qquad h = \frac{1}{2}(h_1 + h_2)\right]$$

einzusetzen[1]). Man zeigt vielmehr leicht, daß man für ϱ das *geometrische* Mittel $\varrho = \sqrt{\varrho_1 \varrho_2}$ und für h das *arithmetische* Mittel $h = \frac{1}{2}(h_1 + h_2)$ setzen muß, um den richtigen Wert für r zu erhalten[2]) [3]). Denn es ist

$$r_1 = \frac{\varrho_1^2}{2h_1} + \frac{h_1}{2}; \qquad r_2 = \frac{\varrho_2^2}{2h_2} + \frac{h_2}{2}; \qquad r = \frac{\varrho^2}{2h} + \frac{h}{2}$$

mit $h = \frac{1}{2}(h_1 + h_2)$. Gefragt ist nach ϱ, ausgedrückt durch ϱ_1 und ϱ_2, wenn $r = \frac{1}{2}(r_1 + r_2)$ ist. Wir setzen

$$\varrho_2 = \varrho_1 + \delta, \qquad h_2 = h + \varDelta, \qquad h_1 = h - \varDelta,$$

wo

$$\delta \ll \varrho_1 \text{ und } \varrho_2 \qquad \text{und} \qquad \varDelta \ll h_1 \text{ und } h_2$$

ist. Aus $r_1 + r_2 = 2r$ folgt dann

$$\frac{\varrho_1^2}{2h_1} + \frac{\varrho_2^2}{2h_2} = \frac{\varrho^2}{h}.$$

Nun ist $$\frac{1}{h_1} = \frac{1}{h}\left(1 + \frac{\varDelta}{h}\right); \qquad \frac{1}{h_2} = \frac{1}{h}\left(1 - \frac{\varDelta}{h}\right),$$ also folgt

$$\varrho^2 = \frac{1}{2}\left[\varrho_1^2 + \frac{\varDelta}{h}\varrho_1^2 + \varrho_2^2 - \frac{\varDelta}{h}\varrho_2^2\right].$$

[1]) h_1 und h_2 sind hier beide als positiv angenommen, ebenso wie unten r_1 und r_2, da es sich hier nur um ihre absoluten Beträge handelt.

[2]) J. Picht, Zur Messung der Krümmungsradien von Probegläsern mit dem Ringsphärometer. Optik **10**, — , 1953.

[3]) Abweichend hiervon gibt J. Döring, Steigerung der Meßgenauigkeit von Sphärometern. Optik **5**, 167—168, 1949 [**29**, 1252] an, daß man außer $h = \frac{1}{2}(h_1 + h_2)$ für die Berechnung von r den Wert $\varrho^2 = \frac{1}{2}(\varrho_1^2 + \varrho_2^2)$ zu benutzen hat, während man nach H. Jensen (s. S. 26, Anm. 1) neben $h = \frac{1}{2}(h_1 + h_2)$ den Mittelwert $\varrho = \frac{1}{2}(\varrho_1 + \varrho_2)$ oder besser: $\varrho^2 = \frac{1}{2}(\varrho_1^2 + \varrho_2^2)$ benutzen soll und ein Korrektionsglied zu dem so ermittelten Wert von r hinzuzufügen habe, das angegeben wird.

Setzen wir hier $\varrho_2^2 = \varrho_1^2 + 2\varrho_1\delta$, so wird

$$\varrho^2 = \varrho_1^2 + \varrho_1\delta = \varrho_1\varrho_2,$$
$$\varrho = \sqrt{\varrho_1\varrho_2}.$$

Es ist daher wünschenswert, daß den verschiedenen Auflageringen, die einem Sphärometer mitgeliefert werden, nicht nur die Werte ϱ_1 und ϱ_2, sondern auch der Wert $\sqrt{\varrho_1\varrho_2}$ eingraviert wird.

3. INTERFERENZ-OPTISCHE METHODEN

Wie wir sahen, zeigen zwei Flächen entgegengesetzt gleicher Krümmung, aufeinandergelegt, keine Interferenzlinien. Wir können nun auch das *Auftreten von Interferenzen* direkt *zur Bestimmung des Krümmungsradius* einer Fläche benutzen, und zwar ist dies Verfahren besonders bei sehr großem Radius anwendbar. Wir legen auf eine Planfläche ($r = \infty$) [s. o. S. 28 u. A V 1] eine Konvex- oder Konkavfläche mit großem Radius r und lassen durch die Linse, zu der die zu prüfende Fläche gehört, monochromatisches Licht fallen. Dies wird z. T. an der r-Fläche, z. T. an der Planfläche reflektiert (Abb. 31). Die beiden reflektierten Teilmengen des Lichtes interferieren miteinander und erzeugen so ein System von abwechselnd dunklen und hellen Kurven. An den Stellen voller Dunkelheit unterscheiden sich die *Lichtwege* der beiden dort interferierenden Strahlen um eine *ganze* Zahl von Wellenlängen, da ja bei der Reflexion in Luft gegen Glas noch ein Phasensprung vom Betrag π hinzukommt, der einem Wegunterschied von ½ Wellenlänge entspricht.

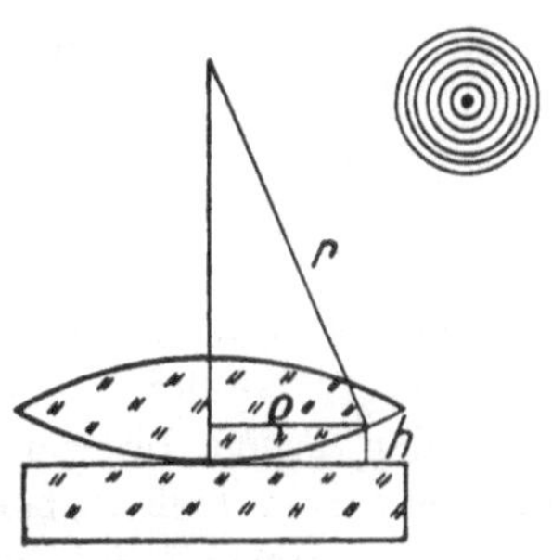

Abb. 31. Das an der zu prüfenden, gekrümmten (der Planfläche zunächst liegenden) Fläche reflektierte Licht interferiert mit dem durch die genannte Fläche hindurchgegangenen, an der oberen ebenen Fläche der Planplatte reflektierten Licht. Es tritt maximale Verstärkung oder Schwächung der Intensität ein, je nachdem, ob der Lichtwegunterschied beider interferierender Strahlen, der gleich dem doppelten Betrage des Abstandes beider genannten Flächen (an der betrachteten Stelle) ist, ein ungerades oder gerades Vielfaches der halben Wellenlänge des zur Prüfung benutzten (monochromatischen) Lichtes ist, da noch ein Phasensprung vom Betrage π bei der Reflexion in Luft gegen Glas hinzukommt, der einem Wegunterschied von $\frac{1}{2}\lambda$ entspricht. Bei nicht monochromatischem Licht erscheinen farbige Interferenzkreise, da die Intensitätsmaxima und -minima für die verschiedenen Wellenlängen an verschiedenen Stellen liegen.

Jedem einzelnen Punkte des Interferenzbildes läßt sich ein bestimmter Wegunterschied Δ der beiden dort interferierenden Strahlen zuordnen. Für alle Punkte einer — dunklen oder hellen — Kurve hat Δ den gleichen Wert. Für zwei aufeinanderfolgende gleichartige (etwa dunkle) Kurven unterscheiden sich die Δ-Werte um λ. Denken wir uns nun die (dunklen) Kurven in der Reihenfolge, in der sie aufeinander folgen, numeriert, so unterscheiden sich die Δ-Werte der $p$ten und $q$ten Kurve um $(p - q)\lambda$, also

$$|\Delta_p - \Delta_q| = |p - q| \cdot \lambda.$$

Der Wegunterschied, also der Δ-Wert, ist abhängig vom Abstand der r-Fläche von der Planfläche an der betreffenden Stelle, d. h. von der Krümmung der r-Fläche. Er läßt sich sofort angeben, wenn dafür gesorgt ist, daß die zweite Reflexion den Strahl ungefähr in sich selbst zurückwirft, wenn also der Strahlengang zwischen r-Fläche und Planfläche *ungefähr* senkrecht zu dieser verläuft. (Die Lichtquelle soll sich also bei Konvexlinsen *ungefähr* in deren Brennpunkt befinden. Konkavlinsen kombiniert man mit einer stärkeren Konvexlinse zu einem konvexen Linsensystem, in dessen Brennpunkt die Lichtquelle gebracht wird[1]).)

Aus Abb. 31 ersieht man, daß bei einer Kugelfläche — und bei jeder rotationssymmetrischen Fläche — die Kurven $\Delta = \text{const.}$ Kreise sind, und daß $\Delta = 2h$ ist, da die Strecke h von dem an der Planfläche reflektierten Strahl zweimal durchlaufen wird. Nun ist

$$2h = 2\,(r - \sqrt{r^2 - \varrho^2})\,,$$

also bei großem r, d. h. für $\varrho \ll r$

$$\Delta = 2h \doteq 2\left[r - r\left(1 - \frac{1}{2}\,\frac{\varrho^2}{r^2}\right)\right] = \frac{\varrho^2}{r}\,.$$

Demnach wird

$$\Delta_p - \Delta_q = \frac{1}{r}\,(\varrho_p^2 - \varrho_q^2) = (p - q)\lambda\,,$$

$$r = \frac{\varrho_p^2 - \varrho_q^2}{(p-q)\lambda}\,.$$

Um r nach dieser Methode zu bestimmen, haben wir also die Halbmesser zweier (beliebiger) dunkler Interferenzkreise zu messen und die Zahl der zwischen ihnen liegenden hellen Interferenzkreise auszuzählen[2]). Ferner muß die Wellenlänge des benutzten Lichtes bekannt sein. Man beobachtet die Interferenzen zweckmäßig mit einem Mikroskop mit Vertikalilluminator, um sich die Auszählung der hellen Interferenzkreise zu erleichtern. Die erforderlichen Halbmesser kann man z. B. mit Hilfe eines Längenkomparators ausmessen.

Ein Urteil über die Genauigkeit dieser Methode und über den Einfluß der Fehler der Bestimmung der Halbmesser und der benutzten Wellenlänge auf die Radienmessung erhalten wir wieder durch Differentiation der angegebenen Formel für r. Setzen wir

$$|d\varrho_p| = |d\varrho_q| = |d\varrho|\,, \qquad \text{so erhalten wir}$$

$$\left|\frac{dr}{r}\right| \leqq 2\left|\frac{d\varrho}{\varrho_p - \varrho_q}\right| + \left|\frac{d\lambda}{\lambda}\right|.$$

---

[1]) Da diese „Interferenzen gleicher Dicke" (NEWTONsche Interferenzen) in der zu prüfenden Fläche entstehen und hier auch ϱ_p und ϱ_q zu messen sind, so muß der Beobachter das Auge auf diese Fläche akkomodieren bzw. — bei Beobachtung mit Lupe oder Mikroskop — das Beobachtungsinstrument auf diese Fläche einstellen.

[2]) Da nur die Differenz $p - q$, nicht aber p und q selbst in der Formel für r auftritt, ist sie auch anwendbar, wenn man aus irgendeinem Grunde die Interferenzkreise mit $\varrho < \varrho_q$ nicht auszählen kann.

Dies zeigt, daß eine Ungenauigkeit des Wertes der Wellenlänge prozentual die gleiche Ungenauigkeit im Wert von r bewirkt. Ein Fehler in der Bestimmung von ϱ beeinflußt den r-Wert um so stärker, je kleiner die Differenz $\varrho_p - \varrho_q$ ist, d. h. je enger die ausgewählten, zur Messung benutzten dunklen Interferenzkreise zueinander liegen.

Führen wir die Bestimmung von r nach dieser Methode mehrmals unter Benutzung *verschiedener Paare* von ϱ-Werten durch, so erhalten wir gleichzeitig einen Überblick über die *Abweichungen der Fläche von der Kugelgestalt* [s. A. V]. Ist eine solche Abweichung nicht vorhanden, so muß sich — innerhalb der Fehlergrenzen — bei allen Messungen derselbe r-Wert ergeben.

Die Methode läßt sich übrigens auch anwenden, wenn die Planfläche durch eine Kugelfläche von bekanntem Radius r^* ersetzt wird. In diesem Falle lautet die Formel für die Errechnung von r

$$r = -\frac{1}{-\frac{1}{r^*} + \frac{(p-q)\lambda}{\varrho_p^2 - \varrho_q^2} - \frac{\lambda}{4}\,\frac{p\varrho_p^2 - q\varrho_q^2}{r^{*2}\,(\varrho_p^2 - \varrho_q^2)}} \approx \frac{1}{-\frac{1}{r^*} + \frac{(p-q)\lambda}{\varrho_p^2 - \varrho_q^2}}.$$

Auf ihren Beweis wollen wir nicht eingehen[1]). Für $r^* = \infty$ geht sie in die oben gegebene Formel über. Sie folgt unmittelbar aus der unten S. 54 angegebenen Näherungsformel für ϱ_p^2.

Hiernach ist es demnach auch möglich, das Interferenzverfahren zur Bestimmung kleinerer Krümmungsradien r anzuwenden, sofern eine geeignete Fläche von ähnlichem, aber bekanntem Krümmungsradius r^* vorhanden ist.

4. GEOMETRISCH-OPTISCHE METHODEN

Außer den bisher besprochenen Methoden zur Bestimmung des Krümmungsradius einer Fläche gibt es noch eine große Zahl weiterer Methoden, die auf der Benutzung der betreffenden Fläche als Spiegel beruhen[2]). Für einen Spiegel gelten ja sehr einfache Abbildungsgesetze, in denen der Radius des Spiegels als bestimmender Faktor auftritt. Betrachten wir (Abb. 32) z. B. einen Gegenstand der Größe y,

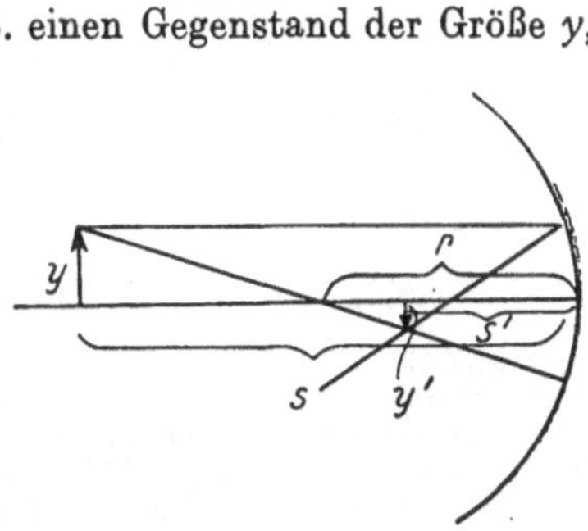

Abb. 32. Bei einer als Spiegel benutzten Kugelfläche vom Radius r ist

$$\frac{1}{s'} + \frac{1}{s} = \frac{2}{r}, \qquad \frac{y'}{y} = \frac{r-s'}{r-s} = \frac{r}{r-2s},$$

wenn s, s' Objekt- und Bildabstand
y, y' Objekt- und Bildgröße bezeichnen und
$r > 0$ eine Konvexfläche,
$r < 0$ eine Konkavfläche bedeutet.
$\frac{y'}{y} \lessgtr 0$ bei umgekehrtem / aufrechtem Bild.

[1]) Vorausgesetzt ist hierbei, daß die zu prüfende Fläche (r) der punktförmigen Lichtquelle näher liegt als die Vergleichsfläche (r^*), (daß sich beide Flächen im Scheitel berühren, und) daß die Lichtstrahlen etwa senkrecht auf die Fläche r^* treffen [s. A. V, S. 52, Anm. 3].

[2]) Da bei Linsen auch die Rückfläche reflektiert, so muß man darauf achten, daß man die von der zu prüfenden Fläche reflektierten Bilder benutzt. Man kann auch die Rückfläche schwärzen, um die Rückflächenbilder zu vermeiden.

dessen Abstand vom Spiegelscheitel gleich s (< 0, wenn der Gegenstand vor dem Spiegel liegt) sei, und bezeichnen wir die analogen Größen für das Bild dieses Gegenstandes durch y' bzw. s' (< 0, wenn der Ort des Bildes vor dem Spiegel liegt), so gelten die Gleichungen

$$\frac{1}{s'} + \frac{1}{s} = \frac{2}{r},$$

$$\frac{y'}{y} = \frac{r - s'}{r - s} = \frac{r}{r - 2s},$$

wo für eine Konvexfläche $r > 0$, für eine Konkavfläche $r < 0$ ist. Wir können also r bestimmen, wenn wir entweder Objekt- und Bildweite oder Objektweite und Vergrößerungsverhältnis $\frac{y'}{y}$ genau messen können. Durch Wahl einer ganz speziellen Objektweite oder einer ganz speziellen Vergrößerung lassen sich diese Methoden z. T. sehr einfach gestalten.

Da es sich bei diesen Methoden um Abstandmessungen handelt, benutzt man vorteilhaft die sogenannte „optische Bank". Es ist dies eine eiserne Schiene, deren Querschnitt annähernd die Form eines Dreiecks (evtl. mit abgeschnittener Ecke) hat und deren Flächen genau eben gearbeitet sind. Auf dieser Schiene ist ein passender „Reiter", in den das Fernrohr eingeklemmt werden kann, sowie weitere entsprechende Reiter zur Aufnahme von Linsen, Schirmen, Testobjekten usw. verschiebbar. Außerdem trägt die Schiene eine genau geteilte Skala, an der die Verschiebung des Fernrohrs sowie der übrigen Teile, d. h. die Verschiebung der genannten Reiter, evtl. mit Benutzung einer Feinmeßschraube (Mikrometerschraube) genau abgelesen werden kann.

a) *Benutzung von Objekt- und Bildweite*

Wir betrachten zunächst die auf der ersten Abbildungsgleichung beruhenden Methoden. Für die Bestimmung *schwacher* Krümmungen eignet sich folgendes Verfahren: Man stelle ein mit Fadenkreuz versehenes Fernrohr auf einen in endlicher Entfernung befindlichen Gegenstand scharf — d. h. gegen das Fadenkreuz parallaxenfrei[1]) — ein (Abb. 33) und messe den Abstand dieses Gegenstandes von einem *bestimmten* Punkt (Fixpunkt) des Fernrohres, also *etwa* vom Scheitel des Fernrohrobjektivs. Dieser Abstand sei b. Dann setze man die als Spiegel benutzte Fläche (in einigem Abstand) vor das Fernrohr und messe den Abstand e des Spiegelscheitels von dem *gleichen* Fixpunkt am Fernrohr. Ohne die Fernrohreinstellung zu ändern, betrachte man nun das *Spiegelbild* eines zweiten (oder des gleichen) Gegenstandes, den man so lange verschiebt, bis dies Spiegelbild wieder im Fernrohr

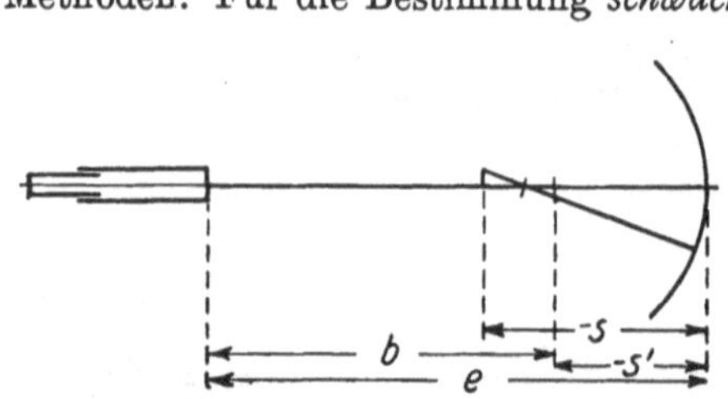

Abb. 33. Bestimmung des (Scheitel-)Krümmungsradius einer zur Achse rotationssymmetrischen Fläche, speziell einer Kugelfläche, durch (indirekte) Messung eines optisch konjugierten Wertepaares s, s'. Unmittelbar bestimmt werden die Größen s, b und e. Dann ist $r = 2s\,\frac{b - e}{s + (b - e)}$.

[1]) Siehe S. 39.

scharf (parallaxenfrei) erscheint. Das Spiegelbild befindet sich also jetzt an der Stelle, an der zuvor der erste Gegenstand lag, also im Abstande b vom Fixpunkt des Fernrohres. Vom Spiegel hat es also den Abstand $s' = b - e$. Außerdem mißt man den Abstand s des (zweiten) Gegenstandes vom Spiegelscheitel, wobei s bei reellem, also zwischen Fernrohr und spiegelnder Prüffläche befindlichem Gegenstand negativ ist. Aus der Abbildungsgleichung des Spiegels erhalten wir vorzeichenrichtig

$$r = 2\,\frac{s\,s'}{s + s'} = 2s\,\frac{b - e}{s + b - e}.$$

Wir haben hier also drei Abstandsmessungen auszuführen, von deren Genauigkeit die Genauigkeit der Bestimmung von r abhängt[1]). Differenzieren wir die angegebene Gleichung, so erhalten wir

$$dr = \left(\frac{r}{s} - \frac{r}{s+b-e}\right) ds + \left(\frac{r}{b-e} - \frac{r}{s+b-e}\right) db - \left(\frac{r}{b-e} - \frac{r}{s+b-e}\right) de,$$

also

$$\left|\frac{dr}{r}\right| \leqq \frac{1}{|s+b-e|}\cdot\left\{\left|\frac{b-e}{s}\,ds\right| + \left|\frac{s}{b-e}\,db\right| + \left|\frac{s}{b-e}\,de\right|\right\}.$$

Aus dieser Gleichung ersieht man, daß die einzelnen Fehler (ds, db und de) verschieden stark die Genauigkeit der r-Bestimmung beeinflussen, und zwar ist der Einfluß der Fehler db und de gleich dem reziproken Wert des Einflusses von ds, abgesehen von einem gemeinschaftlichen Faktor. Nehmen wir an, daß die Fehler der Messung von s, b und e gleich groß sind, setzen wir also $ds = db = de = \Delta$, und wählen wir den Abstand e des Spiegels vom Fernrohr annähernd so, daß $s = b - e$, d. h. $s = s' = r$ wird, so ist der Einfluß der drei Fehler ds, db und de auf die Genauigkeit von r der gleiche. Es ergibt sich

$$dr \leqq \pm \frac{3}{2}\Delta.$$

Wählen wir den Abstand e der spiegelnden Fläche vom Fernrohr allgemeiner so, daß $s = ms'$ ist, so ergibt sich aus der Abbildungsgleichung $s = \frac{m+1}{2} r$ und $s' = \frac{m+1}{2m} r$. Für dr ergibt sich dann

$$|dr| \leqq \frac{2(1+2m^2)}{(m+1)^2}\,|\Delta|.$$

[1]) Außerdem hängt die Genauigkeit der r-Bestimmung noch von der Genauigkeit ab, mit der die „Scharfeinstellung" vorgenommen werden kann. [Hierüber vgl. die Bemerkungen bei der folgenden Methode.] Der durch die Einstellungenauigkeit bedingte Fehler $\varkappa\,\frac{f_0^2}{\varrho}$ (s. u.) ist also in derartigen, mit „Scharfeinstellung" verbundenen Prüfmethoden (evtl. zusätzlich) zu berücksichtigen, sofern er nicht bereits im Differential der durch „Scharfeinstellung" ermittelten Größe, also in dem betreffenden „Teilfehler" berücksichtigt wird, was wegen des mit dem Teilfehler verbundenen Faktors im allgemeinen erforderlich ist.

Durch Differenzieren nach m und Nullsetzen der Differentialquotienten ergibt sich als günstigster Wert $m = \frac{1}{2}$, so daß $s' = 2s$ zu wählen ist. Für dr ergibt sich dann:

$$dr \leqq \pm 1{,}33 \ldots \varDelta .$$

Bei der Benutzung dieser Methode wähle man daher den Abstand e des Spiegelscheitels vom Fernrohr näherungsweise gleich $b - \frac{3}{2} r$, wo bei Konkavflächen $r < 0$ zu wählen ist.

Für ein anderes besonders für kürzere Radien geeignetes Verfahren benötigt man ein Fernrohr mit Autokollimationsokular und beleuchtetem Fadenkreuz[1]). Stellt man das Fernrohr auf einen im Endlichen gelegenen Punkt scharf ein, so wird nicht nur der betrachtete Gegenstand durch das Fernrohrobjektiv in der Fadenebene abgebildet, sondern umgekehrt auch dieses in der Objektebene, die wir durch B bezeichnen. Das Fadenkreuz wird also gewissermaßen in den Objektraum des Fernrohres hinausprojiziert. Die vom Fadenkreuz ausgehenden Lichtstrahlen sind nach ihrer Vereinigung zu einem Fadenkreuzbild B' in B wieder divergent. Bringen wir die zu untersuchende Fläche in dieses divergente Strahlenbündel, so werden die Strahlen an der Fläche z. T. reflektiert. Sie erzeugen vom Fadenkreuzbild B' ein Bild B'', das durch das Fernrohr beobachtet werden kann.

Liegt B' genau im Krümmungsmittelpunkt oder genau im Flächenscheitel der untersuchten Fläche, so fällt B'' mit B' zusammen und wird daher durch das Fernrohr ohne Änderung des Fernrohrauszuges scharf, d. h. parallaxenfrei gesehen. Stellt man daher einmal das Fernrohr so, daß das Bild B'' des Fernrohrfadenkreuzes im Fernrohr scharf erscheint — wobei die Fernrohreinstellung noch verändert werden kann[2]) — und verschiebt dann das Fernrohr ohne Verstellung des Fernrohrauszuges nach der einen bzw. der anderen Richtung längs seiner optischen Achse, bis man das Bild des Fadenkreuzes ein zweites Mal scharf sieht, so ist der Betrag, um den hierbei das Fernrohr verschoben wurde, gerade gleich dem Krüm-

---

[1]) Vgl. z. B.: A. Biot, Ann. de Bruxelles (B) **46**, 143, 1926 [—, —]. — A. Biot, Une sphéromètre optique (résultat des essais). Ann. de Bruxelles (B) **49**, 7—12, 1929 [**11**, 663]. — A. Arnulf, Sur un procédé optique de localisation des surfaces polies, et son application à la mesure des rayons de courbure. C. R. **187**, 1044—1046, 1928 [**11**, 663]. — A. Arnulf, A. C. S. van Heel et Emilie Perrin, Sur une procédé optique de localisation des surfaces polies. C. R. **188**, 860—861, 1929 [**11**, 663]. — A. Arnulf, Méthode d'autocollimation pour le repérage de précision des surfaces optiques. Journ. de phys. et le Radium (6) **10**, 62—64, 1929 (Bull. Soc. Franc. de Phys. Nr. 276) [**11**, 1678]. — A. Arnulf, Messung von Krümmungsradien durch Autokollimation. Rev. d'Opt. **10**, 22—43, 69—92, 1931 (Ref. in ZS. f. Instrkde **52**, 94, 1932) [—, —]. — Arnulf benutzt zwei Fadenkreuze, die in einem gewissen Abstand hintereinander stehen und von denen nur das eine beleuchtet, das andere zur Scharfeinstellung benutzt wird. Außerdem benutzt er bei Einstellung auf den Scheitel der spiegelnden Fläche nicht das dort gespiegelte Fadenkreuz, sondern kleine Kratzer und Risse auf der Fläche.

[2]) ohne die Einstellung des Okulars auf das Fadenkreuz selbst zu verändern.

mungsradius r der untersuchten (als Spiegel wirkenden) Fläche[1]). Um die Fernrohrverschiebung genau ablesen zu können, setzt man das Fernrohr auf eine optische Bank.

Die Genauigkeit dieser Methode ist abhängig von der Genauigkeit, mit der man das Bild des Fadenkreuzes scharf einstellen kann, sowie von der Genauigkeit, mit der man die Fernrohrverschiebung ablesen kann. Die Genauigkeit der Ablesung der Verschiebung ist natürlich von der Genauigkeit der Teilung und der Art der Ablesung abhängig. Beschränkt man sich auf Noniusablesung, so wird der Fehler, mit dem die Bestimmung der Größe der Verschiebung behaftet ist, etwa 0,05 mm betragen. Bei Ablesung mit Mikrometerschraube — und entsprechend genau ausgeführter Teilung — wird man aber mit einem Fehler von nur 0,003 mm rechnen dürfen[2]).

Die Einstellgenauigkeit des Ablesefernrohres hängt bei dieser Meßmethode im wesentlichen von der Brennweite f_0 des Okulars und dem Durchmesser $2r$ der Austrittspupille ab. Betrachtet man das Fernrohrobjektiv, die spiegelnde Fläche, deren Radius gemessen werden soll, und nochmals das Fernrohrobjektiv als *ein* optisches System, so befindet sich das Fadenkreuz in der doppelten Brennweite dieses Gesamtsystems. Eine kleine Verschiebung des Fernrohres um den Betrag d bewirkt also, daß das im Fernrohr gesehene Bild des Fadenkreuzes und dieses selbst um den Betrag $2d$ ($\ll f_0$) auseinanderrücken.

Die parallaxenfreie Einstellung erzielt man nun bekanntlich dadurch, daß man das Auge vor dem Okular seitlich hin und her bewegt. Liegen Fadenkreuzbild und Fadenkreuz genau in der gleichen Ebene und decken sie sich hierbei, wie dies ge-

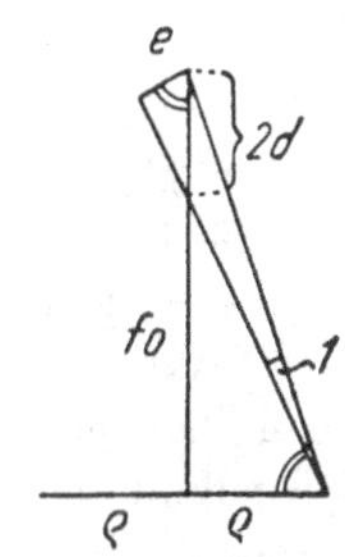

Abb. 34. Zur Bestimmung des bei der „Scharfeinstellung“ eines optischen Instrumentes verbleibenden Einstellfehlers, der durch das beschränkte „Auflösungsvermögen“ des menschlichen Auges bedingt ist.

fordert werden muß, so decken sie sich auch beim Seitwärtsbewegen des Auges. Liegen sie indessen nicht in der gleichen Ebene, so werden sie sich bei dieser Augenbewegung seitlich gegeneinander verschieben. Eine seitliche Verschiebung von 1′ ist aber vom Auge schon wahrnehmbar[3]). Aus Abb. 34 finden wir leicht den Zu-

---

[1]) Bei der ARNULFschen Modifikation (zwei Fadenkreuze) ist noch eine Korrektion anzubringen, u. zw. wird $r = \sqrt{A^2 - a^2}$, wo A die Fernrohrverschiebung und a eine Apparatkonstante ist, die den Abstand der Fadenkreuzbilder mißt.

[2]) BIOT (s. o.) gibt sie mit 0,01 mm, während ARNULF mit der von ihm angegebenen Änderung (zwei Fadenkreuze) eine Genauigkeit von $\pm$ 0,001 mm bei Konkavflächen mit $r \leqq 80$ mm angibt.

[3]) Nach E. EINSPORN (ZS. f. Instrkde **57**, 265—285, 1937) ist bei Benutzung eines Fernrohres der für die Scharfeinstellung maßgebliche Winkelwert mit 10″ anzusetzen. Unter dieser Voraussetzung würde sich also der oben errechnete Wert von d auf $d \approx 0{,}000025 \frac{f_0^2}{\varrho}$ verringern.

sammenhang zwischen diesem Winkelbetrag und dem oben angegebenen Betrag $2d$. Mit den Bezeichnungen der Figur (und $f_0 + d \approx f_0$) ist

$$e = 1' \cdot \sqrt{f_0^2 + \varrho^2},$$

ferner

$$\frac{2d}{e} = \frac{\sqrt{f_0^2 + \varrho^2}}{\varrho},$$

also

$$d = \frac{1}{2} \frac{f_0^2 + \varrho^2}{\varrho} \cdot 1' = 0{,}00014 \frac{f_0^2 + \varrho^2}{\varrho},$$

wofür wir näherungsweise schreiben können

$$d \approx 0{,}00015 \frac{f_0^2}{\varrho} = \varkappa \frac{f_0^2}{\varrho}.$$

Setzen wir beispielsweise $f_0 = 30$ mm, $\varrho = 3$ mm, so wird $d = \pm\, 0{,}045$ mm. Für $f_0 = 20$ mm, $\varrho = 3$ mm, wird $d = \pm\, 0{,}02$ mm.

Die Summe dieses Wertes d und des oben angegebenen Ablesefehlers gibt also den Fehler der r-Bestimmung[1]).

Ein weiteres Verfahren zur Bestimmung des Krümmungsradius einer Fläche benutzt gleichfalls ein Fernrohr mit Autokollimationsokular und Fadenkreuz, bei dem die Größe der Verschiebung des Okularauszuges — etwa mittels Teilung und Nonius — genau ablesbar sein muß.

Wird das Fernrohr auf Unendlich eingestellt, und bringt man vor das Fernrohr einen Planspiegel (senkrecht) zur optischen Achse, so sieht man im Fernrohr das Spiegelbild des Fadenkreuzes scharf. Fadenkreuz und Bild des Fadenkreuzes, entworfen durch Fernrohrobjektiv + ebenen Spiegel + Fernrohrobjektiv, fallen also parallaxenfrei zusammen. (Diese Tatsache kann auch direkt zur Einstellung des Fernrohres auf Unendlich benutzt werden [vgl. S. 97].) Ersetzt man jetzt den Planspiegel durch eine Konvex- oder Konkavfläche, so sieht man das Spiegelbild des Fadenkreuzes nicht mehr scharf. Um das Fernrohr wieder scharf auf das Spiegelbild des Fadenkreuzes einzustellen, muß der Auszug um einen bestimmten Betrag x verschoben werden, so daß es jetzt vom Brennpunkt des Fernrohrobjektivs den Abstand x hat, wobei x positiv ist, wenn der Auszug in das Fernrohr hineingeschoben wurde, und negativ, wenn er weiter herausgezogen wurde. Die Einstellung ist wieder scharf, wenn sich das durch das Fernrohrobjektiv allein entworfene Bild des Fadenkreuzes im Krümmungsmittelpunkt der spiegelnden Fläche befindet.

Bezeichnen wir nun den Abstand des Fadenkreuzbildes B', also des Krümmungsmittelpunktes der spiegelnden Fläche vom *hinteren Brennpunkt* des Fernrohrobjektivs mit x' und die Brennweite des Fernrohrobjektivs mit f, so ist $x' = -\frac{f^2}{x}$.

[1]) Vgl. hierzu die Anm. 1 auf S. 37.

Ist ferner (Abb. 35) e der Abstand des Scheitels der zu prüfenden Fläche vom hinteren Hauptpunkt des Fernrohrobjektivs, so ergibt sich der Krümmungsradius r aus der Formel

$$r = \frac{f^2}{x} + f - e.$$

Die Methode ist besonders für lange Krümmungsradien anwendbar, für die man e auch näherungsweise vom Scheitel des Fernrohrobjektivs statt von seinem hinteren Hauptpunkte aus messen kann[1]).

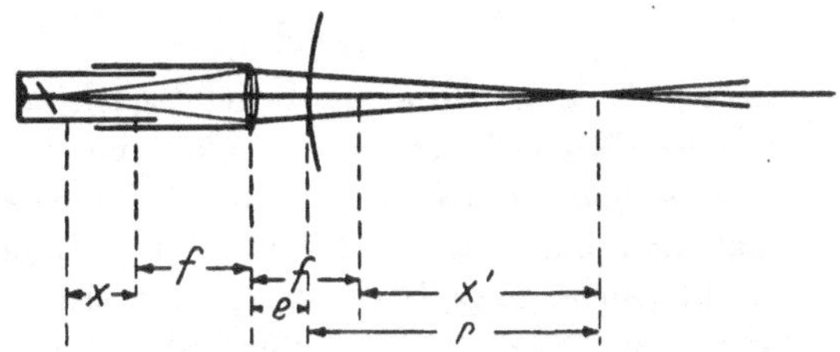

Abb. 35. Die Bestimmung des Krümmungsradius einer (als Spiegel benutzten) Fläche geschieht hier durch die Messung der erforderlichen Verschiebung x des Okularauszuges eines zuvor auf Unendlich eingestellten Autokollimationsfernrohres der als bekannt vorausgesetzten Objektivbrennweite f, um das Spiegelbild des Fadenkreuzes, das durch die Prüffläche entworfen wird, scharf im Autokollimationsfernrohr zu sehen, wobei noch der Abstand e der spiegelnden Prüffläche vom Fernrohr zu messen ist. Dann ist

$$r = \frac{f^2}{x} + f - e.$$

Die Genauigkeit der Methode hängt ab von der Genauigkeit, mit der f bekannt ist und x und e gemessen werden können. Der Fehler der r-Bestimmung ergibt sich durch Differenzieren der angegebenen Gleichung und Übergang zum absoluten Wert zu

$$|dr| \leqq \left|\left(1 + \frac{2f}{x}\right) df\right| + \frac{f^2}{x^2}|dx| + |de|.$$

Um das vorstehend angegebene Verfahren auch für sehr kleine Glas- oder Spiegelflächen anwenden zu können, ist von H. A. Rühmkopf[2]) ein Prüfgerät angegeben, bei dem das Testobjekt (über eine im Tubus eines Mikroskops angebrachte Planparallel-Platte) in ein Mikroskop hineingespiegelt wird. Das durch das Mikroskopobjektiv von dieser Testplatte erzeugte Bild dient als eigentliches Testobjekt, das sich in der Brennebene eines zweiten, dem ersten bzgl. der Apertur möglichst gleichen Mikroskopobjektivs befinden soll, von diesem also im Unendlichen abgebildet wird. Die auf ihrem Krümmungsradius hin zu prüfende (ebene oder gekrümmte) Fläche liefert ein Spiegelbild, das — durch das zweite und erste Mikroskopobjektiv hindurch — mit dem Okular des Mikroskops beobachtet wird. Ist die zu prüfende Fläche eben, so sieht man das gespiegelte Bild scharf. Ist die zu prüfende Fläche gekrümmt, so muß man das Mikroskop — mittels des Mikro-

---

[1]) Vgl. auch Chr. v. Hofe, Über die Messung langer Krümmungsradien. Optik **5**, 315—318, 1949 [**29**, 1499]. - Hier wird noch darauf hingewiesen, daß die zu prüfende Fläche im (äußeren) Brennpunkt des Kollimatorobjektivs liegen soll ($e = f$).

[2]) H. A. Rühmkopf, Ein optisches Prüf- und Meßgerät für sehr kleine ebene und sphärische gekrümmte Flächen. Optik **5**, 160—163, 1949 [**30**, 95]. - Kritische Bemerkungen hierzu bei Chr. v. Hofe, Ein optisches Prüf- und Meßgerät für sehr kleine ebene und sphärisch gekrümmte Flächen. Optik **6**, 257—261, 1950 [**29**, 1645].

skop-Feintriebes — um einen gewissen ablesbaren Betrag x heben (bei Konvexflächen) bzw. senken (bei Konkavflächen), um das Bild der Testplatte wieder scharf zu sehen. Der Krümmungsradius ergibt sich wieder aus $r = \frac{f^2}{x} + f - e$, wo f die Brennweite des zweiten Mikroskopobjektivs ist und vorteilhaft dafür gesorgt wird, daß sich die zu prüfende Fläche mit ihrem Scheitel in der bildseitigen Brennebene des zweiten Mikroskopobjektivs befindet, damit $f = e$ ist, also $r = \frac{f^2}{x}$ wird.

Ein von WETTHAUER angegebenes Verfahren zur Bestimmung des Krümmungsradius einer Fläche beruht darauf, daß eine spiegelnde Kugelfläche um eine durch ihren Krümmungsmittelpunkt gehende Gerade gedreht werden kann, ohne daß dies auf die Spiegelung einen Einfluß hat, da ja bei dieser Drehung die spiegelnde Fläche in jedem Augenblick wieder mit sich selbst zusammenfällt.

Setzt man daher die zu prüfende Linse auf eine Schiene (optische Bank), die um eine vertikale Achse drehbar ist (Abb. 36), und betrachtet — etwa mit einem Fernrohr oder Ablesemikroskop — das durch die Fläche, deren Krümmungsradius bestimmt werden soll, erzeugte Spiegelbild irgendeines Gegenstandes, so kann man die Linse auf der optischen Bank so lange verschieben, bis das betreffende Spiegelbild beim Hin- und Herschwenken der optischen Bank um die schon genannte vertikale Achse seine Lage nicht ändert. Ist dies erreicht, so geht die Drehachse durch den Krümmungsmittelpunkt der betreffenden Fläche. Der Krümmungsradius der Fläche ist dann also durch den Abstand des Flächenscheitels von der Drehachse gegeben und kann leicht an einer mit der optischen Bank verbundenen Skala abgelesen werden. Es ist nur noch erforderlich, daß auch der Reiter, der die Linse trägt, eine Vorrichtung besitzt, die es gestattet, den Abstand des Flächenscheitels von einer am Reiter angebrachten Marke zu messen.

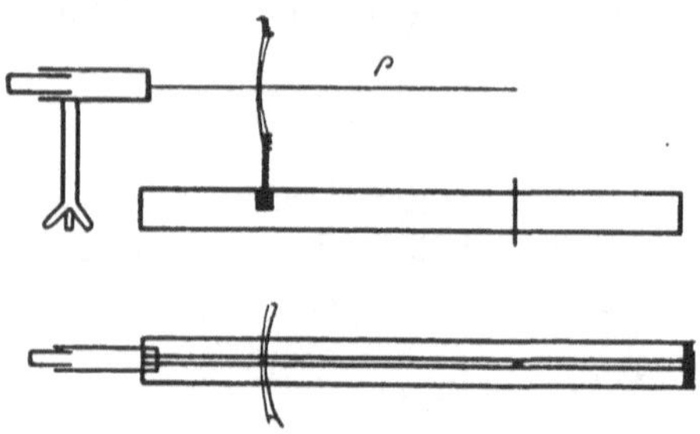

Abb. 36. Zur WETTHAUER-Methode der Messung des Krümmungsradius einer (als Spiegel benutzten) Kugelfläche, bei der diese um eine Achse verschwenkbar aufgestellt wird. Die Achse geht dann durch den Krümmungsmittelpunkt der Fläche hindurch, wenn die Lage der Spiegelbilder sich bei der Schwenkung nicht verändert. Stillstand der Spiegelbilder wird mittels Fernrohrbeobachtung festgestellt.

Ist die optische Bank um 180° schwenkbar, und befindet sich ihr Drehpunkt ungefähr in der Mitte, so kann man die mechanische Ausmessung von r dadurch vereinfachen, daß man die zu untersuchende Linse einmal auf dem einen Arm so lange verschiebt, bis das oben angegebene Kriterium des Stillstehens des Bildes erreicht ist. Man setzt dann (Abb. 37) einen Hilfsreiter mit horizontal liegendem Taststift so auf die optische Bank, daß der Taststift den Flächenscheitel berührt. Setzt man nun die Linse auf den anderen Arm der optischen Bank so, daß die zu prüfende Fläche wieder nach einem Schwenken der optischen Bank um 180° dem Fernrohr zugekehrt ist, und wiederholt das zuvor beschriebene Verfahren der Linsenverschiebung, bis Stillstand des Bildes erreicht ist, so kann man mit einem zweiten Hilfsreiter mit Taststift wieder wie vorher den Flächenscheitel berühren. Der nunmehr leicht zu messende Abstand der beiden Taststiftspitzen gibt den doppelten Krümmungsradius.

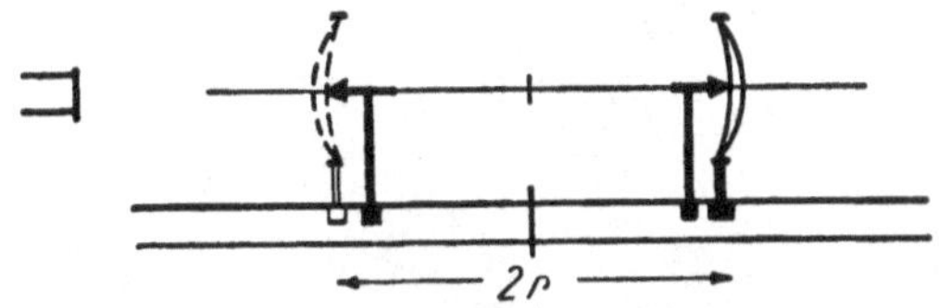

Abb. 37. Bei der WETTHAUER-Methode zur Messung des Krümmungsradius einer Fläche wird der Fehler, der durch die nicht genaue Kenntnis der Drehachsenlage der schwenkbaren Schiene bedingt ist, eliminiert, indem die Linse einmal auf dem einen Arm, ein zweites Mal auf dem anderen Arm der schwenkbaren Schiene aufgestellt und der Arm um 180° verschwenkt wird.

Die Genauigkeit dieser Methode hängt wesentlich von der Genauigkeit ab, mit der die mechanische Messung vorgenommen werden kann, da die kritische Stellung der Linse, bei der Stillstand des Bildes erreicht ist, mit sehr großer Genauigkeit gefunden werden kann.

In manchen Fällen kann es vorteilhaft sein, diese Methode etwa in der Weise abzuändern, daß man sich ein konvergentes oder divergentes Strahlenbündel herstellt, das auf die spiegelnde Fläche und von dieser reflektiert auf eine Skala fällt (Abb. 38). Dreht man jetzt die optische Bank, so wird der Lichtfleck auf der Skala nur dann in Ruhe bleiben, wenn die Linse wieder ihre kritische Lage hat, wenn also der Drehpunkt durch den Krümmungsmittelpunkt der Fläche geht. In allen

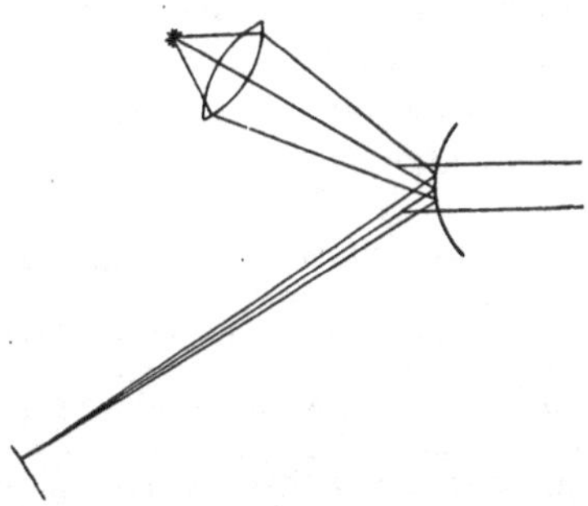

Abb. 38. Zur Erhöhung der Genauigkeit der WETTHAUER-Methode der Bestimmung des Krümmungsradius einer Fläche.

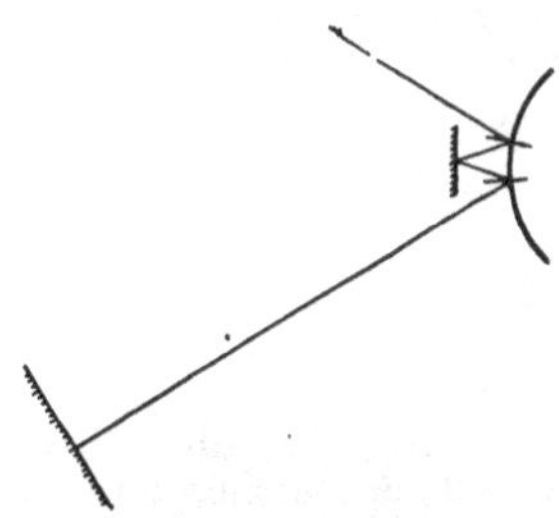

Abb. 39. Zur Erhöhung der Genauigkeit der WETTHAUER-Methode der Bestimmung des Krümmungsradius einer Fläche.

anderen Fällen wandert der Lichtfleck. Da man es in der Hand hat, durch entsprechend gewählte Konvergenz oder Divergenz den Abstand der Skala sehr groß und daher den Lichtzeiger sehr lang zu machen, so läßt sich die Genauigkeit der Methode recht groß machen. Noch genauer wird die Messung, wenn man das Strahlenbündel durch Zwischenschalten eines oder mehrerer fester (ebener oder gekrümmter) Spiegel mehrmals im gleichen Sinne auf die zu prüfende Fläche auffallen läßt, wie dies Abb. 39 andeutet.

b) *Benutzung von Objekt- und Bildgröße*

Bei einer großen Klasse weiterer Methoden wird zunächst das Vergrößerungsverhältnis bzw. Objekt- und Bildgröße sowie der Objektstand gemessen und aus diesen Werten der Krümmungsradius nach der Formel

$$r = 2s \frac{\frac{y'}{y}}{\frac{y'}{y} - 1} = 2s \frac{y'}{y' - y}$$

berechnet, die sich sofort aus der oben angegebenen zweiten Abbildungsgleichung ergibt. Bei der Anwendung dieser Formel ist wieder auf das Vorzeichen der einzelnen Größen zu achten, also bei umgekehrtem Bild $y' < 0$ und für reelles Objekt $s < 0$ zu setzen. Für eine Konkavfläche ergibt sich dann $r < 0$, für eine Konvexfläche $r > 0$.

Die hierher gehörigen Methoden unterscheiden sich im wesentlichen durch die Art der Messung der Bildgröße. Man kann das Bild y' z. B. mit einem Fernrohr messen, bei dem das Okular auf zwei durch Mikrometerschrauben fein gegeneinander verstellbare Fäden (Okularmikrometer) scharf eingestellt ist. Die Messung der Bildgröße y' wird durchgeführt, indem man das Fernrohr auf das Bild y' — gegen die Fäden parallaxenfrei — einstellt und die Fäden so gegeneinander verstellt, daß sie das Bild genau einschließen. Man visiert dann ohne Änderung der Fernrohreinstellung einen Maßstab an — der also in die gleiche Entfernung wie das zuvor betrachtete Bild gebracht werden muß —, an dem man die Größe des Fadenabstandes, d. h. die Bildgröße ablesen kann (Abb. 40).

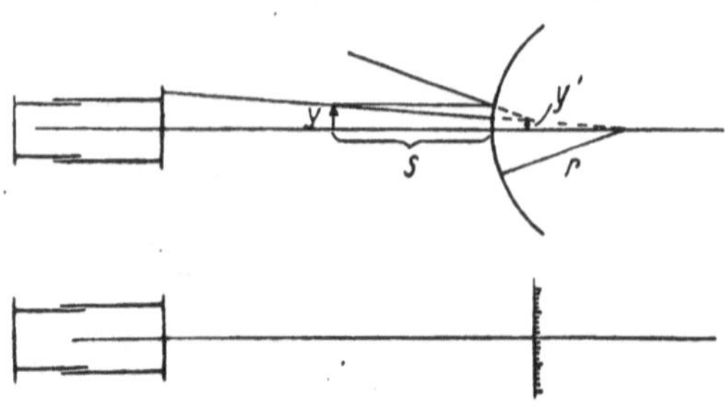

Abb. 40. Bestimmung des Krümmungsradius einer Rotationsfläche durch Messung von Objektabstand s, Objektgröße y und Bildgröße y', wobei y' mittels Beobachtungsfernrohr mit Okularmikrometer und einem Maßstab als Hilfsobjekt gemessen wird. Dabei ist zu beachten, daß zur Bestimmung der Größe y' zweimal der mit der „Scharfeinstellung" verbundene Fehler $\varkappa\left(\frac{f_0^2}{\varrho}\right)$ zu berücksichtigen ist (s. S. 40). Der Wert von r errechnet sich aus

$$r = 2s \frac{y'}{y' - y}.$$

Für die Genauigkeit erhalten wir durch Differenzieren der angegebenen Formel sofort

$$\frac{dr}{r} = \frac{ds}{s} + \frac{y}{y - y'} \frac{dy'}{y'} - \frac{y}{y - y'} \frac{dy}{y},$$

also

$$\left|\frac{dr}{r}\right| \leq \left|\frac{ds}{s}\right| + \left|\frac{y}{y - y'}\right| \left(\left|\frac{dy'}{y'}\right| + \left|\frac{dy}{y}\right|\right).$$

Wir sehen, daß ein Fehler in s einen prozentual gleichen Fehler in r bedingt, während einem Fehler in y bzw. y' der $\left|\frac{y}{y-y'}\right|$-fache prozentuale Fehler in r entspricht. Da die Objektgröße y im allgemeinen wesentlich genauer zu messen ist als die Bildgröße y', also $dy \ll dy'$ sein wird, so ist es oft vorteilhaft, auch $y \ll y'$ zu wählen, da dann nicht nur $\frac{dy}{y}$ und $\frac{dy'}{y'}$ von gleicher Größenordnung sein werden, sondern außerdem auch der beiden Fehlern gemeinsame Proportionalitätsfaktor $\left|\frac{y}{y-y'}\right| \ll 1$ ist, die Meßgenauigkeit also erhöht wird. Zu beachten ist hierbei allerdings, daß jetzt s klein ist und daher bei gleichem $|ds|$ der Wert $\left|\frac{ds}{s}\right|$ vergrößert wird, hierdurch also die Meßgenauigkeit wieder herabgesetzt wird.

Liegt das Bild y' in der Nähe des Flächenscheitels — was bei kleinem Krümmungsradius r und gleichzeitig großem Objektabstand $|s|$ zutreffen wird — so kann man die Messung auch in folgender (genauerer) Weise vornehmen: Man setzt in den Flächenscheitel parallel zum Objekt einen feingeteilten Maßstab und stellt mit einem genügend weit vom Flächenscheitel entfernten Fernrohr scharf auf das Bild y' des Gegenstandes y ein (Abb. 41). Dann wird unter den angegebenen Vor-

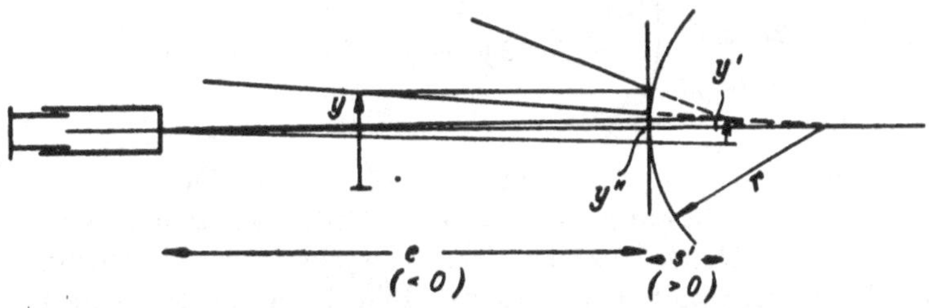

Abb. 41. Bestimmung des (Scheitel-) Krümmungsradius einer Rotationsfläche. Statt der Bildgröße y' wird hier die „scheinbare" Bildgröße y'' optisch ermittelt. e und y werden direkt gemessen. Der Fehler dy'' setzt sich aus dem evtl. Teilungsfehler des Maßstabes und dem „Einstellfehler" $\varkappa \frac{f_0^2}{\varrho}$ zusammen. Der Wert von r ergibt sich aus $r = 2s \frac{y''}{\frac{s+e}{e} y'' - y}$, worin noch $s (< 0)$ der Abstand des Objektes y vom Flächenscheitel ist.

aussetzungen auch der Maßstab im Fernrohr scharf erscheinen, und man kann an ihm die „scheinbare" Bildgröße y'' des Bildes y' direkt ablesen. Ist e der Abstand des Fernrohrobjektivs vom Flächenscheitel, also vom Hilfmaßstab $(e < 0)$, so ist das Verhältnis der scheinbaren zur wirklichen Bildgröße

$$\frac{y''}{y'} = \frac{e}{e-s'} = \frac{e(2s-r)}{e(2s-r)-sr}.$$

Aus dieser und der zweiten Abbildungsgleichung folgt

$$r = \frac{2sey''}{(s+e)\,y''-ey} = 2s\,\frac{y''}{\frac{s+e}{e}\,y''-y}.$$

Damit das ganze Bild gleichzeitig im Fernrohr scharf erscheint, soll nach H. KESSLER (II) die Bildgröße höchstens gleich $\frac{1}{4}$ des Flächenradius sein. Die Gegenstandsgröße ist dementsprechend zu wählen.

Durch Differenzieren der angegebenen Formel ergibt sich

$$dr \leqq \pm \frac{r}{(s+e)\,y'' - e y} \cdot \left\{ |e(y''-y)| \cdot \left|\frac{ds}{s}\right| + |e y| \cdot \left|\frac{dy''}{y''}\right| + |e y| \cdot \left|\frac{dy}{y}\right| + |s y''| \cdot \left|\frac{de}{e}\right| \right\}.$$

Ist speziell der Abstand des Fernrohrobjektivs vom Flächenscheitel gleich dem Objektabstand, also $e = s$, wie dies bei Benutzung eines mit Skala verbundenen Ablesefernrohres der Fall ist, so vereinfacht sich die Formel für die Berechnung von r. Es wird dann

$$r = 2s \frac{y''}{2y'' - y}.$$

Für die Genauigkeit der Messung gilt jetzt

$$dr \leqq \pm r \cdot \left\{ \left|\frac{ds}{s}\right| + \left|\frac{y}{2y'' - y}\right| \cdot \left(\left|\frac{dy''}{y''}\right| + \left|\frac{dy}{y}\right| \right) \right\}.$$

Man kann die Bildgröße y' natürlich auch in anderer Weise messen, etwa so, wie dies bei einigen Entfernungsmessern und in anderen Instrumenten zur Winkelmessung üblich ist. Man schaltet zu diesem Zwecke in den Strahlengang vor das Objekt des Fernrohres, mit dem man das Bild y' betrachtet, eine planparallele Glasplatte ein. Wird diese um eine zur Fernrohrachse und zur Längsrichtung des

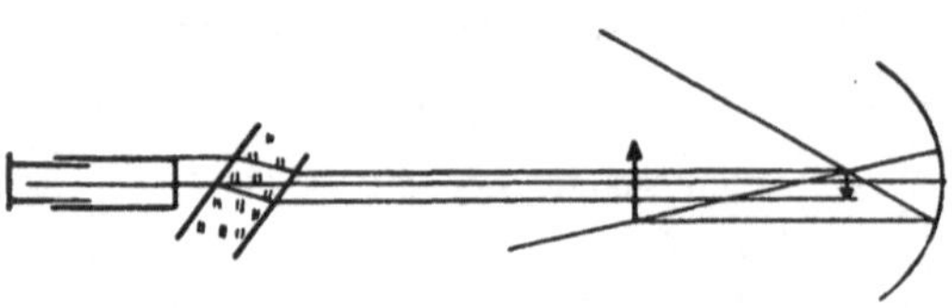

Abb. 42. Messung der Größe y' des von einem Objekt y durch die Prüffläche entworfenen Spiegelbildes durch Drehung einer schräg zum Strahlengang vor das Beobachtungsfernrohr gestellten Planparallelplatte bekannter Dicke und bekannten Brechungsindexes. Das Spiegelbild y' wird um den Betrag seiner Größe optisch (also scheinbar) verschoben. Die Größe der Verschiebung ergibt sich aus dem Winkel (bzw. den Winkeln), um den (bzw. die) hierbei die Glasplatte gedreht werden muß.

— linear gedachten — Objektes senkrechte Gerade gedreht, so wird dadurch das im Fernrohr gesehene Bild y'' des (für das Fernrohr als Objekt dienenden) Bildes y' in seiner Längsrichtung verschoben, wie dies Abb. 42 andeutet. Man kann nun z. B. — vorausgesetzt, daß y' genügend klein ist[1]) — durch Drehen der Platte das Bild y''

[1]) Die zulässige Größe richtet sich nach der Dicke D der Planparallelplatte und darf etwa $\frac{2}{3}\,D$ nicht überschreiten. Objektgröße y und Objektabstand s müssen entsprechend gewählt werden.

in seiner Längsrichtung so weit verschieben, daß sein *unterer* Endpunkt mit einem Fixpunkt in der Bildebene, etwa einem Faden, zusammenfällt, und sodann durch Drehen der Glasplatte im entgegengesetzten Sinne das Bild y'' nach der anderen Richtung so weit verschieben, bis sein *oberer* Endpunkt mit dem *gleichen* Fixpunkt der Bildebene zusammenfällt. Man hat dann das Bild y'' des Bildes y' und demnach auch dieses y' selbst gerade je um seine eigene Länge verschoben. Da nun die Bildverschiebung Funktion der Drehung der Planparallelplatte, d. h. des Drehungswinkels ist, so kann man, falls dieser gemessen werden kann, aus ihm die Größe von y' berechnen. Aus y' ergibt sich dann wieder r nach der bereits angegebenen Formel

$$r = 2s \frac{y'}{y' - y}.$$

Betrachten wir jetzt (Abb. 43) die Verschiebnng eines Strahles bei dem Durchgang durch eine Planparallelplatte. Es sei i der Winkel, um den die Platte gedreht ist. Dann ist auch der Einfallswinkel des Strahles gleich i, vorausgesetzt,

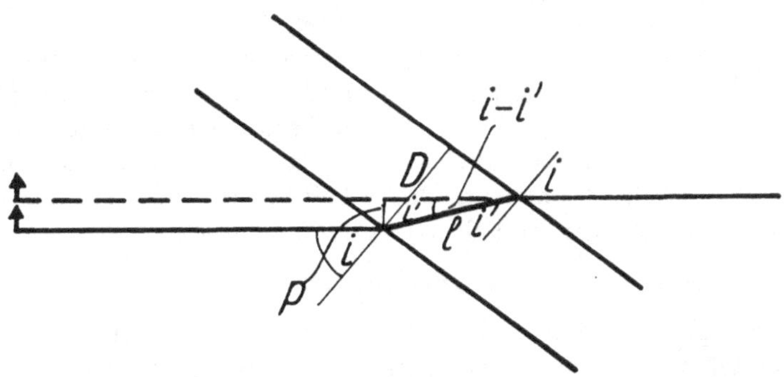

Abb. 43. Zur Ableitung des Zusammenhanges zwischen dem Verschwenkungswinkel i einer planparallelen Glasplatte und der damit verbundenen Strahlverschiebung (scheinbaren Objektverschiebung).

daß dieser Strahl die Glasplatte *ursprünglich*, also bei ihrer Null-Lage, senkrecht getroffen hat. Das aber ist bei genügend großem Abstand des Fernrohrs vom Bild y' für alle abbildenden Strahlen angenähert erfüllt. Wir nehmen es als streng erfüllt an. D sei die Dicke der Glasplatte. Dann ist die Parallelverschiebung p, die der Strahl beim Durchgang durch die Platte erleidet, gegeben durch

$$p = \frac{D \sin (i - i')}{\cos i'},$$

wo noch i' durch $\sin i' = \frac{1}{n} \sin i$ bestimmt ist (n = Brechungsindex des Glasmaterials). Es ist also

$$p = D \sin i \left\{1 - \frac{\sqrt{1 - \sin^2 i}}{\sqrt{n^2 - \sin^2 i}}\right\}.$$

Sind die beiden oben angegebenen Drehungen durch die Winkel i_1 und i_2 bestimmt, so ist

$$|y'| = p_1 + p_2,$$

wo p_1 und p_2 die aus der angegebenen Formel für i_1 bzw. i_2 berechneten Werte sind.

Die angegebene Methode kann verschiedene Abänderungen erfahren. Sie wird z. B. noch vereinfacht, wenn man zwei vollkommen gleiche nebeneinander liegende Planparallelplatten benutzt, derart, daß sich vor jeder Objektiv*hälfte eine* Platte befindet (Abb. 44). Ist nun etwa durch eine einfache mechanische Vorrichtung dafür gesorgt, daß sich beide Platten stets in entgegengesetztem Sinne um den genau gleichen Betrag $|i|$ drehen, so erhält man zwei Bilder des betreffenden Objektes, die je nach der Neigung der Platten gegen die Achse des Fernrohres mehr oder weniger stark gegeneinander verschoben sind. Man kann nun durch Drehen der Platten des Plattenpaares erreichen, daß das obere Ende des einen Bildes mit dem unteren Ende des anderen Bildes koinzidiert, und durch Drehen im anderen Sinne, daß sich die Verhältnisse gerade umkehren. Man erkennt leicht, daß bei der ersten Einstellung das *eine* Bild um den Betrag $\frac{1}{2}y'$ nach *oben*, das *andere* um den gleichen Betrag nach *unten* verschoben erscheint, und daß bei der zweiten Einstellung die Verhältnisse gerade umgekehrt sind. Ist wieder $\pm i_1$ der Winkel, um den die Platten des Plattenpaares bei der ersten Einstellung, $\pm i_2$ der Winkel, um den sie bei der zweiten Einstellung gedreht wurden, so gilt jetzt[1]) mit $i = \frac{i_1 + i_2}{2}$

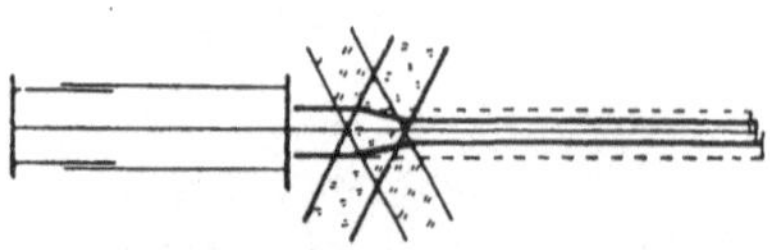

Abb. 44. Gleichzeitige scheinbare Objektverschiebung nach entgegengesetzter Richtung durch 2 Planparallelplatten, von denen die eine sich vor der einen Hälfte, die andere vor der anderen Hälfte des Fernrohrobjektivs befindet und die beide im entgegengesetzten Sinne um die (dem Betrage nach gleichen) Winkel i_1 bzw. i_2 $(= -i_1)$ verschwenkt werden.

$$y' = \frac{2D \sin(i - i')}{\cos i'}.$$

Statt die Verschiebung des Bildes durch Drehen der Platten, d. h. durch Ändern des Winkels i zu verwirklichen, kann man auch Glasplatten veränderlicher Dicke D und stets gleichbleibender Neigung (i) zur optischen Achse nehmen. Dies vereinfacht die Rechnnng, da dann i und i' und demnach $\frac{\sin(i-i')}{\cos i'}$ einen für alle

[1]) Dabei ist vorausgesetzt, daß i_1 und i_2 kaum oder gar nicht voneinander abweichen, daß also beide Platten in ihrer Nullstellung $(i = 0)$ zur optischen Achse des Fernrohrobjektivs senkrecht stehen oder doch gegen diese Soll-Nullstellung nur um einen sehr kleinen Winkel i_0 geneigt sind. Solange i_0 genügend klein ist, wird sein Einfluß auf das Ergebnis der Messung durch die oben angegebene Mittelbildung $i = \frac{i_1 + i_2}{2}$ eliminiert.

Messungen konstanten Wert hat[1]). Um y' zu erhalten, braucht dieser Faktor dann nur mit $(D_1 + D_2)$ — bei Benutzung nur einer derartigen Planparallelplatte veränderlicher Dicke — bzw. mit $2D$ — bei Benutzung von zwei solchen Planparallelplatten — multipliziert zu werden.

Planparallelplatten veränderlicher Dicke lassen sich in verschiedener Weise herstellen. Man kann z. B. zwei Keile gleichen Keilwinkels so aufeinanderlegen, daß ihre Kanten nach entgegengesetzter Richtung liegen (Abb. 45). Verschiebt man die beiden Keile dann in Richtung ihrer Keilwirkung gegeneinander, so ändert sich die Dicke der durch sie gebildeten planparallelen Glasplatte.

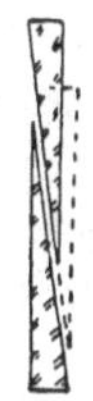

Abb. 45. Planparallelplatte veränderlicher Dicke, bestehend aus zwei Prismen gleichen Prismenwinkels, die gegeneinander — in Richtung der einander benachbarten Flächen und der maximalen prismatischen Wirkung — meßbar verschoben werden können und zur scheinbaren Verschiebung des mit dem Fernrohr zu beobachtenden Spiegelbildes eines Objektes vor dem Objektiv eines Fernrohres so angebracht sind, daß sie zur Achse des Fernrohres um einen festen, bekannten Winkel geneigt sind. Bei zwei Prismenpaaren (entgegengesetzter Neigung zur Fernrohrachse) steht das eine vor der einen Hälfte, das andere vor der anderen Hälfte des Objektivs.

Bei Benutzung von *zwei* derartigen Planparallelplatten (veränderlicher Dicke, aber konstanter und entgegengesetzter Neigung) ist dafür zu sorgen, daß *beide* Platten stets untereinander die *gleiche* Dicke haben. Außerdem müssen beide Platten um *einen bestimmten* Winkel, nämlich den Winkel $2i$ schwenkbar sein, um die Vertauschung der beiden Bilder zu erreichen. Bestimmt man in beiden Lagen des Plattenpaares die Plattendicken D_1 (erste Einstell-Lage) und D_2 (zweite Einstell-Lage) und nimmt aus beiden das Mittel $D = \frac{D_1 + D_2}{2}$, so berechnet sich y', wie schon erwähnt, durch Multiplikation der Konstante $\frac{\sin(i - i')}{\cos i'}$ mit $2D = D_1 + D_2 \left(= 2 \cdot \frac{D_1 + D_2}{2}\right)$.

Die Methoden zur Bestimmung des Flächenradius lassen sich noch vermehren[2]), doch wollen wir davon absehen, noch weitere zu besprechen.

Wir erwähnen nur noch, daß man — z. B. zur Kontrolle der nach anderen Methoden vorgenommenen Radienmessungen einer Linse — das Verhältnis $r_1 : r_2$ der Radien einer Linse in einfacher Weise erhält[3]), indem man (mit einem Mikroskop) die Vergrößerung β_1' eines in der optischen Achse auf der ersten Linsenfläche befindlichen Objektes durch die Linse und entsprechend die Vergrößerung β_2' für ein auf der zweiten Linsenfläche befindliches Objekt bestimmt. Dann gilt streng

$$\frac{r_1}{r_2} = \frac{\beta_2'}{\beta_2' - 1} \cdot \frac{\beta_1' - 1}{\beta_1'}.$$

[1]) Da sich aber die Dicke D nur in bestimmten vorgegebenen Grenzen $D^* \leqq D \leqq D^{**}$ verändern läßt, ist für die Bildgröße y' nicht nur eine obere, sondern auch eine untere Grenze gegeben, die für die Anwendung der Methode durch entsprechende Wahl der Objektgröße y und des Objektabstandes s eingehalten werden müssen.

[2]) Siehe z. B. die S. 19 in Anm. 1 erwähnte zweite Arbeit von H. Erfle.

[3]) G. A. Harle, Comparison of lens radii. Journ. Opt. Soc. Amer. **39**, 718, 1949 [**29**, 557].

V. BESTIMMUNG DER FLÄCHENFORM UND IHRER DEFORMATION

1. PRÜFUNG VON PROBEGLÄSERN

Von den Methoden zur Prüfung der Flächenform bzw. ihrer Deformation haben wir einige — und zwar die wichtigsten — schon bei den Prüfungen A IV erwähnt. Wir sprachen dort auch von der für die Werkstatt wichtigsten Prüfung der sphärischen Fläche mit Hilfe von Probegläsern entgegengesetzt gleicher Krümmung. Hier wollen wir noch näher darauf eingehen.

Haben die auf ihre Deformation zu prüfenden Flächen und das Probeglas genau gleichen Krümmungsradius, so treten im Idealfall, also falls keine Deformation vorliegt, keine Interferenzstreifen auf. Ist indessen eine Deformation vorhanden, so werden Interferenzstreifen auftreten, aus deren Form man auf die Art der Deformation schließen kann. Wie wir oben sahen, treten aber auch dann Interferenzen auf, wenn der Krümmungsradius der zu prüfenden — deformierten oder nichtdeformierten — Fläche von dem des Probeglases etwas abweicht. Eine genaue Ausmessung der Interferenzen gestattet, sowohl die Abweichung des Krümmungsradius als auch die Deformation zu bestimmen.

Selbstverständlich ist es notwendig, zunächst zu prüfen, ob das *Probeglas für sphärische Flächen* selbst genau sphärisch ist und keine Deformationen besitzt. Wir erwähnten, daß die Probegläser stets paarweise hergestellt werden, d. h. daß stets ein Konvex- und ein Konkavglas von gleichem Krümmungsradius angefertigt werden, und daß keine Interferenzen auftreten dürfen, wenn man beide Gläser aufeinanderlegt. Tatsächlich dürfen bei *beliebigem* Aufeinanderlegen keine Interferenzen auftreten.

Denken wir uns demnach auf jedem der beiden Probegläser je einen Durchmesser gezeichnet, so lege man sie wiederholt so aufeinander, daß die Durchmesser verschiedene Winkel miteinander einschließen (azimutale Prüfung). Fallen hierbei stets die Scheitel der beiden Gläser zusammen — wie dies bei azimutaler Prüfung *nicht*sphärischer Flächen *erforderlich* ist —, und treten in keinem Falle Interferenzen auf, so ist erwiesen, daß beide Flächen genau rotationssymmetrisch sind und untereinander gleichen Krümmungsradius sowohl im Scheitel als auch in jedem beliebigen Abstand vom Scheitel haben. Es besteht aber noch die Möglichkeit, daß die Flächen nicht sphärisch sind, sondern irgendeine andere rotationssymmetrische — z. B. parabolische — Form haben, daß sich also der Krümmungsradius der Fläche vom Scheitel zum Rande hin allmählich ändert. Um auch dies zu prüfen, müssen die beiden Probegläser auch noch wiederholt so aufeinandergelegt werden, daß der Scheitel des einen Glases gewissermaßen längs einer durch den Scheitel des anderen Glases gehenden Krümmungslinie verschoben ist (transversale Prüfung). Treten auch jetzt an keiner Stelle, an der sich die Gläser überdecken, Interferenzen auf, so sind beide Probegläser nicht nur rotationssymmetrisch — wie die erste Prüfung zeigte —, sondern auch genau sphärisch, und zwar mit gleichem Krümmungsradius.

In ganz ähnlicher Art lassen sich natürlich auch *Probegläser für kreiszylindrische Flächen* auf ihre eventuelle Deformation prüfen. Diese Gläser hat man einerseits wiederholt so aufeinander zu legen, daß sie gewissermaßen in Richtung der Zylinderachse[1]) mehr oder weniger stark gegeneinander verschoben sind, und andererseits so, daß sie in Richtung senkrecht zur Zylinderachse gegeneinander versetzt sind. Treten bei diesen Prüfungen keine Interferenzen auf, so sagt die *erste* der angegebenen Prüfreihen, daß es sich tasächlich um *Zylinder*gläser handelt — wobei indessen über die *Form* der Zylinderfläche (Kreiszylinder, parabolischer Zylinder oder irgendein anderer Zylinder) noch *nichts* ausgesagt ist — die *zweite* der angegebenen Prüfreihen, daß die Flächen *Kreis*zylinderflächen sind. Treten bei der *zweiten* Prüfreihe Interferenzstreifen auf, handelt es sich also *nicht* um *Kreis*zylinderflächen, so kann man feststellen, ob die zylindrische Fläche wenigstens eine *Symmetrie*gerade hat, indem man beide Gläser gegeneinander um 180^0 verdreht, ihre ,,Scheitelgeraden“ aber wieder zusammenfallen läßt. Soll diese Scheitelgerade Symmetriegerade sein, so dürfen keine Interferenzen auftreten.

Bei der Prüfung der *Probegläser für ebene Flächen*[2]) verfährt man genau so wie bei den sphärischen Probegläsern, nur daß man, wie schon oben (S. 28) erwähnt, nicht zwei, sondern drei solcher Probegläser herstellt und sie paarweise (1,2 1,3 2,3) miteinander prüft, um so *gleichzeitig* zu prüfen, ob der Wert $r = \infty$ des Krümmungsradius r eingehalten wurde, der ja bei den sphärischen Probegläsern noch besonders durch Sphärometer oder durch eine der anderen oben (s. A IV) angegebenen Methoden bestimmt werden mußte[3]).

Bei den *parabolischen Probegläsern* kann man die *Rotationssymmetrie* wieder durch die bei den sphärischen Probegläsern näher beschriebene ,,azimutale Prüfung“ kontrollieren, indem man sie mit azimutaler Drehung mehrfach aufeinanderlegt. Hierbei dürfen keine Interferenzen auftreten. Um zu prüfen, ob die Flächen wirklich *parabolisch* sind, wird es indessen am vorteilhaftesten sein, die parabolische Fläche als Deformation einer sphärischen Fläche aufzufassen und demnach die parabolischen Probegläser einzeln mit einem sphärischen Probeglas entgegengesetztgleicher Scheitelkrümmung zu prüfen, wie dies unten bei den sphärisch deformierten Flächen näher beschrieben wird.

2. PRÜFUNG ANDERER FLÄCHEN

Vergleichen wir eine zu *prüfende* Fläche mit einer als einwandfrei bekannten *Probe*fläche von annähernd entgegengesetzt-gleicher Scheitelkrümmung, indem wir beide Flächen aufeinanderlegen, so werden im allgemeinen Interferenzen auftreten. Sind die Linien gleicher Helligkeit (bzw. gleicher Dunkelheit) Kreise um den gemeinschaftlichen Scheitel, so ist damit bewiesen, daß auch die zu prüfende Fläche rotationssymmetrisch ist, falls dies für die Probefläche zutrifft. An allen Punkten einer (hellen oder dunklen) Interferenzkurve weicht ja die zu prüfende Fläche gleich stark von der Probefläche ab.

---

[1]) ,,Zylinderachse“ ist hier im Sinne des optischen Sprachgebrauchs gemeint, also als *in der Zylinderfläche* liegende, der ,,Achse der Zylinderfläche“ (im Sinne des stereometrischen Sprachgebrauchs) parallele Linie.

[2]) Vgl. hierzu z. B. O. SCHÖNROCK, Interferometrische Messung der Ebenheit einer Fläche mittels HEIDINGERscher Ringe. ZS. f. Instrkde **59**, **31—40**, 1939 [**20**, **984**].

[3]) Sofern es sich bei den sphärischen Gläsern um große Werte von r handelt, wird man diese auch mit der oben [A IV 3] angegebenen Interferenzmethode bestimmen.

Sind die Krümmungsradien r_N der Probe- oder Normalfläche und r der Prüffläche etwas voneinander verschieden und berühren sich — *was wir voraussetzen wollen* — die beiden Flächen im *Scheitel*[1]) (Abb. 46 I), so verhalten sich in der Nähe der Scheitel sowohl bei sphärischen als auch bei parabolischen Flächen die Radien ϱ der dunklen Interferenzkreise wie die Quadratwurzeln aus den Laufzahlen[2]). Es gilt also die Formel (s. unten und A IV 3, S. 34, Anm. 1)

$$\varrho_p : \varrho_q = \sqrt{p} : \sqrt{q}\,.$$

Die *gleiche* Näherungsformel gilt auch, wenn eine parabolische und eine sphärische Fläche von annähernd entgegengesetzt-gleicher Scheitelkrümmung so aufeinander gelegt werden, daß sich ihre Scheitel berühren.

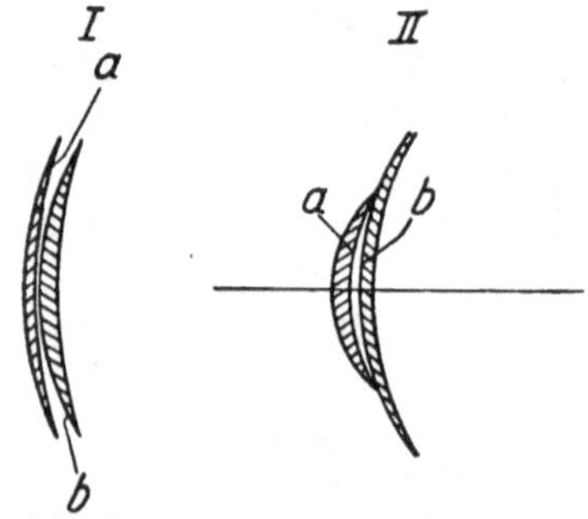

Abb. 46. Zur Prüfung zweier Flächen von angenähert entgegengesetzt gleicher Krümmung mittels Interferenzen. Bei Beleuchtung von der Beobachtungsseite her, also von „vorn", und dunklem Hintergrund ergeben sich Interferenzringe, wobei der Mittelpunkt dunkel erscheint, wenn sich die beiden Flächen mit ihren Scheiteln berühren (*I*), während im entgegengesetzten Fall (*II*) der Mittelpunkt dunkel oder hell sein kann, je nach dem, ob der Luftabstand an dieser Stelle ein geradzahliges Vielfaches der halben Wellenlänge des benutzten monochromatischen Lichtes ist oder nicht. Bei weißem Licht oder allgemeiner bei nicht-monochromatischem Licht sind die Interferenzringe farbig.

Um eine parabolische von einer sphärischen Fläche bei dieser Prüfung voneinander unterscheiden zu können, müssen die weiter außen liegenden dunklen Interferenzkreise betrachtet und ihre Durchmesser bestimmt werden. Ist nämlich r_N der Radius der *sphärischen Probe*fläche (Normalfläche), r der Radius der zu prüfenden — gleichfalls *sphärischen* — Fläche, und stellen wir die (annähernd punktförmige) Lichtquelle so (Abb. 47 a u. c), daß die Lichtstrahlen nach dem Durchgang durch die — dem Licht zugekehrte, rückseitig von der zu prüfenden Fläche (r) begrenzte — Linse etwa senkrecht auf die Probefläche fallen[3]), von dieser also annähernd in sich selbst zurückgeworfen werden, so gilt folgendes:

Um einen Überblick über die Deformation der Fläche zu erhalten, mißt man — etwa längs eines durch den Flächenscheitel gehenden Durchmessers — die Abstände einer größeren Anzahl dunkler Interferenzstellen vom Scheitel der Fläche, bestimmt also (bei kreisförmigen Interferenzlinien) die Halbmesser der dunklen

---

[1]) Ist die Prüffläche konvex, so muß $|r_N| > r$ sein. Ist dagegen die Prüffläche konkav, so muß $r_N < |r|$ sein.

[2]) Wir benutzen wieder die „Interferenzen gleicher Dicke".

[3]) Ist f ($\gtrless 0$) die Brennweite der betreffenden Linse, so muß sich die (annähernd punktförmige) Lichtquelle im Abstande $a = -\dfrac{r_N f}{r_N - f}$ von der Linse befinden, wo wieder für eine $\frac{\text{konvexe}}{\text{konkave}}$ Probefläche $r_N \gtrless 0$ ist und für $a > 0$ von der Lichtquelle durch eine zwischen Lichtquelle und Linse zu stellende konvexe Hilfslinse ein Bild im Abstande a (> 0) hinter die Linse zu entwerfen ist, so daß die Prüfung in einem konvergenten Strahlenbündel geschieht.

Interferenzringe[1]), und beachtet, daß zwischen je zwei dieser dunklen Interferenzringe sich der — längs r_N gemessene — Abstand der Prüffläche von der Probefläche um so viel halbe Wellenlängen geändert hat, wie durch die Zahl der zwischen den betrachteten dunklen Interferenzringen liegenden hellen Ringe gegeben ist. (Man vergleiche hierzu das oben auf S. 34, A IV über die Bestimmung eines Flächenradius mit Hilfe der Interferenzlinien Gesagte.) Mit den gemessenen Werten ϱ_p, den ausgezählten hellen Interferenzlinien und dem Radius r_N des Probeglases läßt sich dann leicht graphisch die Abweichung der Prüffläche von der Kugelflächengestalt (und daraus ihre Gestalt) ermitteln, indem man (in entsprechender Überhöhung der Ordinate) die Werte von ϱ_p als Abszisse, den zugehörigen Abstand der Prüffläche von der Probefläche als Ordinate aufträgt[2]).

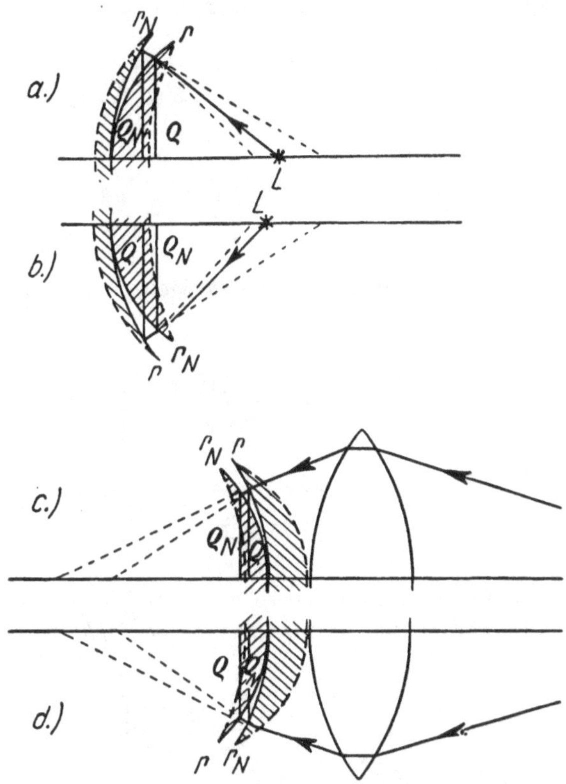

Abb. 47. Zur Bestimmung des (Scheitel-) Krümmungsradius r einer sphärischen bzw. parabolischen Fläche mit Benutzung einer sphärischen Probefläche (Normalfläche) vom Krümmungsradius r_N aus den dabei auftretenden Interferenzringen, ihren Radien ϱ bzw. ϱ_N und ihren Abständen.

Wir gehen noch etwas näher auf die hier vorliegenden Verhältnisse ein.

Hat die zu prüfende Fläche den Scheitelkrümmungsradius r und das sphärische Probeglas den Krümmungsradius r_N, und berühren sich beide Flächen im Scheitel, so sind grundsätzlich die vier in Abb. 47 dargestellten verschiedenen Möglichkeiten zu diskutieren.

Betrachten wir wieder den Radius einer Konkavfläche als < 0, den einer Konvexfläche als > 0, so gelten — wie hier nicht näher abgeleitet werden soll[3]) — folgende Beziehungen:

[1]) Man benutzt hierzu vorteilhaft ein Beobachtungsfernrohr mit Okularmikrometer und stellt das Fernrohr auf die zu prüfende Fläche scharf ein (s. S. 34, Anm. 1).

[2]) James B. Saunders, The precise topography of optical surfaces. Journ. Opt. Soc. Amer. **40**, 258, 1950 [**29**, 1500] beschreibt eine Interferenzmethode, bei der Vielfachreflexionen benutzt werden, bei der also die Oberflächen stark reflektierend sein müssen. Hierdurch soll es möglich sein, die Genauigkeit der Messung und damit die Gütebestimmung der optischen Fläche ohne Schwierigkeit wesentlich zu steigern.

[3]) Siehe J. Picht, Zur interferometrischen Bestimmung des Krümmungsradius sphärischer und parabolischer Flächen . . . . Optik **10**, — , 1953.

Ist von den beiden zu vergleichenden Flächen die zu *prüfende* Fläche der annähernd punktförmigen Lichtquelle zugekehrt (Abb. 47 a u. c), und ist die zu prüfende Fläche *sphärisch*, so gilt

$$r = \frac{1}{-\frac{1}{r_N} + \frac{p\lambda}{\varrho^2}\left[1 + 2\left(\frac{\varrho}{2 r_N}\right)^2\right]} \tag{VK}$$

$$\approx \frac{1}{-\frac{1}{r_N} + \frac{p\lambda}{\varrho^2}}. \tag{K$_1$}$$

Ist die zu prüfende Fläche dagegen *parabolisch*, so gilt bei den gleichen Voraussetzungen (Abb. 47 a u. c)

$$r = \frac{1}{-\frac{1}{r_N}\left[1 + \left(\frac{\varrho}{2 r_N}\right)^2\right] + \frac{p\lambda}{\varrho^2}\left[1 + 2\left(\frac{\varrho}{2 r_N}\right)^2 + 6\left(\frac{\varrho}{2 r_N}\right)^4\right]} \tag{VP}$$

$$\approx \frac{1}{-\frac{1}{r_N}\left[1 + \left(\frac{\varrho}{2 r_N}\right)^2\right] + \frac{p\lambda}{\varrho^2}}. \tag{P$_1$}$$

Ist indessen die sphärische *Probe*fläche der Lichtquelle zugekehrt[1]) (Abb. 47 b u. d), und ist die zu prüfende Fläche *sphärisch*, so gilt

$$r = \frac{1}{-\frac{1}{r_N} + \frac{p\lambda}{\varrho_N^2}\left[1 - 3\left(\frac{\varrho_N}{2 r_N}\right)^2\right]} - \frac{p}{2}\lambda \tag{HK}$$

$$\approx \frac{1}{-\frac{1}{r_N} + \frac{p\lambda}{\varrho_N^2}}, \tag{K$_1$}$$

während für eine *parabolische* Prüffläche in diesen Fällen (Abb. 47 b u. d) die Beziehung gilt

$$r = \frac{1}{-\frac{1}{r_N}\left[1 + \left(\frac{\varrho_N}{2 r_N}\right)^2\right] + \frac{p\lambda}{\varrho_N^2}\left[1 - 8\left(\frac{\varrho_N}{2 r_N}\right)^4\right]} - \frac{p}{2}\lambda \tag{HP}$$

$$\approx \frac{1}{-\frac{1}{r_N}\left[1 + \left(\frac{\varrho_N}{2 r_N}\right)^2\right] + \frac{p\lambda}{\varrho_N^2}}. \tag{P$_1$}$$

Bei den jeweils an zweiter Stelle angegebenen Näherungsformeln brauchen wir nicht mehr zu unterscheiden, ob die zu prüfende Fläche — von der Lichtquelle aus gesehen — vorn (V) oder hinten (H) liegt. Diese Formeln geben den Krüm-

[1]) Der gemessene Durchmesser der dunklen Interferenzkreise ist dann gleich $2\varrho_N$.

mungsradius bis auf einige Wellenlängen genau, sind also im allgemeinen ausreichend.

Wohl aber erkennt man den Unterschied zwischen einer sphärischen und einer parabolischen Prüffläche. Wendet man (K_1) auf den $p^{\underline{\text{ten}}}$ und den $q^{\underline{\text{ten}}}$ dunklen Interferenzring an, so ergibt sich sofort die oben (S. 35) angegebene Formel

$$r = \frac{1}{-\frac{1}{r_N} + \frac{(p-q)\lambda}{\varrho_p^2 - \varrho_q^2}}. \qquad (K_2)$$

Für die parabolische Fläche gilt entsprechend für den Scheitelkrümmungsradius

$$r = \frac{1}{-\frac{1}{r_N} - \frac{1}{4\,r_N^3}(\varrho_p^2 + \varrho_q^2) + \frac{(p-q)\lambda}{\varrho_p^2 - \varrho_q^2}}. \qquad (P_2)$$

Um zu unterscheiden, ob es sich bei der — mit einem sphärischen Probeglas untersuchten — Prüffläche um eine sphärische oder um eine parabolische Fläche handelt, sind die Messungen mit verschiedenen p- und q-Werten durchzuführen. Es ist festzustellen, ob man — um den gleichen r-Wert zu erhalten — die Formel (K_2) oder die Formel (P_2) anwenden muß. Im ersten Fall ist die Prüffläche sphärisch, im zweiten Fall ist sie parabolisch.

Um die Oberflächen auf ihre Formgenauigkeit und auf evtl. vorhandene Deformationen zu prüfen, kann man sich auch verschiedener Methoden bedienen, die für die Prüfung optischer Systeme auf Abbildungsfehler entwickelt wurden, und die daher erst in Band 2 dieses kleinen Werkes behandelt werden. Es ist in diesem Fall nur nötig, die betreffende zu prüfende Fläche als Spiegel zu benutzen und diesen — evtl. unter Zuhilfenahme einer vorher auf sphärische Aberration untersuchten Linse — auf seine sphärische Aberration etwa nach dem Verfahren von HARTMANN oder dem von RONCHI, von LENOUVEL usw. zu untersuchen. Aus den so ermittelten Aberrationen kann man dann leicht auf evtl. vorhandene Deformationen der zu prüfenden Fläche schließen[1]).

[1]) Vgl. hierzu u. a.: VASCO RONCHI, Due nuovi metodi per lo studio delle superficie e dei sistemi ottici. Pisa Annali **15**, 1923 [—, —]. — VASCO RONCHI, Le frangie di combinazione nello studio delle superficie e dei sistemi ottici. Riv. d'ott. e mec. **2**, 1—31, 1923 [—, —]. — VASCO RONCHI, Sullo studio delle superficie e dei sistemi ottici colle frangie tra reticoli scentrati. Lincei Rend. (5) **33**, 23—28, 1924 [**5**, 1005]. — GUSTAVE YVON, Contrôle des surfaces optiques. Qualité des systèmes optiques. Éd. de la Rev. d'Opt., Paris 1926, 150 S. [**6**, 984; **6**, 1611; **7**, 393; **7**, 1937]. — RICARDO PLATZEK and E. GAVIOLA, On the errors of testing and a new method for surveying optical surfaces and systems. Journ. Opt. Soc. Amer. **29**, 484—500, 1939 [**21**, 930]. — E. GAVIOLA, A new method for testing Cassegrain mirrors. Journ. Opt. Soc. Amer. **29**, 480—483, 1939 [**21**, 929]. — YVONNE CHATELAIN, Examen d'un miroir parabolique par des calibres sphériques. Rev. d'Optique **14**, 41—61, 1935 [**17**, 684]. - Probeglas wird nacheinander auf die verschiedenen Stellen (längs eines Durchmessers) des zu prüfenden Spiegels gelegt und die NEWTONschen Ringe werden mit einem zur Achse des Spiegels parallelen Beobachtungsmikroskop mit Okularmikrometer ausgemessen. — Ferner sei verwiesen auf S. TOLANSKY, New contribution to interferometrie. Part II: New interference phenomena with NEWTONS rings. Phil. Mag. **35**, 120—142, 1944 [**28**, 328]. — A. J. HOLLAND, ERIC PRESTON and W. E. S.

VI. PRÜFUNG EBENER FLÄCHEN

Speziell für die Prüfung ebener Flächen sind noch eine Anzahl weiterer Methoden bekannt[1]). Eine von ihnen beruht gleichfalls auf dem Auftreten von Interferenzstreifen und ihrer Abweichung von der Geradlinigkeit.

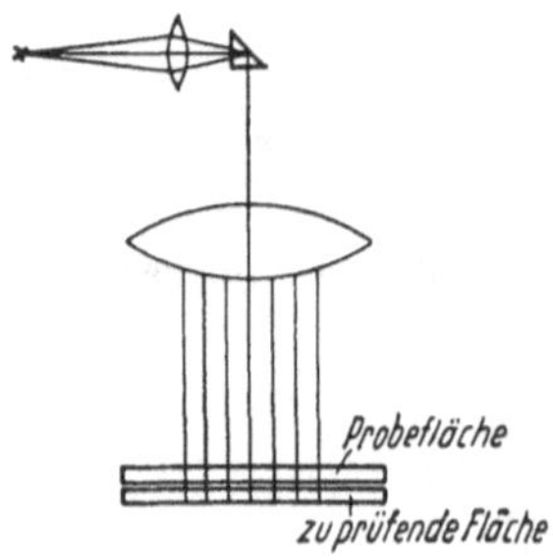

Abb. 48. Schematische Darstellung eines Interferenzapparates zur Prüfung ebener Flächen auf Güte der Ebenheit. Zur Interferenz kommen die von der unteren, einwandfrei ebenen Fläche des (oben befindlichen) Probeglases und die von der oberen, der zu prüfenden Fläche des (darunterliegenden) Prüflings reflektierten Strahlen (Lichtwellen!). Bei einwandfrei ebener Fläche des Prüflings sind die entstehenden Interferenzstreifen geradlinig und gleichabständig. Abweichung von Geradlinigkeit zeigt, daß die Prüffläche gekrümmt ist (vgl. Abb. 49). Sind die Interferenzstreifen zwar geradlinig, aber nicht gleichabständig, so ist die zu prüfende Fläche zylindrisch.

Ein Interferenzapparat zur Prüfung ebener Flächen ist in Abb. 48 dargestellt. Das von einer Lichtquelle ausgehende Licht wird durch eine Linse konvergent gemacht. Im Bildpunkt der Lichtquelle befindet sich unter 45⁰ zur (horizontalen) optischen Achse dieses konvergenten Bündels die Hypotenuse eines rechtwinkligen

TURNER, Cords, surface condition and the quality of glassware. Journ. Soc. Glass Technol. **26,** 177—195, 1942 [**28,** 363]. — CLAUS M. ASCHENBRENNER, A workskop method of figuring concave mirrors by quantitative FOUCAULT tests. Journ. Opt. Soc. Amer. **40,** 258, 1950 [**29,** 1502].

[1]) Vgl. hierzu: E. EINSPORN, Ebenheit. ZS. f. Instrkde **57,** 265—284, 1937 [**18,** 2235]. — OTTO SCHÖNROCK, Interferometrische Messung der Ebenheit einer Fläche mittels HAIDINGERscher Ringe. ZS. f. Instrkde **59,** 31—40, 1939 [**20,** 984]. — C. G. PETERS and H. S. BOYD, The testing of plane surfaces by interference methods. Journ. Opt. Soc. Amer. **4,** 407—419, 1920 [**2,** 766]. — G. MABBOUX, Interféromètre pour le contrôle des surfaces optiques. Rev. d'Opt. **6,** 470—477, 1927 [**9,** 717]. — E. MAGIN, Die Untersuchung von dünnen Schichten und Planschichten mit Interferenzen gleicher Neigung. Central-Ztg. f. Opt. u. Mech. **49,** 118—120, 1928 [**9,** 1439]. — R. LANDWEHR, Ein neues Interferenzgerät zur Untersuchung der Gestalt von Flächen und Platten und zur Verwendung als Interferenzkomparator. ZS. f. Instrkde **62,** 73—84, 1942 [**23,** 1079]. - Beschreibung eines Interferenzgerätes, um spiegelnde Flächen auf Ebenheit, Krümmung und Oberflächenstruktur, durchsichtige Platten auf Parallelität und Keilwinkel zu prüfen. — OTTO SCHÖNROCK, Bemerkungen zu der Arbeit „Ein neues Interferenzgerät . . .“ von R. LANDWEHR. ZS. f. Instrkde **62,** 357—359, 1942 [**24,** 169]. - Kritische Stellungnahme zur vorstehend angegebenen Arbeit. Richtigstellung von sachlichen Darstellungen und Literaturangaben. — E. EINSPORN, Über systematische Fehler bei der Bestimmung der Ebenheit optischer Schliffe mittels FIZEAUscher Interferenzen. Optik **4,** 11—21, 1948/49 [—, —]. - An Hand von graphischen Darstellungen werden für die verschiedenen Beobachtungs- bzw. Prüfmethoden (mit ein oder mehreren Interferenzstreifen) sowie für die verschiedenen Formeln zur Berechnung der restierenden Krümmungen die zu erwartenden prozentualen Fehler diskutiert. — R. LANDWEHR, Zur Messung der Ebenheit von reflektierenden Flächen mittels Interferenzen gleicher Dicke. Optik **5,** 354—364, 1949 [**29,** 1645]. - Es wird darauf hingewiesen, daß die übliche Formel für die Krümmung einer nicht exakt ebenen Fläche in vielen Fällen nicht ausreicht, sondern zu ersetzen ist durch $r = \frac{a d^2}{t \lambda} + (t - a) \frac{a}{\lambda}$. — E. EINSPORN, Über die Verbesserung der Güte und Prüfung optischer Planschliffe. Optik **7,** 147—168, 1950 [**30,** 861]. - Nach allgemeinen Angaben über die — praktisch erreichbaren — kleinstmög-

Prismas. Das Strahlenbündel wird hierdurch nach unten abgelenkt und trifft von neuem auf eine Konvexlinse, deren Brennpunkt in der Hypotenusenfläche des rechtwinkligen Prismas, d. h. im Bildpunkt der Lichtquelle liegt. Durch diese Linse werden die Strahlen parallel gemacht. Sie durchsetzen eine schwach keilförmige Glasplatte, deren Flächen genau eben sind und deren untere Planfläche nahezu senkrecht zu den parallelen Strahlen liegt und als Probefläche dient. Nähert man nun dieser ebenen Probefläche eine ebene Prüffläche bis auf einige Zehntel Millimeter Abstand, so interferieren die an der Probefläche und an der Prüffläche reflektierten Strahlen. Da Probefläche und Prüffläche ohne besonders feine Justierung stets etwas gegeneinander geneigt sind, so müssen sich bei exakt ebener Prüffläche geradlinige Interferenzstreifen gleichen Abstandes ergeben. Der Abstand der Interferenzstreifen hängt von der Neigung der Prüffläche gegen die Probefläche ab und ist um so größer, je mehr beide Flächen sich der parallelen Lage nähern. Sind die Interferenzlinien nicht geradlinig, sondern gekrümmt, so ist dies ein Zeichen dafür, daß die Prüffläche nicht genau eben ist. Die Stärke der Krümmung im Verhältnis zum Abstand zweier aufeinanderfolgender Interferenzstreifen ist ein Maß für den Krümmungsradius der Prüffläche an der betreffenden Stelle. Man sieht nämlich leicht, daß hier wieder dieselben Verhältnisse vorliegen, wie wir sie oben auf S. 51 ff. für die Messung des Krümmungsradius beschrieben haben. Wir können zwei aufeinanderfolgende gekrümmte Interferenzlinien, deren Abstand gleich a sei, als Teile zweier aufeinanderfolgender Interferenzkreise auffassen, deren Zentrum weit außerhalb des Gesichtsfeldes liegt, und deren Halbmesser ϱ und $\varrho - a$ sind. Den Wert von ϱ können wir dann aus der Krümmung der Interferenzlinien bestimmen. Ist $2d$ der geradlinige Abstand zweier

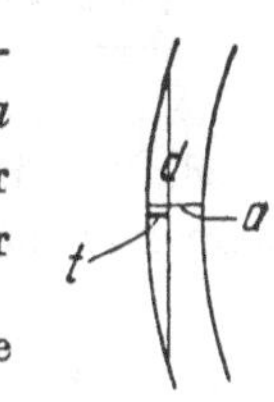

Abb. 49. Zur Bestimmung der Krümmung einer nicht exakt ebenen Fläche aus der Abweichung der Interferenzstreifen von der Geradlinigkeit.

Punkte der (gekrümmten) Interferenzlinie (Abb. 49) und t die Scheiteltiefe der Krümmung, die zu der Sehne $2d$ gehört, so ist — da $t \ll \varrho$ ist — der Halbmesser $\varrho = \frac{d^2}{2t}$. Da nun hier $\varrho_p^2 - \varrho_q^2 = \varrho^2 - (\varrho - a)^2$ mit genügender Genauigkeit gleich $2a\varrho = \frac{a d^2}{t}$ und $p - q = 1$ ist, so ergibt die auf S. 55 (bzw. S. 34) angegebene Formel[1]) für den Krümmungsradius der Prüffläche an der betreffenden Stelle den Wert

$$r = \frac{a d^2}{t \lambda}, \qquad \text{also} \qquad \frac{1}{r} = \frac{t \lambda}{a d^2}.$$

lichen Abweichungen von der Ebenheit, die 0,00002 bis 0,00003 mm betragen, werden die verschiedenen Meßmethoden mit ihren Vor- und Nachteilen eingehend besprochen, der Begriff „Feinstschliff" definiert, der dadurch charakterisiert ist, daß die verbleibenden Abweichungen von der Ebenheit sich gleichmäßig über die ganze Fläche erstrecken, die Fläche also eine Kugelfläche von etwa 10—30 km Radius darstellt. Es werden technische Hilfsmittel zur Auswertung des Ringteilsystems der Fizeau-Interferenzen angegeben und ein Vergleich der Prüfmethoden mit Fizeauschen Interferenzstreifen und Haidingerschen Ringen durchgeführt.

[1]) Wegen $r_N = \infty$.

Es ist darauf zu achten, daß die Krümmung $\frac{1}{r}$ der Prüffläche an verschiedenen Stellen verschiedene Werte besitzen kann, daß also die vorstehend angegebene Berechnung von r an verschiedenen Stellen vorzunehmen ist, um einen Überblick über die Güte der Fläche und ihre Abweichung von der Ebenheit zu erhalten[1]).

Die Güte ebener Flächen läßt sich auch, wenn nicht so hohe Ansprüche an die Genauigkeit der Untersuchung gestellt werden, mit Hilfe eines sogenannten Prüffernrohres feststellen. Dieses Prüffernrohr ist ein auf unendlich eingestelltes Fernrohr, in dessen Objektivbrennebene sich ein beleuchtetes Fadenkreuz oder auch z. B. ein beleuchteter Pfeil befindet. Dieses Fadenkreuz bzw. dieser Pfeil wird durch das Objektiv hindurch ins Unendliche abgebildet. Bringt man nun vor das Prüffernrohr die zu untersuchende ebene Fläche, indem man sie gegen eine hierfür besonders vorgesehene, vor dem Objektiv befindliche Anlagefläche legt, so wirkt sie als ebener Spiegel, und man sieht im Fernrohr, das also in Verbindung mit der ebenen Fläche als Autokollimationsfernrohr wirkt, das Bild des Fadenkreuzes bzw. des Pfeiles scharf, vorausgesetzt, daß die ebene Fläche tatsächlich genau eben ist. Ist dies nicht der Fall, so wird man das Bild des Fadenkreuzes bzw. des Pfeiles nur mehr oder weniger verschwommen wahrnehmen. Um die Güte der ganzen Fläche zu prüfen, ist diese Untersuchung an verschiedenen Stellen der ebenen Fläche vorzunehmen.

Diese Methode stimmt vollständig überein mit der auf S. 40 angegebenen Methode zur Bestimmung des Krümmungsradius einer Fläche, der hier den Wert unendlich haben soll. Die Genauigkeit ist abhängig von der Einstellgenauigkeit, die ja durch die Wahrnehmung der Parallaxe gegeben ist. Es gelten also für die Genauigkeit der hier beschriebenen Methode zur Prüfung einer ebenen Fläche die gleichen Überlegungen, die wir oben auf S. 39 angestellt haben.

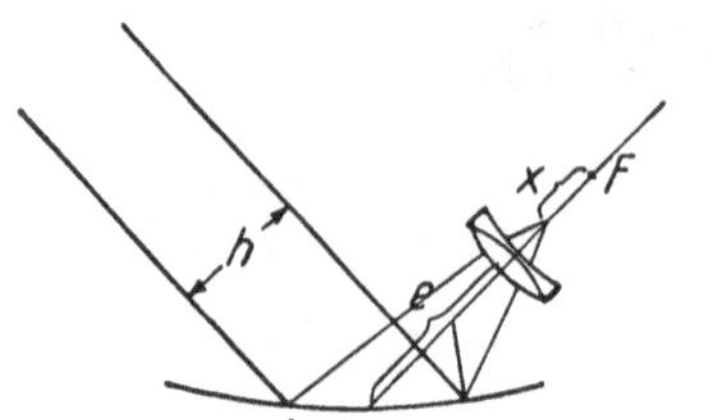

Abb. 50. Prüfung einer Fläche auf Ebenheit bzw. Bestimmung der Größe der Abweichung von der Ebenheit, indem man die Prüffläche als Spiegel benutzt, auf den ein vom Kollimator kommendes Strahlenbündel fällt. Aus der im Beobachtungsfernrohr erforderlichen Okularverschiebung x bei Scharfeinstellung auf das Bild des Fadenkreuzes des Kollimators errechnet sich die Krümmung der nicht einwandfrei ebenen Fläche.

[1]) Eine andere Interferenzmethode findet Anwendung im Mikro-Interferometer von LINNIK. Siehe z. B.: W. KINDER, Ein Mikro-Interferometer nach W. LINNIK. Zeiß-Nachrichten 2. Folge, Heft 3, 91—99, 1937 [19, 1758]. — Hier wird ein Mikro-Interferometer beschrieben, bei dem nach Art des MICHELSON-Interferometers der Strahlengang an einer Teilungsplatte geteilt wird. Das eine der beiden Teilbündel fällt auf einen ideal-ebenen Spiegel, von dem es reflektiert wird, das andere Teilbündel auf die zu untersuchende, gleichfalls reflektierende Fläche. An der Teilungsplatte überlagern sich und interferieren die beiden reflektierten Teilbündel. Es lassen sich so nicht nur die Güte der Ebenheit der Prüffläche oder Abweichungen von der Ebenheit, sondern auch die Bearbeitungsrisse bis zu 10^{-5} mm Tiefe bestimmen.

Statt die ebene Fläche mit einem Fernrohr, also in Autokollimation zu prüfen, können wir sie auch mit zwei unter einem Winkel von etwa 150° zueinander geneigten Fernrohren prüfen (Abb. 50), von denen das eine als Kollimator mit beleuchtetem Fadenkreuz versehen ist. Dieses Kollimatorrohr ist ebenso wie das (andere) Fernrohr auf unendlich eingestellt. Etwa im Schnittpunkt der optischen Achsen der beiden schräg zueinander geneigten Fernrohre befindet sich senkrecht zur Winkelhalbierungslinie des von den beiden Fernrohrachsen gebildeten Winkels ein (vertikal verstellbarer) horizontaler ebener Tisch. Legt man auf diesen die zu prüfende ebene Fläche, so wirkt sie als ebener Spiegel, und man kann im Fernrohr das Spiegelbild des beleuchteten Fadenkreuzes des Kollimators scharf, d. h. parallaxenfrei zum Fadenkreuz, sehen. Dies gilt wieder nur, wenn die ebene Fläche in dem vom Strahlenkegel getroffenen Bereich völlig einwandfrei ist. Ist dies nicht der Fall, so erscheint das Bild des Fadenkreuzes nicht scharf. Die Genauigkeit ist bei dieser Methode größer als bei der vorhergehenden, da bei nicht exakt ebenen Flächen wegen des schiefen Auffalls des Strahlenbündels auf die Fläche Astigmatismus auftritt, der bei der Beobachtung des Bildes leichter festzustellen ist als die Parallaxenfreiheit, und auf den daher bei der Beobachtung zu achten ist. Man drehe deswegen das Fadenkreuz des Kollimators so, daß ein Faden in der durch Kollimator und Beobachtungsfernrohr bestimmten Ebene liegt[1]).

Um die Abweichung der Fläche von der Ebenheit, also die „Krümmung" $\frac{1}{r}$ — die evtl. an den verschiedenen Stellen der Fläche verschiedene Werte besitzen kann — zu bestimmen, stellt man das Beobachtungsfernrohr scharf auf das in der Prüffläche gespiegelte Bild des Kollimatorfadenkreuzes ein, indem man das Okular des Beobachtungsfernrohres (mit *seinem* Fadenkreuz) um die Länge x (> 0) hineinschiebt oder ($x < 0$) herauszieht. Ist noch (vgl. S. 41) e der Abstand der Mitte des auf der Prüffläche beleuchteten Fleckes vom Objektiv des Fernrohres und b die Längs-, h die Querausdehnung jenes beleuchteten Fleckes, so ist

$$\frac{1}{r} \approx \frac{-x \cdot h}{2b\,[f^2 - x\,(f - e)]} \approx -\frac{xh}{2f^2b}.$$

Da mit der Näherungsformel

$$\left|d\left(\frac{1}{r}\right)\right| \leqq \left|\frac{1}{r}\right| \left\{\left|\frac{dx}{x}\right| + \left|\frac{dh}{h}\right| + \left|\frac{db}{b}\right| + 2\left|\frac{df}{f}\right|\right\} + d\,(\text{Einstellung})$$

ist, so ist die Genauigkeit wieder von den *Meß*fehlern in x, h, b, f und dem Einstellfehler (vgl. S. 39/40) abhängig.

[1]) Diesem Verfahren ähnlich ist das von Clifton Tuttle and Randle Cartwright, — A method for the measurement of flatness of polished surfaces. Journ Opt. Soc. Amer. **30,** 348—350, 1940 [**22,** 333] — angegebene Methode geringerer Genauigkeit, bei der zwei von einer möglichst wenig ausgedehnten Lichtquelle ausgehende Strahlenbündel durch eine Zylinderlinse gehen, auf die zu prüfende Fläche fallen, von ihr reflektiert werden und erneut durch die Zylinderlinse gehen. Auf einem Schirm wird das entstehende astigmatische Bild der Lichtquelle aufgefangen. Bei hinreichend ebenen Flächen, deren Krümmungsradius größer als etwa 10 m ist, besteht das Bild aus einer einfachen Linie.

Eine weitere Methode zur Prüfung ebener Flächen benutzt einen Kugelhohlspiegel als Hilfsspiegel, dessen Flächengüte natürlich vorher geprüft sein muß. Das Verfahren ist ein Autokollimationsverfahren. Das von einem leuchtenden Punkt ausgehende Licht trifft die zu untersuchende ebene Fläche (Abb. 51) unter einem mittleren Einfallswinkel von etwa 75°, wird von diesem reflektiert und fällt auf den erwähnten Kugelhohlspiegel. Dieser steht etwa so, daß die Lichtstrahlen ihn fast senkrecht treffen, daß sich also der das Licht aussendende leuchtende Punkt bzw. sein von der ebenen Fläche entworfenes Spiegelbild in der Nähe des Krümmungsmittelpunktes des Hohlspiegels befindet. Das Licht wird von ihm reflektiert, fällt von neuem auf die zu untersuchende ebene Fläche und wird — von dieser reflektiert — zu einem Bildpunkt vereinigt, der mit einer Lupe (Autokollimationsokular) beobachtet wird. Ist die ebene Fläche einwandfrei, so ist der

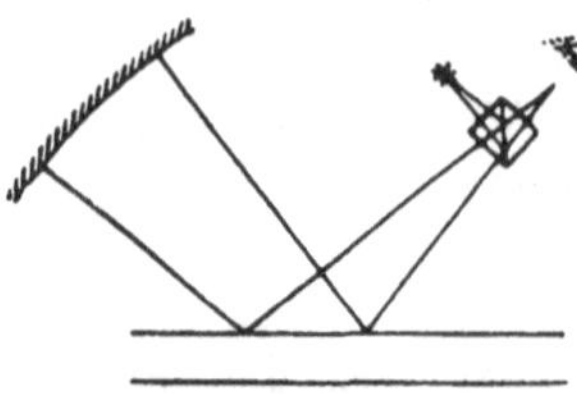

Abb. 51

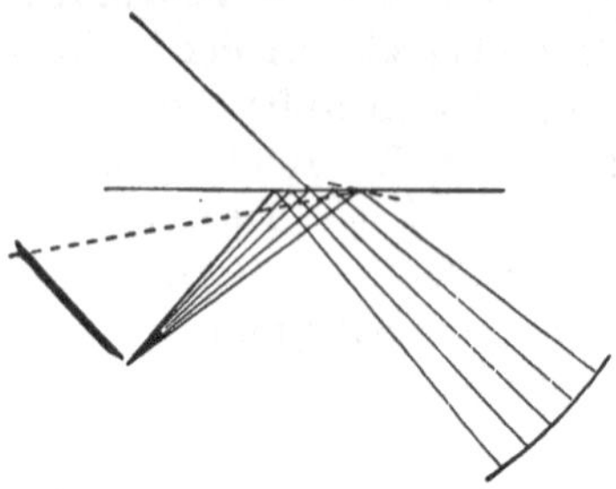

Abb. 52

Abb. 51. Zur Prüfung einer ebenen Fläche auf Abweichung von der Ebenheit im Autokollimationsverfahren. Bei nicht exakt ebenen Flächen — schon dann, wenn der Krümmungsradius der Fläche statt Unendlich noch mehrere Kilometer beträgt — ist die Abweichung von der Ebenheit durch Auftreten von Astigmatismus erkennbar.

Abb. 52. Lokale Abweichungen der ebenen Fläche von der Ebenheit machen sich bei Betrachtung der Fläche mit Benutzung einer FOUCAULTschen Messerschneide durch das Auftreten heller und dunkler Stellen auf der Oberfläche bemerkbar.

Bildpunkt scharf und astigmatismusfrei. Schon bei geringer Abweichung von der Ebenheit der Prüffläche tritt indessen Astigmatismus auf. Dieser wird bereits bemerkbar, wenn der Radius der Fläche, der ja eigentlich gleich unendlich sein sollte, mehrere Kilometer lang ist. Außerdem kann man durch Beobachtung des intra- und extrafokalen Bildes gleichfalls einen Schluß auf die Güte der ebenen Fläche ziehen. Beide müssen bei aberrationsfreier Abbildung völlig gleich aussehen.

Beobachtet man das Bild nicht mit Hilfe eines Okulars, sondern betrachtet man den erleuchteten Teil der ebenen Fläche mit unbewaffnetem Auge, das etwas weiter von der Fläche entfernt ist als der genannte Bildpunkt, und schiebt man von der Seite her eine in der Ebene des Bildpunktes etwa senkrecht zum Hauptstrahl des Strahlenbündels liegende Schneide (FOUCAULTsche Messerschneide [s. S. 100]) langsam in den Strahlengang hinein (Abb. 52), so verdunkelt sich bei exakt ebener Fläche diese ganz plötzlich in der ganzen Ausdehnung, in der sie von dem vom Spiegel reflektierten Strahlenbündel getroffen wird. Ist die Fläche nicht einwandfrei, so sieht man auf ihr helle und dunkle Stellen.

Diejenigen Stellen der Fläche, die sich bereits verdunkeln, bevor die Messerschneide den Bildpunkt erreicht hat, sind gegen die Soll-Ebene der Prüffläche geneigt. Sofern es sich hierbei um Stellen der Prüffläche handelt, die auf der Seite der optischen Achse liegen, auf der sich die Messerschneide befindet, treffen die von ihnen reflektierten Strahlen den reflektierten Hauptstrahl erst — im Sinne der Richtung des reflektierten Lichtes — *hinter* dem eigentlichen Bildpunkt, und zwar um so weiter hinter diesem Bildpunkt, je früher sie verdunkelt werden. Für Stellen, die auf der anderen Seite der optischen Achse liegen, gilt das Entgegengesetzte. Umgekehrt sind diejenigen Stellen der Prüffläche, die beim Erreichen des Bildpunktes noch hell sind und sich erst verdunkeln, wenn man die Messerschneide (in ihrer Ebene) durch den Brennpunkt hindurchschiebt, so geneigt, daß die von ihnen reflektierten Strahlen den Hauptstrahl vor bzw. hinter dem Bildpunkt treffen, je nachdem es sich um Stellen der Prüffläche handelt, die auf der Seite des Hauptstrahls liegen, von der die Messerschneide hineingeschoben wird, oder auf der anderen Seite.

VII. BESTIMMUNG DER DICKEN UND ABSTÄNDE DER LINSEN

Wir kommen jetzt zu den Methoden zur Bestimmung der Abstände der einzelnen Flächen. Es ist ja notwendig, daß diese Abstände bei dem fertigen optischen System mit den der Rechnung zugrunde gelegten Werten übereinstimmen, wenn der Korrektionszustand des angefertigten Systems dem des errechneten gleich sein soll.

Als Abstand der einzelnen Flächen haben wir einerseits die Mittendicken der einzelnen Linsen, andererseits die Luftabstände benachbarter Linsen zu prüfen.

Die Bestimmung der Mittendicke der einzelnen Linsen geschieht im allgemeinen mit sogenannten „Dickenmessern", die in verschiedener Weise gebaut sein können und je nach der besonderen Konstruktion verschieden große Genauigkeit besitzen. Ein *Tast-Dickenmesser* (Abb. 53) besteht z. B. aus zwei um einen Punkt drehbaren zweiarmigen Hebeln, bei denen der eine Hebelarm 5- oder 10mal so lang ist wie der andere. An dem einen der längeren Hebelarme befindet sich ein geteilter Kreisbogen, während der andere der längeren Hebelarme als Zeiger ausgebildet ist, der über diese Skala gleitet. Die kürzeren Hebelarme besitzen an ihren Enden rechtwinklig umgebogene Fortsätze, wobei diese Umbiegungen einander zugekehrt sind. Zwischen diese Taststifte kann das zu messende Glas gebracht werden. Der Abstand der Taststifte, d. h. die Dicke des Glases, wird dann 5- bzw. 10fach vergrößert an der Skala abgelesen, die entsprechend geteilt ist. Die Genauigkeit ist hier nur gering und beträgt günstigenfalls $\pm$ 0,1 bis $\pm$ 0,05 mm, was allerdings in vielen Fällen ausreicht.

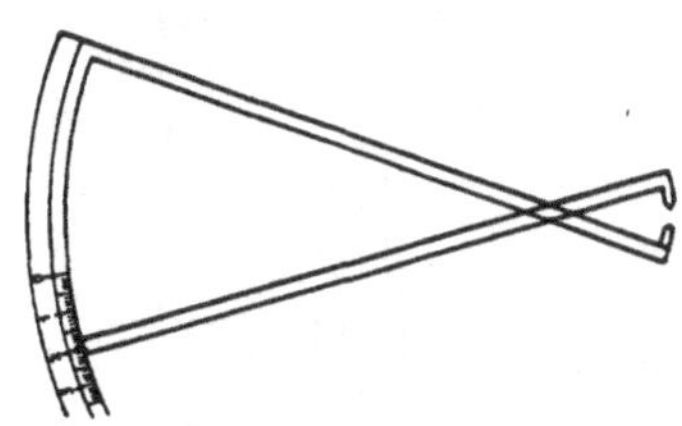

Abb. 53. Schematische Darstellung eines einfachen Dickenmessers zur Bestimmung von Mittendicken der Linsen.

Genauer arbeiten die Meßuhren (Abb. 54), bei denen das Glas zwischen zwei in kleine Kugeln endigende Stangen gebracht werden muß. Die eine von diesen ist in ihrer Längsrichtung beweglich, während die andere (kürzere) feststeht und höchstens zu Justierzwecken vor- oder zurückgeschraubt werden kann. Eine oder zwei Gegenmuttern sichern dann die einmal einjustierte Lage. Die Bewegung der anderen Stange wird durch Zahnräder auf einen Zeiger übertragen, der über einer Kreisskala — nach Art des Zeigers einer Uhr — spielt. Ein Hebel gestattet noch die Hebung der beweglichen Taststange, um die zu messende Linse zwischen die feste und die bewegliche Stange bringen zu können. Die Genauigkeit dieser Meßuhr ist etwa $\pm 0{,}01$ bis $\pm 0{,}002$ mm.

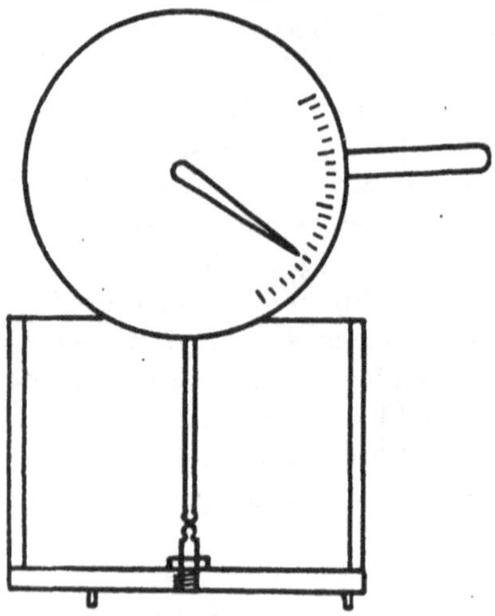

Abb. 54. Meßuhr zur Dickenmessung von Linsen, die zwischen den festen — aber vorher justierten — Taststift und den durch einen Hebel beweglichen, mit dem Zeiger einer Meßuhr verbundenen Taststift gebracht werden.

Eine etwas einfachere Ausführung eines Dickenmessers für Linsen zeigt Abb. 55, bei der die Ablesung der Dicke der zwischen die Taststifte a_1 und a gebrachten Linse am (verschiebbaren, mit 0,5-mm-Teilung versehenen) Taststifte a mittels des am Ständer angebrachten Nonius N auf 0,05 mm genau abgelesen werden kann. Der Taststift a_1 ist vorher so einzustellen (und festzustellen), daß bei gegenseitiger Berührung beider Taststifte der Nullstrich des Nonius N auf den Nullstrich der Teilung auf a weist.

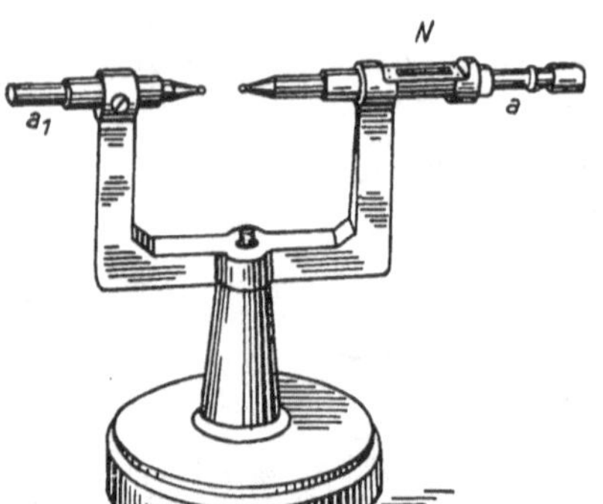

Abb. 55. Einfachere Ausführung des Dickenmessers, bei dem der eine Taststift (a_1) gleichfalls justierbar, sonst aber fest steht, während der andere (a) beweglich ist. Ablesung der Dicke an einer auf a angebrachten Skala mittels Nonius.

Auch das früher behandelte *Schraubensphärometer* läßt sich zur Messung der Dicke der Linse benutzen, wie man sofort einsieht. Daß man bei allen diesen Messungen streng darauf achten muß, daß die Linsen genau senkrecht zu den Taststiften gehalten werden, da anderenfalls die Meßergebnisse stark gefälscht werden können, sei noch besonders betont.

Daß man bei Planparallelplatten neben den angegebenen mechanischen Methoden zur Dickenmessung auch rein optische benutzen kann, sei noch kurz erwähnt. Ist z. B. der Brechungsindex n einer solchen Planparallelplatte bekannt bzw. gemessen, so kann man ein Mikroskop, das als Ganzes meßbar verschiebbar ist, einmal auf die Vorder-, einmal auf die Hinterfläche der Platte einstellen. Muß man hierzu das Mikroskop in seiner Längsrichtung — ohne Einstelländerung von Okular zu Objektiv — um die Strecke Δ verschieben, so ist $d = n \cdot \Delta$ die Dicke der Platte.

Noch genauere Dickenmessungen lassen sich bei Planparallelplatten mit Hilfe von Interferenzen durchführen, doch wollen wir hierauf nicht näher eingehen, da dies für unsere Zwecke wohl kaum in Betracht kommt.

Die Messung der Luftabstände ist wesentlich komplizierter und läßt sich wohl am leichtesten durch Kombination solcher Messungen, wie wir sie eben als Dickenmessungen von Einzellinsen besprochen haben, durchführen. Um den Luftabstand zweier Linsen eines Linsensystems zu messen, würden wir also die Dicke d_1 der ersten Linse, die Dicke d_2 der zweiten Linse und die Gesamtdicke d_{12}^* des aus diesen beiden Linsen bestehenden Linsensystems mit der Meßuhr bestimmen. Bilden wir dann $d_{12}^* - d_1 - d_2 = d_{12}$, so ist d_{12} der Luftabstand der beiden Linsen voneinander. So können wir dann weiter fortfahren, indem wir die Dicke d_3 der dritten Linse und die Dicke d_{123}^* des aus den drei Linsen bestehenden Systems messen und den Ausdruck

$$d_{123}^* - d_{12}^* - d_3 = d_{23}$$

bilden, wo d_{23} der Luftabstand der dritten von der zweiten Linse ist usw.

VIII. PRÜFUNG OPTISCHER SYSTEME AUF ZENTRIERUNG

Bei der Anfertigung optischer Linsen und Linsensysteme ist es von besonderer Wichtigkeit, daß

1. jede einzelne Linse genau zentriert ist, daß also ihre optische Achse — die Verbindungslinie der Krümmungsmittelpunkte beider Flächen — genau durch die Mitte der (kreisförmig berandeten) Linse hindurchgeht und auf beiden Flächen senkrecht steht, und daß
2. die optischen Achsen der verschiedenen zu einem Linsensystem vereinigten Linsen zusammenfallen.

Um die einzelnen Linsen zu zentrieren, werden — je nach der geforderten Genauigkeit — verschiedene Methoden benutzt.

Eine verhältnismäßig einfache Methode, die dementsprechend auch nur eine geringere Genauigkeit gewährleistet und besonders für Brillengläser und einfachere optische Geräte Verwendung findet, besteht darin, daß man das (noch nicht mit Facette versehene) Brillenglas (Linse) gegen eine ebene, kreisringförmige Halterung legt und von einem bestimmten, durch eine Blendenöffnung festgelegten Punkt durch die zu zentrierende Linse hindurch auf ein in einiger Entfernung hinter der Linse auf hellem Untergrund angebrachtes dunkles Kreuz sieht. Die Linse ist dann von Hand so zu verschieben, bis das durch die Linse gesehene Kreuz und die gleichzeitig außerhalb — also jenseits der Glasberandung — gesehenen Außenpartien der Kreuzbalken gegeneinander unversetzt und geradlinig erscheinen. Die Stelle, an der der Schnittpunkt der Kreuzbalken durch die Linse — und so gewissermaßen auf die Linse projiziert — erscheint, ist (durch besonderen Tintenstift) zu markieren und stellt den Schnittpunkt der Linse mit der optischen Achse, also den „optischen Mittelpunkt" der Linse dar.

Die Berandung der Linse — die Facette — ist dann so anzuschleifen, daß (falls nicht eine besondere Prismenwirkung gewünscht wird) dieser optische Mittelpunkt auch geometrischer Mittelpunkt der Linse ist[1]).

Zu diesem Zwecke kittet man die Linse an ein Stück Messingrohr, das mit Konus in das Zwischenfutter der horizontallaufenden Spindel der einer Drehbank ähnlichen Zentriermaschine eingesetzt wird, und richtet die Linse so aus, daß die optische Achse mit der geometrischen Achse der Zentrierspindel zusammenfällt. Dies läßt sich verhältnismäßig leicht erreichen, indem man auf der Oberfläche der zu zentrierenden Linse das Spiegelbild eines weit entfernten Gegenstandes beobachtet und die Linse so lange hin und her rückt, bis das Spiegelbild bei der Rotation der Zentrierspindel (also der Linse) vollkommen stillsteht (s. u.).

Um beim Verkitten mehrerer Linsen (zu einem Linsensystem) diese gegeneinander zu zentrieren, kann man sich beispielsweise eines — mechanischen — Zentrierapparates bedienen, wie er durch Abb. 56 dargestellt wird.

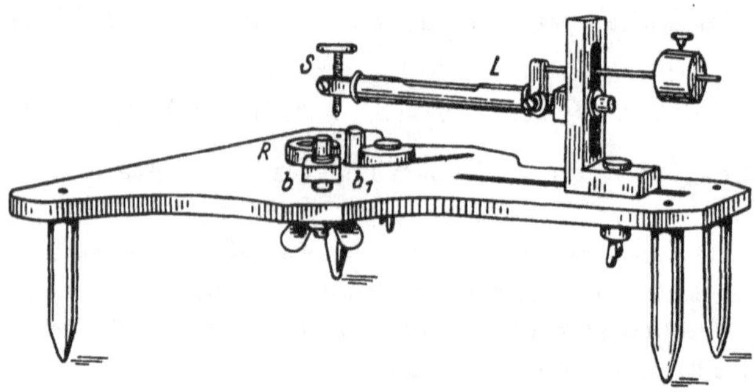

Abb. 56. Darstellung eines einfachen Zentrierapparates zum (gegenseitigen) Zentrieren verkitteter bzw. zu verkittender Linsen.

Das zu zentrierende — und schon (gefühlsmäßig angenähert zentriert) verkittete — Linsensystem (Objektiv), dessen Einzellinsen zentriert berandet sind, wird auf einen Auflagering *R* gelegt, der sich auf einer ebenen Unterlage befindet und auf dieser drehbar ist. Auf der gleichen Unterlage befinden sich zwei verschiebbare Anlegebacken b_1 und b, die an den Rand der Linse herangeschoben und festgezogen werden.

Über der erwähnten Unterlage befindet sich außerdem ein um eine Horizontalachse drehbarer Arm, dessen einer Schenkel eine Libelle ist und an seinem Ende einen durch Verschrauben verstellbaren, unten kugelförmigen Stift trägt, während

[1]) „Optischer" und „geometrischer" Mittelpunkt (einer Linse) sind also vom „Krümmungsmittelpunkt", der sich ja auf die einzelne Fläche bezieht, prinzipiell zu unterscheiden.

der andere Arm des Hebels ein Gewicht trägt, durch das der ganze Hebel genau ausbalanciert wird.

Die auf den Auflagering R gebrachten Linsen werden mittels eines Brenners schwach erwärmt, so daß die Kittmasse weich bleibt. Auf der oberen der beiden Linsen ruht in der Nähe ihrer Berandung das kugelförmige Ende der oben erwähnten Schraube s, die zunächst so eingestellt wird, daß die Libelle einspielt. Durch Drehen des die Linsen tragenden Auflageringes R stellt man fest, ob die Libelle dauernd einspielt. Ist dies nicht der Fall, so ist die Stelle zu suchen, bei der die Libelle den größten Ausschlag zeigt, der die Libelle tragende Arm also am höchsten gehoben wird. Durch leichten Druck auf die Schraube wird die obere der Linsen so lange gegen die untere verschoben, bis der Libellenausschlag etwa auf die Hälfte zurückgegangen ist. Nach erneuter Horizontalstellung des Libellenarmes (durch Verstellung der Schraube s) wird durch Drehen des Auflageringes R geprüft, ob die Libellenblase jetzt unbeweglich bleibt Das Verfahren ist evtl. zu wiederholen, bis die Zentrierung beider Linsen erreicht ist, die Libelle also beim Drehen des Auflageringes keinen Ausschlag mehr zeigt, worauf man die Kittmasse erkalten läßt.

Um die Zentrierung eines fertigen optischen Systems zu prüfen, verfährt man vorteilhaft so: Man spannt das ganze optische System in ein durchbohrtes, genau justiertes und genau laufendes Drehbankfutter ein. Setzt man nun hinter das optische System eine — am besten punktförmige — Lichtquelle, so wird diese an den einzelnen Flächen gespiegelt. Beobachtet man die Spiegelbilder und setzt das Drehbankfutter und mit ihm das optische System in Umdrehung, so dürfen sich hierbei die einzelnen Spiegelbilder nicht verlagern. Vorausgesetzt ist hierbei allerdings, daß das optische System nur rotationssymmetrische Flächen enthält, also keine Zylinderflächen. Daß bei genauer Zentrierung die Spiegelbilder sich nicht verlagern dürfen, folgt daraus, daß ja bei der Drehung um die optische Achse jede Fläche exakt in sich übergeht, also keine Lageänderung der einzelnen Flächen vorgenommen wird. Sobald aber eine der Flächen dezentriert ist, ihr Krümmungsmittelpunkt also nicht auf der optischen Achse liegt, beschreibt er bei der Drehung einen Kreis um die Rotationsachse. Der Scheitelradius beschreibt also einen Kegel um die optische Achse der übrigen Flächen. Dadurch ändert sich auch die Neigung der Schnittlinie der Einfallsebene mit der betreffenden Fläche zur optischen Achse. Das Spiegelbild „wandert".

Die zuvor beschriebene Prüfung auf Zentrierung läßt sich auch in der Weise abändern, daß man die Lichtquelle nicht hinter das optische System setzt, sondern unter Zwischenschaltung einer um 45^0 zur Rotationsachse geneigten Glasplatte vor das optische System. Dies hat den Vorteil, daß die helle Lichtquelle bei der Beobachtung der relativ lichtschwachen Reflexbilder nicht stört. — Zur Erhöhung der Genauigkeit kann man übrigens hinter das optische System etwa senkrecht zur Rotationsachse noch einen ebenen Spiegel aufstellen. Man erhöht hierdurch die Zahl der Reflexbilder. Bei Rotation des optischen Systems — der ebene Spiegel rotiert nicht mit — müssen wieder *alle* Reflexbilder vollkommen „stehen".

Steht ein Drehbankfutter für die Prüfung nicht zur Verfügung, so kann man die Zentrierung — aber weniger genau und weniger einfach — folgendermaßen prüfen: Man bringt wieder hinter das optische System oder unter Zwischenschaltung der um 45° zur optischen Achse geneigten Glasplatte vor das optische System eine punktförmige Lichtquelle. Liegt die punktförmige Lichtquelle genau auf der optischen Achse, so liegen alle Spiegelbilder in einer Reihe. Durch Verschieben der Lichtquelle muß es also möglich sein, zu erreichen, daß alle Reflexbilder in einer Reihe liegen, wenn das optische System einwandfrei zentriert ist. Ob die Reflexbilder genau in einer Reihe liegen, läßt sich stets leicht, evtl. mit Kimme und Korn, feststellen.

IX. PRÜFUNG PLANPARALLELER PLATTEN

Ein Spezialfall der Zentrierung liegt vor, wenn ein aus zwei ebenen Flächen bestehendes System, also eine Planparallelplatte, auf Zentrierung, d. h. auf Parallelität der beiden Flächen geprüft werden soll. Man kann dies natürlich grundsätzlich in der gleichen Weise tun, wie vorher beschrieben, doch wird man bei einer Planparallelplatte oft andere Untersuchungsmethoden anwenden, besonders wenn es auf größere Genauigkeit ankommt.

1. GEOMETRISCH-OPTISCHE METHODEN

Wir besprechen zunächst noch einige Methoden, deren Genauigkeit nicht größer ist als die Genauigkeit der im vorigen Abschnitt besprochenen Methode des „Stehens der Reflexbilder" bei Rotation.

Wir können z. B. ein auf unendlich eingestelltes Autokollimationsfernrohr nehmen, dessen Faden beleuchtet ist. Bringen wir vor das Objektiv dieses Fernrohres die Planparallelplatte, so entstehen durch Reflexion an beiden ebenen Flächen zwei Spiegelbilder[1]) des Fadens, die zueinander genau parallel sind und mit dem Autokollimationsfernrohr beobachtet werden. Fallen die in der Fadenebene des Fernrohres entstehenden Bilder der beiden Spiegelbilder nicht zusammen, sondern haben sie den Abstand Δ voneinander, so sind die beiden ebenen Flächen der Platte unter dem Winkel

$$\varphi = \frac{\Delta}{2fn}$$

gegeneinander geneigt, wo n der Brechungsindex der Platte und f die Brennweite des Autokollimationsfernrohres ist (Abb. 57). Je größer f, um so kleinere Ab-

[1]) Tatsächlich entstehen dadurch, daß das an der zweiten Fläche erzeugte Spiegelbild an der ersten Fläche erneut gespiegelt wird usw., noch weitere Spiegelbilder, doch sind diese im allgemeinen zu intensitätsschwach. Sind sie noch sichtbar, so wird man sie bei der Beurteilung der Parallelität naturgemäß mit heranziehen und dadurch die Genauigkeit der Methode erhöhen.

weichungen von der Parallelität lassen sich also feststellen, doch ist diese Erhöhung der Genauigkeit durch Vergrößerung der Brennweite nicht beliebig fortsetzbar.

Ein anderes Verfahren besteht darin, daß man ein Kollimatorrohr und ein hiergegen (unter etwa 150°) geneigtes Fernrohr benutzt, ähnlich wie dies bei der Prüfung einer ebenen Fläche besprochen wurde. Kollimatorrohr und Fernrohr sind beide auf ∞ eingestellt; das Kollimatorrohr besitzt ein beleuchtetes Fadenkreuz.

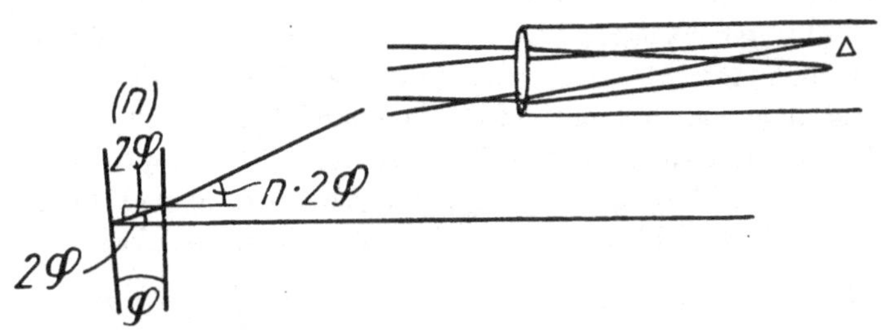

Abb. 57. Zur Prüfung planparalleler Platten auf Abweichung von der Parallelität der Flächen. Diese Abweichung wird im Autokollimationsverfahren bestimmt, wobei der Brechungsindex der Platte sowie die Brennweite des Autokollimationsfernrohres bekannt sein müssen. Aus dem Abstand △ der beiden Bilder in der Bildebene des Autokollimationsfernrohres ergibt sich der Keilwinkel φ zu $\varphi = \frac{\triangle}{2nf}$.

Bringt man jetzt an die Stelle, wo sich die Achsen des Kollimatorrohres und des Fernrohres schneiden, die zu prüfende Planparallelplatte, so sieht man im Beobachtungsfernrohr wieder zwei Bilder des Fadenkreuzes, die durch Spiegelung an der Vorderfläche und an der Rückfläche der zu prüfenden Platte entstehen, und die sich genau decken müssen, wenn die beiden Flächen parallel sein sollen. Decken sie sich nicht, so kann ihr Abstand Δ im Fernrohr an einem Schraubenmikrometer

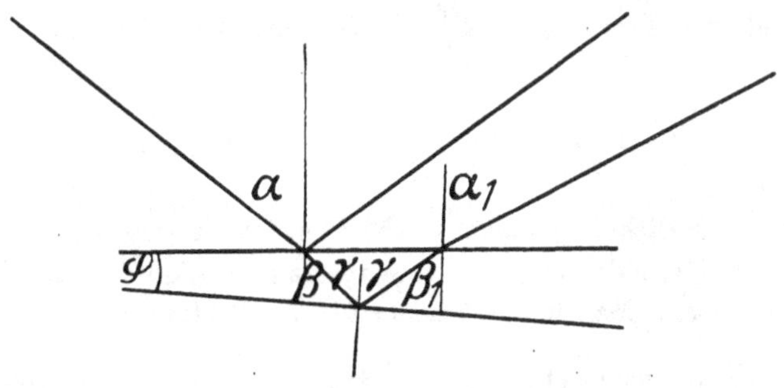

Abb. 58. Zur Bestimmung der Abweichung planparalleler Platten von der Parallelität der Flächen, wobei diese Abweichung mit Benutzung von zwei gegeneinander unter etwa 150° geneigten Fernrohren (Kollimator und Beobachtungsfernrohr) bestimmt wird.

oder an einer Okularskala gemessen werden und liefert so wieder wie oben die Größe des Keilwinkels[1]), und zwar ist (Abb. 58)

$$\varphi = \frac{\Delta \cdot \cos\alpha}{2f\sqrt{n^2 - \sin^2\alpha}},$$

wo noch α den Winkel bezeichnet, den die Richtung des Kollimators mit der Normalen der ersten Planfläche bildet.

2. INTERFERENZ-METHODEN

Wesentlich genauer ist die Prüfung mit Hilfe von Interferenzen. Hierzu können wir den bei der Prüfung der ebenen Flächen beschriebenen Interferenzapparat (Abb. 48, S. 56) benutzen, indem wir die dort vorgesehene schwach keilförmige ebene Platte entfernen und das parallele Licht auf die Planparallelplatte fallen lassen. Die an der Vorderfläche und die an der Hinterfläche reflektierten Strahlen interferieren miteinander. Ist nun die Platte genau planparallel, so dürfen keine Interferenzlinien entstehen, sondern die ganze Platte muß gleichmäßig hell oder dunkel erscheinen, je nach der Dicke der Platte. Beträgt diese z. B. genau $m \cdot \frac{\lambda}{2n}$, wo m eine ganze Zahl, λ die Vakuumwellenlänge der benutzten monochromatischen Strahlung, n der Brechungsindex des Glasmaterials für diese Wellenlänge und $\frac{\lambda}{n}$ die Wellenlänge der betreffenden Strahlung im Glas (Glaswellenlänge) ist, so herrscht volle Dunkelheit über die ganze Platte. Denn je zwei interferierende Strahlen haben dann gerade einen Gangunterschied von einer ganzen Zahl (m) von Glaswellenlängen, d. h. eine Phasendifferenz vom Betrage $2\pi \cdot m + \pi$, wobei dieses additive π wieder wie oben davon herrührt, daß der eine der beiden interferierenden Strahlen am Glas, der andere an Luft reflektiert wurde. Treten indessen die NEWTONschen Interferenzstreifen auf, so kann man aus dem Abstand der Streifen bzw. aus der Anzahl der Streifen auf einer bestimmten Plattenlänge den Keilwinkel berechnen. Liegen z. B. auf der Länge von l cm p Streifen, so ist der Dickenunterschied der Platte an den beiden um l cm voneinander entfernten Punkten $p \cdot \frac{\lambda}{2n}$, so daß der Keilwinkel der Platte $\varphi = \frac{p\lambda}{2nl}$ in Bogenmaß beträgt. In Winkelsekunden ist dann

$$\varphi'' = \left(\frac{p\lambda}{2nl} \cdot \frac{648\,000}{\pi}\right)'' = \left(103\,132{,}403\; p\,\frac{\lambda}{nl}\right)'',$$

wobei λ und l natürlich in gleicher Maßeinheit zu messen sind.

Um mit dieser Methode gute Resultate zu erzielen, muß die Strahlung möglichst monochromatisch sein. Man benutzt daher bei der Prüfung meist die grüne Queck-

[1]) Eine gleiche Anordnung, bei der das Okular-Fadenmikrometer nach φ-Werten geteilt ist und direkt 0,1′ abzulesen gestattet, beschreibt z. B. HUGO KRÜSS, Apparat zur Untersuchung von Glasplatten auf ihre Planparallelität. ZS. f. Instrkde **40**, 33—37, 1920 [**1**, 493].

silberlinie 546,1 mμ oder die violette Quecksilberlinie 436 mμ, mit denen man Platten bis zu 10 mm prüfen kann. Es lassen sich mit den NEWTONschen Interferenzstreifen aber nur Abweichungen von der Parallelität feststellen, die einem Dickenunterschied der Platte größer als $\frac{\lambda}{4n}$ entsprechen. Dieser Wert, der etwa 0,08 μ entspricht, ist schon schwer erreichbar, da er nur einer halben Streifenbreite entspricht.

Wesentlich genauer ist die Anwendung der HAIDINGER-LUMMERschen Interferenzringe. Während die NEWTONschen Interferenzstreifen Interferenzen gleicher Dicke waren, sind die HAIDINGER-LUMMERschen Ringe Interferenzen gleicher Neigung. Denken wir uns eine ausgedehnte Lichtquelle in der Brennebene einer Linse (Abb. 59). Die von den einzelnen Punkten der Lichtquelle ausgehenden Lichtstrahlen verlaufen nach Durchgang durch die Linse parallel, aber gegen die Achse der Linse geneigt, je nach der Lage des Punktes der Lichtquelle, von der sie ausgegangen sind[1]). Treffen jetzt diese parallelen Strahlenbündel verschiedener Neigung auf die Planparallelplatte, so werden die an der Vorderfläche und

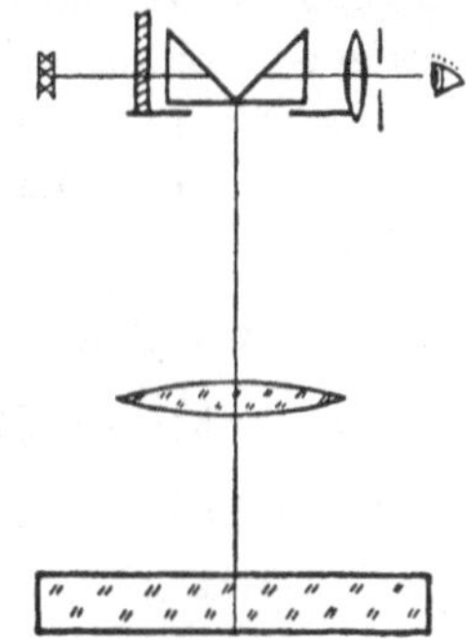

Abb. 59. Schematische Darstellung eines Interferenzapparates zur Bestimmung der Abweichung planparalleler Platten von der Parallelität der Flächen. Die Bestimmung geschieht unter Benutzung der HAIDINGER-LUMMERschen Interferenzen.

die an der Rückfläche reflektierten Strahlen einen Gangunterschied besitzen, der von der Neigung der Strahlen zur optischen Achse abhängt. Diese reflektierten Strahlen werden durch die Linse zu einem Bild der Lichtquelle vereinigt. Allen Punkten der Bildebene, die gleichen Abstand von der optischen Achse der Linse haben, die also auf einem Kreise um den Achsenschnittpunkt liegen, entspricht die gleiche Neigung zur Achse des zugehörigen Parallelstrahlenbündels vor der Linse. In diesen Punkten der Bildebene werden demnach die beiden reflektierten Teilstrahlenbündel den gleichen Gangunterschied besitzen, also zu gleicher Interferenz Veranlassung geben. In der Bildebene entstehen demnach Interferenzlinien, die Kreise um die optische Achse darstellen[2]), und die durch eine Lupe beobachtet werden können.

---

[1]) Ein anderes, gleichfalls mit Benutzung der HAIDINGERschen Ringe arbeitendes Prüfverfahren, bei dem aber die Hg-Lampe in die zu prüfende Fläche abgebildet wird, wird beschrieben in L. ROUX, Apparail interférentiel pour la vérification des lames à faces parallèles. Rev. d'Opt. **6**, 482—483, 1927 [**9**, 717].

[2]) Damit die Interferenzkreise voll ausgebildet sind, ist es notwendig, daß die Lichtquelle nicht punktförmig oder etwa ein leuchtender Faden, sondern eine ausgedehnte leuchtende Fläche ist. Zu diesem Zwecke benutzt man entweder den Querschnitt einer Leuchtröhre oder schaltet eine Mattscheibe vor die Lichtquelle, wobei die Mattscheibe als eigentliche Lichtquelle wirkt und sich in der Brennebene der Linse befinden muß.

Ist die Planparallelplatte wirklich genau parallel (und plan), so kann eine Verschiebung der Platte in ihrer Ebene an der Erscheinung nichts ändern. Anders aber liegen die Verhältnisse, wenn die Platte nicht genau parallel ist. In diesem Fall werden die Interferenzlinien zunächst nicht genaue Kreisform um die optische Achse besitzen. Doch das interessiert hier weniger. Wichtiger ist folgende Überlegung: Betrachten wir einmal nur die Strahlen, die von einem Punkt der Lichtquelle ausgegangen sind und durch die Konvexlinse parallel gemacht sind. Die einzelnen Strahlen dieses parallelen Bündels werden an der Vorderfläche und an der Hinterfläche der Platte reflektiert. Da die Platte aber jetzt als keilförmig vorausgesetzt war, so erfahren die einzelnen Teilstrahlen je nach der Stelle, an der sie die Platte treffen, verschiedenen Gangunterschied. Alle diese Strahlen werden durch die Konvexlinise wieder vereinigt und interferieren hier. In welcher Weise es sich hierbei bemerkbar macht, daß die einzelnen Strahlen verschiedenen Gangunterschied hatten, brauchen wir nicht zu betrachten. Es genügt, daß auch jetzt eine Interferenz, also eine Aufhellung oder Verdunkelung zustande kommt. Nehmen wir einmal an, die Strahlen löschen sich gerade vollkommen aus. Verschieben wir jetzt die Platte in ihrer Ebene in Richtung der Keilwirkung, so wird der Gangunterschied je zweier zusammengehöriger Teilstrahlen für *alle* Teilstrahlpaare um den gleichen Betrag geändert. Ist dieser Betrag gerade gleich $\frac{\lambda}{2n}$, d. h. gleich einer halben Glaswellenlänge, so werden sich jetzt die Strahlen insgesamt gerade aufhellen. Damit der Betrag $\frac{\lambda}{2n}$ der Gangunterschiedsänderung erreicht wird, muß sich an jeder Stelle die Dicke um $\frac{\lambda}{4n}$ geändert haben. Bei einer weiteren Verschiebung bis zu Dickenänderung $\frac{\lambda}{2n}$ ist der betreffende von uns betrachtete Punkt des Bildes wieder dunkel geworden, da ja jetzt alle Teilstrahlpaare eine Änderung ihres Gangunterschiedes um $\frac{\lambda}{n}$ $(= \lambda')$ erfahren haben.

Für diejenigen Punkte, die dem eben betrachteten Punkte benachbart sind und mit ihm auf dem gleichen Interferenzkreis (s. o.) liegen, und ebenso für alle übrigen Punkte, die auf einem dunklen Interferenzkreis liegen, gelten genau die gleichen Folgerungen, d. h. bei einer Verschiebung der Platte bis zur Dickenänderung derselben in der Verschiebungsrichtung um den Betrag $\frac{\lambda}{4n}$ hellen sich die interferierenden Strahlen, die sich bisher auslöschten, gerade auf, um sich bei einer Dickenänderung um $\frac{\lambda}{2n}$ wieder auszulöschen.

Für diejenigen Punkte aber, die ursprünglich auf einem hellen Interferenzkreis liegen, gilt das Umgekehrte. Sie werden zunächst dunkel und bei der weiteren Verschiebung wieder hell werden.

Dieses Dunkel- und Wieder-Hellwerden macht dem Beobachter den Eindruck, als wanderten die dunklen Interferenzlinien über die Platte hinweg.

Diese Überlegung gestattet es, die Keilwinkel genau zu bestimmen. Verschieben wir nämlich die Platte um den Betrag l und wandern hierbei an einer Stelle des

Bildes p Interferenzstreifen vorüber, so heißt das, daß der Dickenunterschied zweier in der Verschiebungsrichtung um l entfernter Punkte $p \cdot \frac{\lambda}{2n}$ beträgt. Der Keilwinkel φ (in Winkelsekunden) in der Verschiebungsrichtung der Platte ist demnach

$$\varphi'' = \left(p \frac{\lambda}{2n} \cdot \frac{1}{l} \cdot \frac{648\,000}{\pi}\right)'' = \left(103\,132{,}403\, p \frac{\lambda}{nl}\right)''.$$

Diese Untersuchungsmethode gestattet noch leicht, eine Wanderung der Streifen um 1/10 Streifenbreite wahrzunehmen. Ein Keilwinkel von $\left(\frac{\lambda}{20nl} \cdot \frac{648\,000}{\pi}\right)''$ ist also noch feststellbar. Dies entspricht etwa einem Dickenunterschied der Platte auf der Strecke der Verschiebung um 0,016 μ.

Zu beachten ist natürlich, daß die Verschiebung in den verschiedensten Richtungen vorgenommen werden muß. Denn verschiebt man eine keilförmige Platte in Richtung der Keilkante, so ändert sich am Interferenzbild gar nichts, solange alles Licht dauernd die Platte trifft.

Ein anderes Verfahren zur Prüfung der Parallelität zweier ebener Flächen ist folgendes[1]) (Abb. 60): Ein mit der roten Kadmium- oder der grünen Hg-Linie[2]) monochromatisch beleuchteter Spalt S, der sich in der Brennebene eines kurzbrennweitigen Kollimators K befindet, wird in der Brennebene eines gut korri-

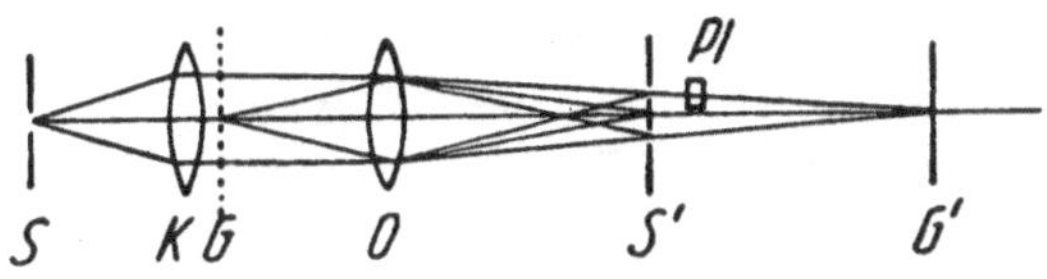

Abb. 60. Anordnung zur Prüfung einer „Planparallelplatte" und zur Bestimmung der evtl. vorhandenen Abweichung ihrer Flächen von der Parallelität durch photometrische Bestimmung der „Sichtbarkeit" $V = \frac{I_{max} - I_{min}}{I_{max} + I_{min}}$ der Interferenzstreifen, aus der sich der „Keilwinkel" φ nach der Formel $\varphi \approx \frac{1}{(n-1)\pi} \frac{\lambda}{l} \sqrt{6(1-V)}$ berechnen läßt, wenn n der Brechungsindex, l die Länge der beiden Spalte in S' ist.

S = monochromatisch (grüne Hg-Linie oder besser rote Cd-Linie) beleuchteter Spalt in Brennebene von K = Kollimator, G = Gitter, O = gut korrigiertes Objektiv, S' = Blende (in Brennebene von O) mit zwei symmetrisch zur Achse gelegenen Spalten der Länge l zur Ausblendung zweier Beugungsmaxima $\pm$ m^{ter} Ordnung. Pl = Planparallelplatte (mit evtl. Keilwinkel in Spaltrichtung), G' = Gitterbild-(Interferenzbild-)Ebene, für die die „Sichtbarkeit" der Interferenzen (photometrisch) bestimmt wird.

---

[1]) Cl. Münster, Über ein Verfahren zur Prüfung der Planparallelität von Platten und eine Interferenzanordnung. Phys. ZS. **33**, 505—509, 1932 [**13**, **1909**]. — In der Arbeit wird noch eine Modifikation des Verfahrens angegeben, bei der die beiden Strahlenbündel durch Ablenkung und nachträgliche Wiederannäherung streckenweise so weit getrennt verlaufen, daß größere Platten geprüft werden können.

[2]) Die grüne Hg-Linie eignet sich nur für Plattendicken bis 10 mm, die rote Cd-Linie für Plattendicken bis 150 mm. Bei größeren Dicken ist die Bestimmung der Abweichung von der Parallelität der Fläche komplizierter.

gierten Objektives O abgebildet. Das hier entstehende Beugungsbild S' des Spaltes wird bis auf zwei symmetrisch zur nullten Ordnung liegende Intensitätsmaxima abgeblendet. Hinter dem Kollimator K wird ein Beugungsgitter G aufgestellt, das durch O vermittels der in S' ausgeblendeten beiden Strahlenbündel in der Ebene G' abgebildet wird. In G' erhält man ein Interferenzbild. Bringt man nun in das eine der beiden Strahlenbündel eine planparallele Platte Pl der Dicke d, so wird die ganze Interferenzfigur unverändert um einen bestimmten Betrag verschoben, der durch das Produkt nd und demnach durch die Phasendifferenz, die den beiden Strahlenbündeln durch das Einschalten der Platte aufgeprägt wird, bedingt ist.

Ist die Platte nicht genau parallel, besitzt sie also einen Keilwinkel — in Richtung der Spalte — vom Betrag φ, so ist der Intensitätsverlauf der Interferenzerscheinung weniger kontrastreich, d. h. die „Sichtbarkeit" (V = visibility)

$$V = \frac{I_{\max} - I_{\min}}{I_{\max} + I_{\min}}$$

der Interferenzerscheinung wird geringer ($I_{\max}$, $I_{\min}$ sind die Intensitäten der Intensitätsmaxima bzw. -minima; sie lassen sich photometrisch bestimmen). Da

$$V = \frac{\sin \frac{\pi}{\lambda} (n-1)\, l\varphi}{\frac{\pi}{\lambda} (n-1)\, l\varphi}$$

ist, wo noch l die *Länge* der beiden Spalte ist, so läßt sich hieraus der Keilwinkel φ in Richtung der Spalte bestimmen. Das Ergebnis ist aber nur eindeutig, wenn $l\varphi \leqq 1{,}6\,\lambda$ ist, wenn also der Dickenunterschied der Platte auf der Länge l nicht größer als $1{,}6\,\lambda$ ist.

Abschnitt B

I. UNTERSUCHUNG DES GLASMATERIALS BZW. DER LINSEN AUF SCHLIEREN

Es sollen nun die Untersuchungsmethoden besprochen werden, die sich auf die Güte des Glasmaterials und auf die Güte seiner Bearbeitung beziehen.

Hier ist zunächst festzustellen, ob das Glasmaterial vollkommen homogen ist oder ob es z. B. sogenannte Schlieren aufweist. Man versteht darunter Stellen im Glase, an denen das Mischungsverhältnis der einzelnen Bestandteile von dem allgemeinen Mischungsverhältnis der betreffenden Glassorte abweicht[1]). Solche Stellen besitzen daher einen anderen Brechungsindex und wirken infolgedessen bei der Abbildung anders als die sie umgebenden homogenen Stellen. Die Strahlen, die das optische System an den Stellen solcher Schlieren durchsetzen, tragen daher nicht zur Abbildung bei, sondern überlagern sich als Schleier dem eigentlichen Bild.

Für die Prüfung eines optischen Systems auf Schlieren wird im allgemeinen die sogenannte Töplersche Schlierenmethode[2]) benutzt. Darunter versteht man folgende Prüfmethode: Man bringt vor das zu untersuchende optische System etwa in einem Abstande gleich der doppelten Brennweite einen leuchtenden Punkt, den man sich z. B. durch stark verkleinerte Abbildung einer Lichtquelle auf einem mit einem feinen Loch versehenen Blatt Staniolpapier herstellt. Dieser leuchtende Punkt wird dann durch das zu prüfende optische System etwa im Verhältnis 1 : 1 abgebildet. Das an die Stelle des Bildpunktes gebrachte Auge des Beobachters sieht so die ganze Öffnung des optischen Systems grell erleuchtet. Bringt man aber an die Stelle des Bildes ein dieses Bildchen gerade abdeckendes undurchsichtiges Scheibchen[3]) (Abb. 61), so sieht das unmittelbar dahinter befindliche Auge das optische System nicht mehr grell erleuchtet, sondern völlig abgedunkelt.

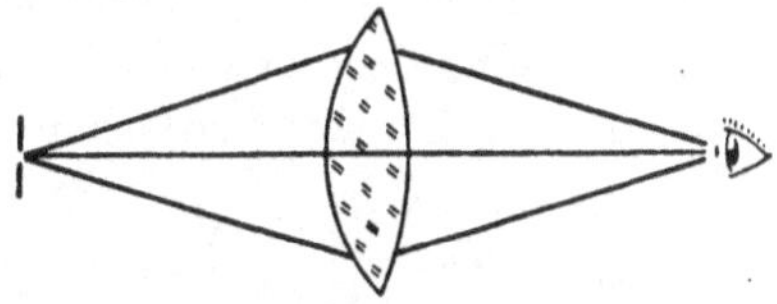

Abb. 61. Zur visuellen Prüfung einer Linse auf Schlieren unter Anwendung der Töplerschen Schlierenmethode.

[1]) A. Arnulf, Sur les fils du verre. Journ. de phys. et le Radium (7) **4**, 36—37, 1933 (Bull. Soc. Franç. de Phys. Nr. 336) [**14**, 1334]. — Hinweis auf das verschiedenartige Aussehen der Homogenitätsfehler in Gläsern.

[2]) Vgl. hierzu u. a. auch: H. Schardin, Das Töplersche Schlierenverfahren. Grundlagen für seine Anwendung und quantitative Auswertung. 32 S. VDI-Verlag 1934 [**15**, 2085].

[3]) das natürlich kleiner als die Augenpupille des Beobachters sein muß.

Dies ist allerdings nur dann der Fall, wenn keine Lichtstrahlen an dem Scheibchen vorbeigehen. Weist das Glasmaterial des optischen Systems aber Schlieren, d. h. optische Inhomogenitäten, Stellen von anderem Brechungsindex auf, so werden die dort hindurchgegangenen Strahlen nicht durch den Bildpunkt der Lichtquelle gehen, werden also auch nicht von dem Schirmchen abgeblendet, sondern werden an diesem vorbei ins Auge des Beobachters gelangen, so daß dieser die Schlieren unmittelbar sieht. Um festzustellen, in welcher der Einzellinsen des optischen Systems sich die Schlieren befinden, sind die Linsen einzeln zu prüfen oder nacheinander in ihrer Fassung zu drehen. Die sich jeweils mitdrehenden Schlieren sind in der betreffenden Linse enthalten.

Bei Anwendung dieser Methode ist zu beachten, daß sich bei sehr kleinem abdeckenden Scheibchen die von der sphärischen Aberration des betreffenden optischen Systems herrührenden Zonenfehler in prinzipiell gleicher oder ähnlicher Weise bemerkbar machen wie die Schlieren. Im Gegensatz zu diesen erscheinen sie aber als aufleuchtende ringförmige Zonen in der Ebene des optischen Systems.

Das bei dieser Methode benötigte abdeckende undurchsichtige Scheibchen kann man sich so herstellen, daß man auf einer schlierenfreien Glasplatte ein kleines undurchsichtiges kreisrundes Scheibchen von dem gewünschten Durchmesser aufklebt.

Sollen Konkavgläser nach dieser Methode auf Schlieren geprüft werden, so kombiniert man sie mit zuvor geprüften schlierenfreien Konvexgläsern stärkerer Brechkraft.

Das gleiche gilt auch für die Prüfung von Plangläsern und Prismen, die man vorteilhaft zwischen schlierenfreie Konvexgläser gleicher Brennweite setzt (Abb. 62). Den leuchtenden Punkt bringt man in den vorderen Brennpunkt der ersten Konvexlinse. Das abdeckende Scheibchen befindet sich dann im hinteren Brennpunkt der zweiten Konvexlinse.

Eine Abänderung des genannten Töplerschen Schlierenverfahrens besteht darin, daß die Öffnung des optischen Systems nicht mit bloßem Auge, sondern mit einem Fernrohr oder auf der Mattscheibe eines photographischen Apparates beobachtet bzw. mit einem photographischen Apparat photographiert wird (Abb. 63). Hierbei muß das Fernrohr bzw. der

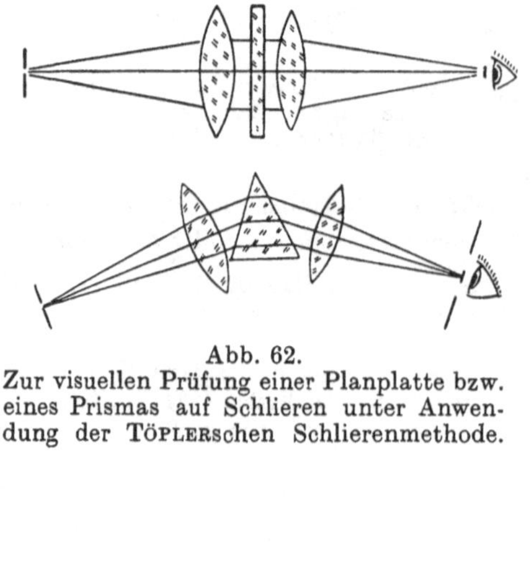

Abb. 62.
Zur visuellen Prüfung einer Planplatte bzw. eines Prismas auf Schlieren unter Anwendung der Töplerschen Schlierenmethode.

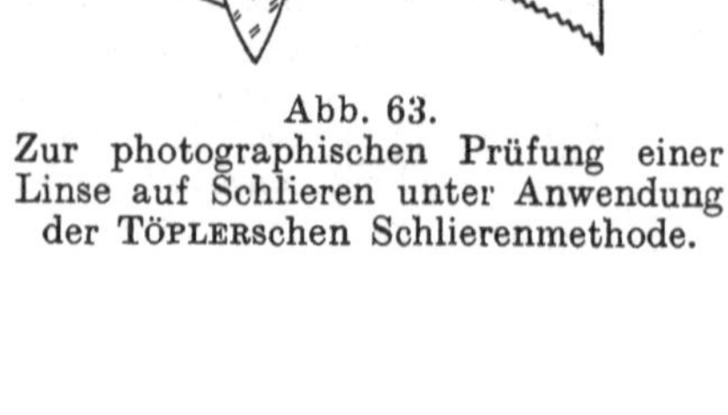

Abb. 63.
Zur photographischen Prüfung einer Linse auf Schlieren unter Anwendung der Töplerschen Schlierenmethode.

photographische Apparat auf das zu prüfende Objektiv scharf eingestellt und von diesem etwas weiter entfernt sein als das Bild des leuchtenden Punktes, das auch hier wieder durch ein kleines undurchsichtiges Scheibchen abzudecken ist.

Das kleine, das Bild abdeckende Scheibchen kann auch in allen zuvor genannten Fällen durch die FOUCAULTsche Messerschneide ersetzt werden[1]), auf die wir unten noch zu sprechen kommen[2]).

Handelt es sich um die Untersuchung des *Roh*glases auf Schlieren, so muß dieses zum Zwecke der Untersuchung in ein Gefäß mit optisch geschliffenen (planparallelen) Seitenwänden oder optisch geschliffenem (planparallelem) Boden gesetzt und das Gefäß mit einem Flüssigkeitsgemisch gefüllt werden, dessen Brechungsindex gleich dem des Glasmaterials (für die hier zu benutzende monochromatische Lichtart) ist. Als „Prüfling" dient dann das ganze Gefäß mit seinem Inhalt. Es muß natürlich dafür gesorgt sein, daß das Flüssigkeitsgemisch selbst keine Schlieren bildet.

In sehr einfacher Weise lassen sich die in einem Glase vorhandenen Schlieren auch durch einfache Projektion sichtbar machen. Wir benutzen eine annähernd punktförmige Lichtquelle [sehr enge Lochblende (s. o.)] und setzen sie evtl. mit vorgesetzter sehr feiner Mattscheibe so auf die optische Achse der zu untersuchenden Linse, daß sie sich innerhalb der Brennweite der Linse befindet. Auf einem weit hinter der Linse aufgestellten Schirm erhalten wir dann — bei kreisförmig begrenzter Linse — eine große helle Kreisfläche, die bei (blasen-, spannungs- und) schlierenfreier Linse gleichmäßig hell erscheint und die vom virtuellen Bild der punktförmigen Lichtquelle erzeugte Projektion der Linse auf dem Schirm darstellt (Abb. 64).

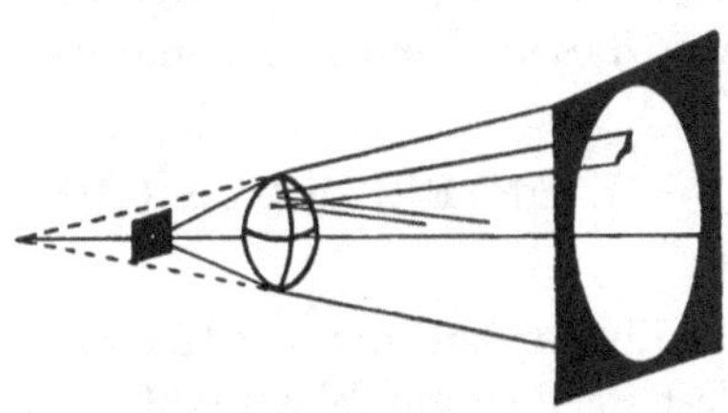

Abb. 64. Prüfung einer Linse auf Schlieren im Projektionsverfahren.

Besitzt die Linse Schlieren, so werden die durch diese hindurchgehenden Strahlen in unregelmäßiger Weise abgelenkt, so daß die den Schlieren entsprechenden Stellen des Projektionsbildes gegenüber dem übrigen Bild Intensitätsunterschiede aufweisen, und zwar im allgemeinen dunkler sein werden, während andere

[1]) Vgl. hierzu u. a. auch A. ARNULF, Méthodes d'examen des défauts d'homogénéité dans les corps solides transparents. Journ. de phys. et le Radium (6) **9**, 48—49, 1928 [**9**, 1435]. — Es wird darauf hingewiesen, daß die FOUCAULTsche Methode zur Untersuchung auf Homogenitätsfehler des Glases allgemein brauchbar ist. — A. J. HOLLAND, ERIC PRESTON and W. E. S. TURNER (s. o. S. 55, Anm. 1).

[2]) In diesem Fall benutzt man keine punktförmige Lichtquelle, sondern eine kleine beleuchtete, *geradlinig* begrenzte Blendenöffnung. Die Abdeckung des Bildes dieser Blendenöffnung durch die Messerschneide geschieht so, daß diese gerade mit dem Bild der Kante zusammenfällt. Man wiederholt die Prüfung, indem man die Messerschneide nacheinander mit den verschiedenen Blendenkanten im Bild zusammenfallen läßt.

schlierenfreie Stellen durch die von den Schlieren unregelmäßig abgelenkten Strahlen Aufhellung erfahren.

Um die Lage der Schlieren genauer festzulegen, wird man daher bei unveränderter Lage von Lichtquelle und Linse das Projektionsbild in verschiedenen Entfernungen auffangen.

Die Abstände der den *Schlieren* zuzuordnenden Stellen von der Mitte des Projektionskreises verhalten sich wie die Abstände der Projektionsschirme von dem (virtuellen) *Bild der* punktförmigen *Lichtquelle*, während sich die Mittenabstände der anderen intensitätsunterschiedenen Stellen wie die Abstände der Projektionsschirme von der *Linse* verhalten[1]).

Auch mit Benutzung der Interferenzapparate (z. B. von JAMIN, von MICHELSON, von ZEHNDER-MACH usw.) lassen sich Schlieren im Glase und in Linsen nachweisen[2]). Denn da jene Stellen einen von der Umgebung abweichenden Brechungsindex besitzen, wird in ihnen die Phase des hindurchgehenden Lichtes so abweichend beeinflußt, daß die Interferenzstreifen, die diesen Stellen zugeordnet sind, charakteristische Abweichungen aufweisen. Es sei an dieser Stelle jedoch nicht genauer darauf eingegangen. Wir erwähnen nur noch, daß die Abweichungen der Interferenzerscheinungen, die einerseits durch Inhomogenitätsstellen, andererseits durch solche Stellen erzeugt wurden, die zwar homogen sind, aber in ihrer Dicke von der der Umgebung unstetig abweichen, prinzipiell gleicher Art sind.

II. UNTERSUCHUNG DES GLASMATERIALS BZW. DER LINSEN AUF BLASEN

Eine andere Art von Inhomogenität des Glasmaterials sind kleine Luftbläschen. Der Prüfung auf Blasenfreiheit sind noch einige Bemerkungen vorauszuschicken[3]).

Man muß zunächst beachten, daß sich die optischen Gläser nicht vollkommen blasenfrei herstellen lassen. Besonders gilt dies für die optischen Gläser von außergewöhnlichen optischen Eigenschaften, wie sie für hochwertige optische Instrumente gebraucht werden. Es ist daher prinzipiell nicht möglich, volle Blasenfreiheit eines solchen optischen Systems zu verlangen. Außerdem ist auch der Einfluß der Blasen auf die optische Abbildung in vielen Fällen von geringer Be-

[1]) Eine etwas abweichende Projektionsmethode zur Sichtbarmachung etwa fadenförmiger Inhomogenitäten eines optischen Glases oder einer Linse, bei der eine punktförmige Lichtquelle durch einen Kondensor abgebildet und in den Strahlengang das zu prüfende Glas bzw. die Linse gebracht wird, beschreibt Mlle WAGNER, Étude des défants d'homogénéité par la methode de l'ombre portée. C. R. Soc. Franc. Phys. (Beilage zu Journ. de Phys. et le Radium **11**), 37 S—38 S, 1950 [**30**, 219].

[2]) HIROSHI KUBOTA, On the striæ observed in optical glass. Scient. Pap. Inst. Phys. Chem. Res. Tokyo **38**, 1941; Beilage Bull. Abstracts **20**, 30, 1941 [**23**, 1168]. — G. HANSEN, Über ein Interferometer nach ZEHNDER-MACH. ZS. für techn. Phys. **12**, 436—440, 1931 [**12**, 2641]. — G. HANSEN, Die Sichtbarkeit der Interferenzen beim MICHELSON- und TWYMAN-Interferometer. Zeiß-Nachr. **4**, 109—122, 1942 [**23**, 1251].

[3]) CHR. v. HOFE, Über die Zulässigkeit von Blasen in optischen Instrumenten. Central-Ztg. f. Opt. u. Mech. **46**, 32—35, 1925 [—, —].

deutung, solange das Verhältnis der Summe ihrer Querschnitte zum Querschnitt des ganzen optischen Systems genügend klein ist. Die Lichtstrahlen, die an den Stellen einer Blase das optische System durchsetzen, gehen für die Abbildung verloren und haben höchstens eine allgemeine Aufhellung des Gesichtsfeldes bzw. eine Verminderung des Kontrastes im Bilde zur Folge. Wir können auch sagen, die für die Abbildung verlorengehenden Strahlen bedeuten einen Lichtverlust des Bildes. Der prozentuale Gesamtlichtverlust, der durch mehrere Blasen hervorgerufen wird, ist im Mittel gleich der Summe der Quadrate der einzelnen Blasendurchmesser geteilt durch das Quadrat des mittleren freien Durchmessers des optischen Systems. Man fordert im allgemeinen, daß dieser Lichtverlust nicht mehr als 2‰ beträgt.

In einzelnen Fällen muß jedoch volle Blasenfreiheit gefordert werden, nämlich in all den Fällen, wo es sich um Linsen handelt, die in der Nähe der Zwischenbilder eines optischen Instrumentes liegen. Dies ist z. B. bei der Kollektivlinse des Okulars der Fall, die der Bildebene oft sehr nahe liegt. Die Augenlinse des Okulars zusammen mit der letzten Fläche der Kollektivlinse wirkt für diese Blasen wie eine Lupe. Man würde also hier die Blasen vergrößert sehen. Außerdem aber würden die Blasen die mit ihnen annähernd zusammenfallenden Teile des Bildes völlig abdecken[1]).

Auch bei der Augenlinse des Okulars wird man wenigstens für die Mitte volle Blasenfreiheit fordern, da ja dicht vor dem Auge befindliche Gegenstände leicht wie ein Schleier auf der Netzhaut wirken.

Bei der Auszählung der Blasen und der Bestimmung ihrer Durchmesser sind in totalreflektierenden Prismen auch die Spiegelbilder der Blasen, soweit sie sichtbar sind, mit zu berücksichtigen, da solche Blasen auf zwei Strahlenbündel wirken, wie dies Abb. 65 zeigt.

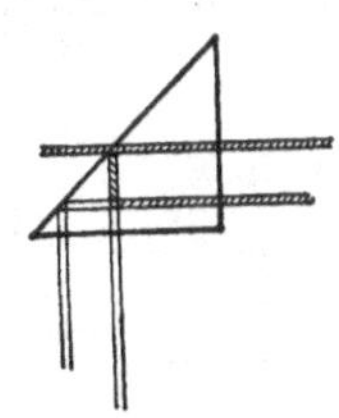

Abb. 65. Zum Nachweis, daß Blasen im Prisma im allgemeinen doppelt wirken.

Die Bestimmung der Durchmesser der einzelnen Blasen beruht im wesentlichen darauf, daß die einzelnen Querschnitte des optischen Systems nacheinander im Maßstab 1 : 1 in der mit Skala oder Fadenmikrometer versehenen Bildebene eines Fernrohres abgebildet und dort ausgemessen werden, wobei die Ausmessung durch Okularvergrößerung wesentlich erleichtert wird.

Um diese Abbildung 1 : 1 zu verwirklichen, ist es bei Prismen und Plangläsern nur notwendig, ein Fernrohr zur Ausmessung zu benutzen, dessen Bildebene den festen Abstand $2f$ von dem Fernrohrobjektiv hat, wo f die Brennweite dieses Fernrohrobjektivs ist. Bringt man dann das zu untersuchende Prisma bzw. das Planglas so vor

[1]) Vgl. hierzu auch H. KLARMANN, Vorschlag zur objektiven Erfassung von Unsauberkeiten in Optiken. Optik **4**, 165—166, 1948/49 [**29**, 1779]. - Unterteilung der Linse in 3 Zonen, von denen die Randzone den stärksten Lichtverlust durch Blasen oder Absorption soll aufweisen dürfen. — KURT RÄNTSCH, Die Unsauberkeitstoleranzen bei der optischen Fertigung. Optik **2**, 249—265, 1947 [**27**, 684]. - Diskussion der Unsauberkeiten 1. in Nähe der Pupillen, 2. in Nähe der (Zwischen-)bildebenen, 3. in den Bildebenen selbst, ihr verschieden starker Einfluß auf die Abbildung bzw. den Kontrast (s. auch B.VI) und die daraus folgenden Toleranzforderungen.

das Fernrohr, daß die eine Begrenzungsebene scharf in der Bildebene abgebildet wird, und verschiebt dann das Prisma bzw. das Planglas allmählich im richtigen Sinne, so erhält man nacheinander alle Querschnitte im Verhältnis 1 : 1 abgebildet und kann in den einzelnen Bildern den Blasendurchmesser ausmessen.

Um ein in ein Prismenglas eingebautes Prisma auf Blasen zu prüfen, ohne es aus dem Instrument zu entfernen, ist es nur notwendig, ein Konkavglas vor das Objektiv des Prismenglases zu setzen, dessen Zerstreuungsweite entgegengesetzt gleich ist der Brennweite des Objektivs. Hierdurch wird die Wirkung des Objektivs aufgehoben, und die Abbildung der Prismenquerschnitte erfolgt wieder wenigstens näherungsweise im Verhältnis 1 : 1.

In ganz ähnlicher Weise kann man auch die Blasen in einer Einzellinse ausmessen, indem man zwischen die zu prüfende Linse und das Fernrohr ein Plankonvex- bzw. Plankonkavglas einschaltet, dessen der Linse zugekehrte Fläche entgegengesetzt gleiche Krümmung hat wie die dem Fernrohr zugekehrte Fläche der zu prüfenden Linse[1]).

Ganz entsprechend wie in den bisher besprochenen speziellen Fällen läßt sich das Verfahren auf andere Fälle ausdehnen. Man hat nur immer durch Zwischenschalten entsprechender Hilfslinsen bzw. Verstellen des Fernrohrauszuges dafür zu sorgen, daß das Vergrößerungsverhältnis gleich 1 : 1 ist.

Ist dies aus irgendwelchem Grunde nicht möglich, so kann man auch ein anderes Abbildungsverhältnis der einzelnen Querschnittebenen wählen, man muß dann nur dafür sorgen, daß man den genauen Wert der Vergrößerung jeweils richtig bestimmt, und bei der Berechnung des Wertes

$$\frac{\text{Summe der Blasendurchmesserquadrate}}{\text{Quadrat der mittleren Öffnung}}$$

die einzelnen Ablesungen der Blasendurchmesser auf das Verhältnis 1 : 1 umrechnen.

Die im vorigen Abschnitt geforderte Bestimmung der Vergrößerung geschieht mit hinreichender Genauigkeit wohl am einfachsten so, daß man jeweils für die Blasen einer Linse des zu untersuchenden optischen Systems auf der dem Fernrohr abgewandten Fläche dieser Linse zwei feine Markierungspunkte anbringt, deren Abstand man direkt bestimmt. Aus dem Abstand der zugehörigen Bildpunkte in der Bildebene des Prüffernrohres und dem bekannten Abstand der Markierungspunkte ergibt sich dann durch Division dieser beiden Werte die Vergrößerung, die für die Abbildung aller Blasen dieser betreffenden Linse maßgebend ist.

Auf einen von dem Jenaer Glaswerk Schott u. Gen. ausgearbeiteten Vorschlag zur Kennzeichnung der Blasenbeschaffenheit optischer Gläser sei noch besonders hingewiesen:

[1]) Vgl. auch Ch. v. Hofe, Blasen-Meßapparate. Dozentra **57**, 257—258, 1936 [—, —].

Während in den bisherigen Listen des genannten Glaswerkes die Blasenhaltigkeit nur verhältnismäßig roh durch ein beigesetztes *b* oder *bb* — je nach dem (kleineren oder größeren) Grad des Vorhandenseins von Gasblasen — angegeben war, wird neuerdings die Blasenbeschaffenheit durch Angabe der (mittleren) Blasenzahl B_z und des zugehörigen Blasenvolumens B_v — bezogen auf 100 cm³ der betreffenden Glassorte — gekennzeichnet. Die Bestimmung bzw. Messung dieser Größen geschieht mittels eines besonders für diesen Zweck konstruierten Zählmikroskops. Die Mittlung erstreckt sich auf eine größere Zahl von Schmelzen der betreffenden Glasart. In den Listen sollen die Werte B_z und $\log(B_v \cdot 10^8)$ angegeben werden, so daß z. B. für die Glasart K 13 das Zahlenpaar $B_z = 16{,}0$ und $\log(B_v \cdot 10^8) = 4{,}23$ besagt, daß im Mittel 16 Blasen mit einem *Gesamt*volumen von $10^{4,23} \cdot 10^{-8}\,\text{cm}^3 = 16\,982{,}5 \cdot 10^{-8}\,\text{cm}^3 = 0{,}000\,169\,825\,\text{cm}^3$ in 100 cm³ Glas, d. h. also von etwa 0,00017% des gesamten Glasvolumens enthalten sind. Allgemein gilt also: Ein hoher Wert des Blasenvolumens bei kleiner Blasenanzahl läßt auf das Vorhandensein großer Blasen schließen. Umgekehrt kann ein kleines Blasenvolumen bei großer Blasenzahl nur durch kleine Blasen verursacht werden. Jede Erhöhung der Kennziffer des Wertes $\log(B_v \cdot 10^8)$ um 1 bedeutet eine Verschlechterung des prozentualen Volumenanteils um eine Dezimale.

Da es — wie oben bereits erwähnt — bei der praktischen Benutzung optischer Systeme bezüglich des Helligkeitsverlustes und der Kontrastverminderung auf das Verhältnis (Summe der Durchmesserquadrate der Blasen) : (Quadrat des Durchmessers der Öffnung des betreffenden optischen Systems) ankommt, und da weiter das Volumen der Blasen der 3. Potenz des Blasendurchmessers proportional ist, das Volumen einer Linse aber — allerdings nur roh — proportional ist dem Produkt:

(Quadrat des Linsendurchmessers) · (Dicke der betreffenden Linse),

so läßt sich — näherungsweise — angeben[1]), daß der durch Blasen bedingte Helligkeitsverlust etwa

$$5{,}6 \cdot 10^{-8} d_{\text{cm}} \sqrt[3]{10^{2B_v^*} \cdot B_z}$$

der Gesamthelligkeit ist, wo d in cm ausgedrückt ist, mit $B_v^* = \log(B_v \cdot 10^8)$.

Dieser Ausdruck ergibt sich folgendermaßen:

Bezeichnen wir mit ϱ den (mittleren) Radius der einzelnen Gasblase, so ist das Volumen der einzelnen Gasblase

$$\frac{10^{B_v^*} \cdot 10^{-8}}{B_z} = \frac{4}{3} \pi \varrho^3,$$

so daß der (mittlere) Radius der einzelnen Gasblase

$$\varrho = \sqrt[3]{\frac{3}{4\pi} \, \frac{10^{B_v^*} \cdot 10^{-8}}{B_z}}.$$

Ist nun P der Halbmesser der betrachteten Linse, d ihre Dicke[2]), so ist das Volumen der Linse — ganz roh geschätzt — gegeben durch $\pi \cdot \mathsf{P}^2 \cdot d$. In diesem

[1]) J. Picht, Zur Frage des Einflusses der Blasen in optischen Gläsern. Optik **10**, — , 1953.

[2]) P und d in cm gemessen.

Volumen, d. h. in der betreffenden Linse, sind demnach $\frac{\pi P^2 d}{100} B_z$ Blasen enthalten, die bezüglich der Lichtstreuung, d. h. Helligkeitsverminderung, wie $\frac{\pi P^2 d}{100} B_z$ kleine Scheibchen vom (mittleren) Flächeninhalt $\pi \varrho^2$, also mit einer Gesamtfläche

$$\frac{\pi P^2 d}{100} B_z \cdot \pi \sqrt[3]{\frac{9}{16 \pi^2} \frac{10^{2B_v^*} \cdot 10^{-16}}{B_z^2}}$$

wirken.

Die Gesamtlinsenöffnung ist πP^2, so daß also durch die Gasblasen die Linsenöffnung um den Bruchteil

$d \sqrt[3]{\frac{9}{16} \pi 10^{2B_v^*} B_z 10^{-22}}$ der ganzen Öffnung vermindert wird, worin also $B_v^* [= \log (B_v \cdot 10^8)]$ und B_z unmittelbar die in der Glasliste angegebenen Zahlen sind. Setzt man hier den Wert für π ein, so erhalten wir näherungsweise den oben angegebenen Wert

$$5{,}6 \cdot 10^{-8} d \sqrt[3]{10^{2B_v^*} \cdot B_z}.$$

In dem oben betrachteten Beispiel der Glasart K 13 ergibt dies in einer Linse der Dicke d_{cm} einen Lichtverlust von etwa $9{,}3 \cdot 10^{-5} d_{\text{cm}} = 0{,}000093\, d_{\text{cm}}$, d. h. bei einer Linse von 1 cm Dicke aus K 13 ergibt sich durch die Blasen ein Lichtverlust von etwa 0,000093% des bei einer blasenfreien Linse hindurchtretenden Lichtes.

III. UNTERSUCHUNG DES GLASES AUF SPANNUNGEN

Ein anderer Fehler, der die Güte der Abbildung eines optischen Systems beeinflussen kann, ist der Spannungszustand des Glases, und zwar haben wir hier zu unterscheiden zwischen dem Spannungszustand des Glasmaterials und dem Spannungszustand, der erst nachträglich durch unvorschriftsmäßiges Fassen des optischen Systems hervorgerufen wird. Dieser letzte Spannungszustand läßt sich im allgemeinen leicht beheben, während der des Glasmaterials, der etwa durch ungleichmäßige Kühlung hervorgerufen ist, nachträglich nicht behoben werden kann und daher das Glas in vielen Fällen unbrauchbar macht. Die Prüfung des Spannungszustandes des optischen Systems hat daher sowohl im nichtgefaßten als auch im gefaßten Zustand zu erfolgen. Die Prüfung selbst ist aber für beide Fälle die gleiche.

Bevor wir die Methoden der Spannungsprüfung behandeln, fragen wir, wie sich die Verspannung eines optischen Systems optisch bemerkbar macht. Sie bewirkt, daß der Brechungsindex des Glasmaterials von der Richtung abhängig wird, das Glas also anisotrop ist. Dies hat zur Folge, daß das Glas doppelbrechend wirkt.

Trifft linear polarisiertes Licht auf ein doppelbrechendes Material, so haben wir uns das Licht in zwei Komponenten zerlegt zu denken (Abb. 66), von denen jede wieder linear polarisiert ist, deren Schwingungsrichtung aber mit der Richtung des kleinsten bzw. des größten Brechungsindex zusammenfällt. Beim Durchgang durch das Glas pflanzen sich nun beide Komponenten mit verschiedener Geschwindigkeit fort, da die Lichtgeschwindigkeit dem Brechungsindex umgekehrt proportional ist. Von der Fortpflanzungsgeschwindigkeit v_{Gl} im Glase hängt (bei gleicher Frequenz ν) die Wellenlänge λ_{Gl} des Lichtes im Glase ab, da

$$\lambda_{Gl} \cdot \nu = 2\pi v_{Gl}$$

ist. λ_{Gl} ist also proportional zu v_{Gl}, d. h. umgekehrt proportional zum Brechungsindex n. Für beide Komponenten ist daher die Wellenlänge im doppelbrechenden Glase verschieden.

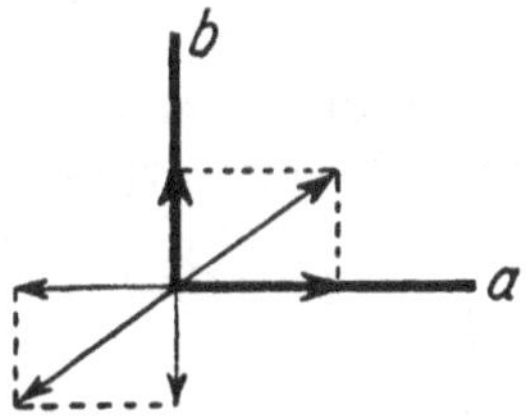

Abb. 66

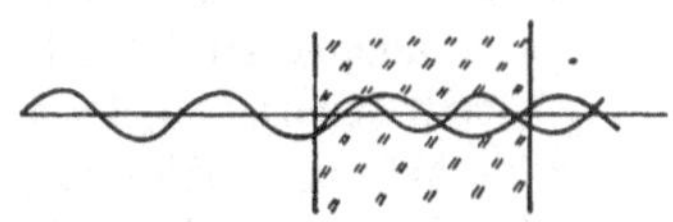

Abb. 67

Abb. 66. Zerlegung einer linear polarisierten (Licht)schwingung in zwei senkrecht zueinander linear polarisierte Schwingungskomponenten.

Abb. 67. Schematische Darstellung der Vorgänge beim Durchgang des Lichtes durch ein (etwa durch Spannungen) doppelt brechendes Medium. Die (in der Zeichnung als linear polarisiert und als senkrecht zur Begrenzungsebene des doppelbrechenden Mediums einfallend angenommene) Lichtwelle haben wir uns beim Eintritt in das doppelbrechende Medium in zwei — in Richtung der Hauptbrechungsindizes, der Hauptspannungen — linear polarisierte Komponenten zerlegt zu denken, die sich im doppelbrechenden Medium mit verschiedener Geschwindigkeit fortpflanzen und demnach — wegen gleicher Frequenz beider Komponenten — verschiedene Wellenlänge besitzen, so daß die Schwingungen beider Komponente an der Austrittsstelle des Lichtes aus dem doppelbrechenden Medium verschiedene Phasen φ besitzen, sich also dort im allgemeinen zu einer elliptisch polarisierten Welle (bei $\triangle\varphi = \frac{\pi}{2}$ oder $\frac{3\pi}{2}$ zu einer zirkular polarisierten, bei $\triangle\varphi = 0$ oder π wieder zu einer linear polarisierten Welle) zusammensetzen.

Hat nun das Licht eine bestimmte Strecke in dem doppelbrechenden Medium zurückgelegt, und messen wir diese in den den beiden Komponenten zugehörigen Wellenlängen λ'_{Gl} und λ''_{Gl}, so ergibt sich für beide Komponenten eine verschieden große Zahl von Wellenlängen, d. h. die beiden Komponenten werden beim Verlassen des doppelbrechenden Mediums im allgemeinen eine Phasendifferenz gegeneinander haben (Abb. 67). Sie setzen sich also nicht wieder zu linear polarisiertem Licht, sondern zu elliptisch oder zirkular polarisiertem zusammen.

Zu beachten ist noch, daß der Phasenunterschied der beiden Komponenten nicht nur von der Differenz der Brechungsindizes und der Dicke der durchstrahlten Schicht, sondern auch von der Farbe des Lichtes abhängt.

Ist d die Schichtdicke, λ die Vakuumwellenlänge, sind n_a, n_b die beiden Brechungsindizes ($n_a - n_b = \Delta n$) und λ_a, λ_b die zugehörigen Wellenlängen des Lichtes im doppelbrechenden Medium für die Richtungen, in denen die Brechungsindizes die Werte n_a bzw. n_b haben, so ist der Gangunterschied

$$\left(\frac{\lambda}{\lambda_a} - \frac{\lambda}{\lambda_b}\right) d = (n_a - n_b) d = d \cdot \Delta n$$

und der Phasenunterschied demnach, der sich hieraus durch Multiplikation mit $\frac{2\pi}{\lambda}$ ergibt

$$2\pi \frac{d}{\lambda} \Delta n.$$

Eine weitere Folge der Doppelbrechung ist, daß die abbildende Wirkung des optischen Systems nicht an allen Stellen und in allen Richtungen gleich ist, da ja der Brechungsindex verschiedene Werte hat.

Um ein optisches System, eine einzelne Linse oder das Rohglas auf Spannungen zu prüfen, muß man sich zunächst linear polarisiertes Licht herstellen, indem man das natürliche, also im allgemeinen nicht — oder doch nicht linear — polarisierte Licht durch einen „Polarisator" gehen läßt.

Dieser Polarisator kann entweder ein NICOLsches Prisma oder eine der bekannten Polaroidplatten oder auch — wie in den für technische Zwecke viel benutzten „Spannungsprüfern" (Abb. 68) und dem „NÖRRENBERGschen Polarisationsapparat" — eine (Schwarzglas-) Glasplatte sein, die gegen die einfallenden parallelen Strahlen unter dem „Polarisationswinkel" geneigt ist.

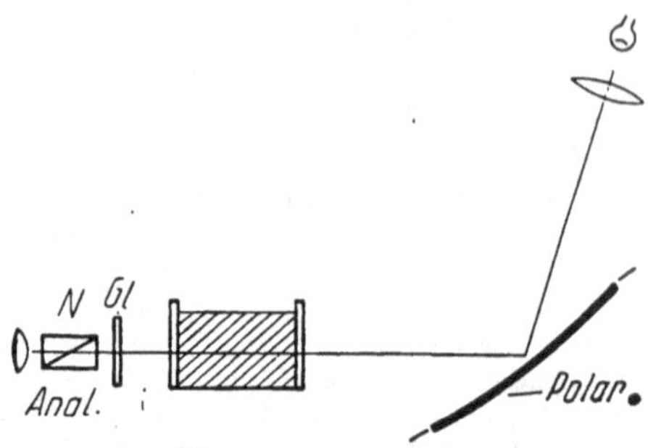

Abb. 68. Schematische Darstellung eines Polarisationsapparates zur Untersuchung von Glas auf Spannungen. Als Polarisator dient hier ein Schwarzglasspiegel, der unter dem Polarisationswinkel gegen die einfallenden Lichtstrahlen geneigt und deswegen schwach gewölbt ist. Das von ihm reflektierte Licht ist linear polarisiert mit seiner Schwingungsrichtung senkrecht zur Zeichenebene (Einfallsebene), mit seiner Polarisationsrichtung also parallel zur Zeichenebene[1]). Als Analysator N dient ein NICOLsches Prisma, das nur Licht einer bestimmten Polarisationsrichtung hindurchläßt und so gedreht wird, daß das vom Polarisator kommende linear polarisierte Licht nicht hindurchgelassen wird. Gl = Glimmer zur Vergleichsmessung. Das Gesichtsfeld wird (mehr oder weniger stark) aufgehellt bzw. farbig erscheinen, wenn ein (z. B. durch Verspannung) doppelt brechendes Medium in den Strahlengang gebracht (und erforderlichenfalls gedreht) wird.

Durch den Polarisator wird das ursprünglich natürliche Licht linear polarisiert; es erhält also eine bestimmte Schwingungsrichtung.

Dem Polarisator ist in einem gewissen Abstand ein mit seiner „Schwingungsrichtung" um 90° gedrehter, als „Analysator" bezeichneter Polarisator gegenübergestellt. Dieser läßt — solange sich zwischen dem Polarisator und dem Analysator kein doppelbrechendes oder drehendes Medium befindet — das vom Polarisator kommende Licht nicht durch, sondern löscht es aus. Wird jetzt zwischen Polarisator und Analysator ein doppelbrechendes Medium gebracht, so ergibt sich eine für die verschiedenen Farben des Lichtes verschieden starke Aufhellung, die, wie wir gleich sehen werden, auf Interferenz des polarisierten Lichtes beruht.

---

[1]) Das Licht ist bekanntlich eine elektromagnetische Wellenbewegung, deren elektrische Schwingungen senkrecht zu denen der magnetischen Schwingungen (und senkrecht zur Fortpflanzungsrichtung des Lichtes) erfolgen. Die Ebene durch die Ausbreitungsrichtung des Lichtes und die Richtung der magnetischen Schwingungen bezeichnet man als Polarisationsebene, die Ebene durch die Ausbreitungsrichtung und die Richtung der elektrischen Schwingungen als Schwingungsebene.

Wir sagten schon oben, daß in einem doppelbrechenden Medium zwei ausgezeichnete Richtungen a und b bestehen, in denen der Brechungsindex seinen größten und kleinsten Wert hat, und daß wir das einfallende, durch den Polarisator linear polarisierte Licht, dessen Schwingungsrichtung durch c und dessen Amplitude durch C bezeichnet sei, in zwei Komponenten in Richtung a und b zerlegt zu denken haben (Abb. 69). Wir haben so in dem doppelbrechenden Medium die beiden linear polarisierten Wellen, deren Schwingungsrichtung mit der Richtung a bzw. b übereinstimmt, und deren Amplituden $C \cos j$ bzw. $C \sin j$ sind, wenn j der Winkel zwischen den Richtungen c und a ist. Diese beiden linear polarisierten Wellen treffen dann auf den Analysator, dessen Schwingungsrichtung, die

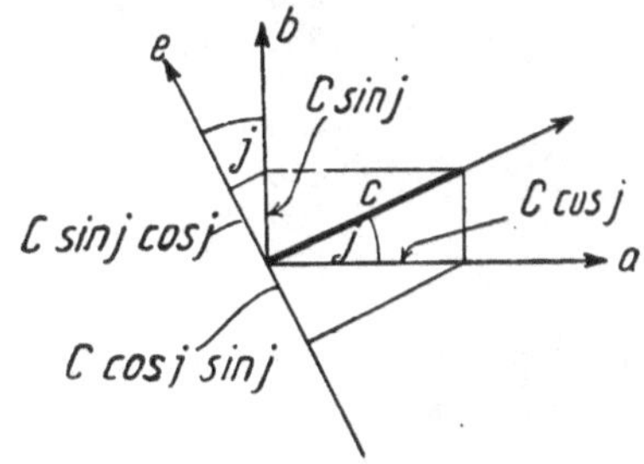

Abb. 69. c = Schwingungsrichtung des durch den Polarisator linear polarisierten Lichtes.
a, b = Richtungen maximalen bzw. minimalen Wertes des Brechungsindex n des (z. B. durch Spannung) doppelt brechenden Mediums.
$C \sin j$, $C \cos j$ = Größe der Amplituden der in Richtung von b bzw. a liegenden Schwingungskomponenten $C \sin j\, e^{i\varphi}$, $C \cos j\, e^{i\varphi}$ gleicher Phase (beim Eintritt in das doppelt brechende Medium) des durch den Polarisator linear polarisierten Lichtes.
e = Richtung, in der die elektrischen Schwingungen des vom Analysator allein durchgelassenen (linear polarisierten) Lichtes liegen.
$C \sin j \cos j$, $C \cos j \sin j$ = Größen der Amplituden der in Richtung von e liegenden Komponenten der elektrischen Schwingung $C \sin j\, e^{i\varphi_b}$ bzw. $C \cos j\, e^{i\varphi_a}$ in Richtung von b bzw. a (φ_a, φ_b = Phase der Schwingungen nach Durchgang durch das (doppelbrechende) Medium). Ist das Medium *nicht* doppelbrechend, also $\varphi_a = \varphi_b$, oder ist $\varphi_a = \varphi_b \pm 2m\pi$ mit m = ganze Zahl, so vernichten sich die beiden in Richtung von e liegenden Schwingungskomponenten im Analysator, d. h. es gelangt kein Licht durch den Analysator, das Gesichtsfeld ist dunkel. Ist $\varphi_a = \varphi_b \pm 2\left(m + \frac{1}{2}\right)\pi$, so ergibt sich durch Überlagerung der beiden in gleicher Richtung e erfolgenden Teilschwingungen maximale Verstärkung, also größte Helligkeit des Gesichtsfeldes. Ist $\varphi_b + 2m\pi < \varphi_a < \varphi_b + 2\left(m + \frac{1}{2}\right)\pi$ oder ist $\varphi_a + 2\left(m + \frac{1}{2}\right)\pi < \varphi_a < \varphi_b + 2(m+1)\pi$, so findet nur teilweise Auslöschung der beiden in Richtung e erfolgenden Teilschwingungen statt, das Gesichtsfeld ist also mehr oder weniger stark aufgehellt.

wir durch e bezeichnen wollen, senkrecht zu c vorausgesetzt war. Dann ist der Winkel zwischen e und a gleich $(90^0 + j)$. Da der Analysator nur Licht hindurchläßt, dessen Schwingungsrichtung mit e übereinstimmt, so haben wir von den beiden linear polarisierten Wellen nur die Komponenten in Richtung e zu betrachten. Wie wir aus der Abbildung sehen, sind deren Amplituden $|C \cos j \cos (90^0 + j)| = C \cos j \sin j$ bzw. $C \sin j \cos j$. *Die beiden Amplituden sind also einander gleich.* Je nach dem *Phasenunterschied*, den die beiden Komponenten besitzen, werden sie sich durch Interferenz auslöschen oder aufhellen. Befindet sich kein doppelbrechendes Medium zwischen Polarisator und Analysator, so besitzen beide Komponenten entgegengesetzte Phase, löschen sich also gegenseitig aus. Ist das Licht indessen durch ein doppelbrechendes Medium hindurchgegangen, so haben die beiden Komponenten — wie wir oben sahen — eine Phasendifferenz, deren Betrag noch von der Wellenlänge, d. h. der Farbe des Lichtes abhängt. Die verschiedenen Farben werden also verschieden stark aufgehellt und ergeben so ein farbiges Gesichtsfeld. Allerdings ist hierbei zu beachten, daß bei einem schwach doppelbrechenden Medium — und bei verspannten Gläsern handelt es sich im allgemeinen um *schwache* Doppelbrechung — die Änderung des Phasenunterschiedes mit der Wellenlänge nur gering ist, so daß hier die Färbung noch nicht deutlich wahrzunehmen ist, sondern einfach eine schwache Aufhellung, ein graues Gesichtsfeld oder graue Flecke im Gesichtsfeld sichtbar werden. Ist der Gangunterschied der beiden Komponenten, der ja gleich $d \cdot \Delta n$ war, Null, so findet volle Auslöschung für alle Farben statt, das Gesichtsfeld ist also dunkel (schwarz).

Bei $d \cdot \Delta n =$ 82,5	$m\mu$	ist	das	Gesichtsfeld	eisengrau/lavendelschwarz
165	„	„	„	„	graublau/grau
250	„	„	„	„	fast rein weiß (schwach grünlich)
300	„	„	„	„	hellgelb
350	„	„	„	„	lebhaft gelb
430	„	„	„	„	orangegelb
450	„	„	„	„	orange
500	„	„	„	„	rotorange
530	„	„	„	„	rot I. Ordnung
550	„	„	„	„	tiefrot
565	„	„	„	„	purpur
575	„	„	„	„	violett I. Ordnung
590	„	„	„	„	indigo
665	„	„	„	„	himmelblau
730	„	„	„	„	grünlichblau
750	„	„	„	„	grün
800	„	„	„	„	hellgrün
850	„	„	„	„	gelblichgrün

Aus der Tabelle[1]) sehen wir, daß bei 530 $m\mu$, dem „Rot I. Ordnung", bereits eine geringe Änderung des Gangunterschiedes eine deutlich wahrnehmbare Änderung der Farbe hervorruft, während z. B. in der Nähe von Null eine gleichgroße Änderung des Gangunterschiedes aus der Farbänderung quantitativ nicht bestimmbar ist.

Handelt es sich daher bei der Prüfung eines optischen Systems nur um die qualitative Feststellung, ob überhaupt Doppelbrechung, also Verspannung, vorliegt, so wird eine Prüfung mit Polarisator und Analysator — wir werden gleich noch näher darauf eingehen — genügen. Soll aber auch etwas über die Größenordnung der Verspannung bzw. des Mittelwertes der durch sie bedingten Doppelbrechung ausgesagt werden, so wird man durch Zwischenschalten eines doppelbrechenden Mediums, das den beiden interferierenden Komponenten einen Gangunterschied von etwa 530 $m\mu$ gibt, dafür sorgen, daß man sich in dem Gebiet des „Rot I. Ordnung" befindet. Dies ist z. B. möglich durch Einschalten eines Gipsplättchens von etwa 0,05 mm Dicke.

Aus dem oben für die Amplitude der beiden interferierenden Komponenten angegebenen Wert $C \cos j \sin j$ ersehen wir noch, daß erstens das Gipsplättchen so angeordnet werden muß, daß seine beiden ausgezeichneten Richtungen a und b mit den Schwingungsrichtungen c und e Winkel von 45^0 bilden, da dann die Amplituden ihren größten Wert besitzen, die Kontraste zwischen Aufhellung und Auslöschung also am größten werden, und daß zweitens das auf Verspannung zu prüfende Glas zu drehen ist, bis sich der qualitativ größte Wert der Farbänderung

[1]) Die Färbung des Gesichtsfeldes ist natürlich von der Zusammensetzung des für die Prüfung benutzten (weißen) Lichtes abhängig. Die den resultierenden Farben zugeordneten $(d \cdot \Delta n)$-Werte (oder umgekehrt) schwanken daher in der Literatur etwas. [Vgl. z. B. G. Szivessy, Kristalloptik, Handbuch der Physik XX, S. 761 (Berlin 1928); — F. Rinne - M. Berek, Anleitung zu optischen Untersuchungen mit dem Polarisationsmikroskop, S. 120 (Leipzig 1934), wo auch die Färbungen für *Parallelstellung* von Polarisator und Analysator angegeben sind.]

zeigt. Denn fällt z. B. zufällig die eine der ausgezeichneten Richtungen mit der Schwingungsrichtung des Polarisators zusammen, so ist $j = 0^0$ bzw. 90^0, und die beiden Amplituden verschwinden, so daß auch bei starker Verspannung keine Aufhellung oder Farbänderung des Gesichtsfeldes wahrzunehmen ist.

Die quantitative Abschätzung der Stärke der Verspannung kann man sich übrigens noch dadurch erleichtern, daß man einen stufenförmig unterteilten Glimmerkeil benutzt, dessen einzelne Stufen verschiedene Dicke haben, derart, daß der Dickenunterschied je zweier aufeinanderfolgender Stufen konstant ist. Bringt man diesen Keil zwischen Polarisator und Analysator, zwischen denen sich bereits das oben erwähnte Gipsplättchen befindet, so unterscheiden sich bei der Beobachtung die verschiedenen Stufen des Glimmerkeils durch verschiedene Färbung, und man kann die Färbung, die bei Einschalten des verspannten Glases entsteht, mit diesen Farben des Glimmerkeils vergleichen. Da der Gangunterschied der beiden Komponenten für die einzelnen Stufen des Glimmerkeils bekannt ist, so gibt dies ein Maß für den Spannungszustand des untersuchten Glases.

Zu beachten ist hierbei natürlich wieder, daß man dem Glimmerkeil die richtige Lage zu den Schwingungsrichtungen des Polarisators und Analysators gibt, wie dies schon oben für das Gipsplättchen betont wurde.

Erwähnen wollen wir noch, daß man bei Benutzung des Glimmerkeils im allgemeinen im sogenannten subtraktiven Verfahren arbeitet, d. h. der Glimmerkeil ist so eingerichtet, daß seine dickste Stufe ohne Gipsplättchen das „Rot I. Ordnung" erzeugen würde. Man ordnet nun Gipsplättchen und Glimmerkeil so an, daß die entsprechenden Achsenrichtungen um 90^0 zueinander gedreht sind, so daß sich ihre Wirkung an der Stelle der dicksten Stufe des Keils aufhebt, hier also wieder volle Dunkelheit herrscht und die Farben der übrigen Stufen demnach zwischen „Schwarz" und „Rot I. Ordnung" liegen. Natürlich ist es auch möglich, im additiven Verfahren zu arbeiten, also die entsprechenden Achsenrichtungen von Gipsplättchen und Keil zusammenfallen zu lassen.

Um ein optisches System oder eine einzelne optische Linse auf Spannungen zu untersuchen, benutzt man auch oft zweckmäßig eine *punkt*förmige Lichtquelle, vor der sich der Polarisator befindet (Abb. 70).

Erblicken wir nun — wenn wir das auf seinen Spannungszustand zu untersuchende Glas zwischen den Polarisator und den um 90^0 gegen den Polarisator gedrehten Analysator bringen — ein schwarzes Kreuz (Abb. 71) auf hellem Grunde,

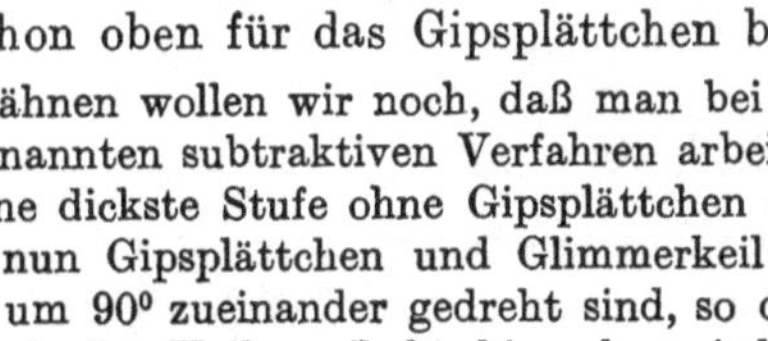

Abb. 70

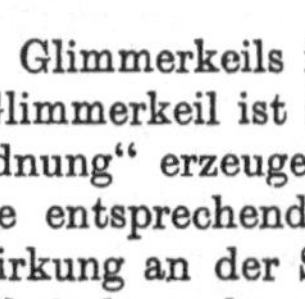

Abb. 71

Abb. 70. Zur Spannungsuntersuchung einzelner optischer Linsen oder Linsensysteme mittels zweier Nicolscher Prismen und punktförmiger Lichtquelle.

Abb. 71. Gesichtsfeld bei Prüfung einer spannungsfreien Linse sowie einer Linse mit regelmäßiger Spannung bei Prüfung mit der Anordnung nach Abb. 70. Bei spannungsfreier Linse dreht sich das Kreuz bei Drehung der Linse *nicht* mit, bei regelmäßiger Spannung dreht es sich mit.

das seinen Mittelpunkt auf der optischen Achse der Linse hat und sich beim Drehen der Linse mit dieser mitdreht, so besitzt das Glas einen Spannungszustand, den man als regelmäßige Spannung bezeichnet und der für die Abbildung ziemlich unschädlich ist.

Ist das zwischen Polarisator und Analysator gebrachte optische System völlig spannungsfrei, so sollte wegen der gekreuzten Stellung der Polarisatoren das ganze Gesichtsfeld dunkel sein.

Da nun aber bei schiefem Einfall des (linear polarisierten) Lichtes die Polarisationsebene des gebrochenen (sowie des reflektierten) Lichtes gegen die des einfallenden Lichtes gedreht ist, so ist in vielen Fällen auch bei spannungsfreien optischen Systemen nicht das ganze Gesichtsfeld dunkel, sondern es wird gleichfalls ein dunkles Kreuz auf grauem Untergrund zu erkennen sein, dessen „Balken" die Richtung der Schwingungsebenen des Polarisators und Analysators haben, das sich aber beim Drehen des optischen Systems nicht mitdreht. In diesen Fällen ist das optische System also als spannungsfrei anzusprechen.

Ist das Gesichtsfeld von unregelmäßigen dunklen Streifen und Kurven durchzogen, so hat die geprüfte Linse einen unregelmäßigen Spannungszustand, der sie für optische Zwecke im allgemeinen als unbrauchbar ausweist.

Um Planglasplatten und Prismen auf ihren Spannungszustand hin zu untersuchen, macht man den zuvor für die Prüfung von Linsen beschriebenen Aufbau mit einer vollkommen spannungsfreien Linse und bringt in den Strahlengang die zu prüfenden Platten bzw. Prismen.

Man kann das Prüfverfahren auch in Autokollimation anwenden (Abb. 72), indem man die zuvor erwähnte spannungsfreie Linse durch einen Konkavspiegel er-

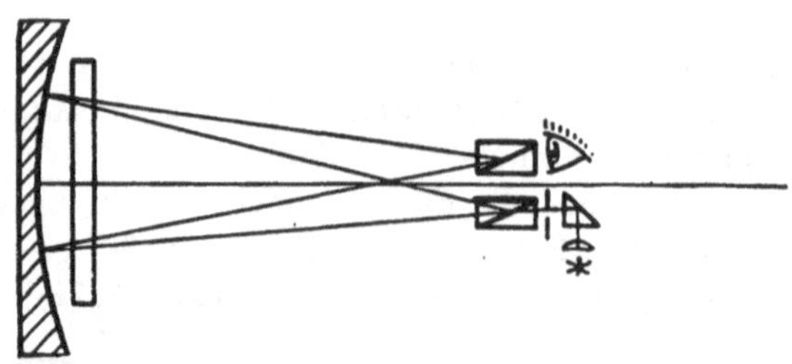

Abb. 72. Spannungsprüfung ebener Platten im Autokollimationsverfahren.

setzt und Polarisator und Analysator nebeneinander in gleichem Abstande von der Achse des Spiegels anordnet. Dies Autokollimationsverfahren vermeidet die oft nicht leicht zu beschaffende völlig spannungsfreie Linse[1]).

[1]) Vgl. zu diesem Abschnitt u. a.: H. Kessler, a. a. O. (II), S. 777. — H. Hartinger, Ein Spannungsprüfer für Brillengläser. ZS. f. ophthalm. Optik **9**, 99—103, 1921 [**2**, 1062]. — Fr. Späte, Über die Untersuchung von Glas mittels des polarisierten Lichtes. Glastechn. Ber. **2**, 1—19, 1924 [**5**, 1586]. — W. Ewald, Über die Prüfung der Kühlung von Glas. Die Glas-Industrie 1929, Heft 8 [—, —]. — Hier wird u. a. darauf hingewiesen, daß man — besonders bei unregelmäßig begrenzten Glasstücken — den Prüfling in eine

IV. UNTERSUCHUNG DER ABSORPTION UND DER LICHT-DURCHLÄSSIGKEIT OPTISCHER SYSTEME

Um die Absorption einer fertig geschliffenen Linse zu bestimmen, können wir etwa folgendermaßen verfahren: Wir benutzen einen Trog, dessen Boden bzw. dessen Seitenwände durchsichtige planparallele Platten sind (Abb. 73 u. 74). Diesen Trog füllen wir mit einem Flüssigkeitsgemisch, dessen Zusammensetzung wir so lange variieren, bis sein Brechungsindex (für eine bestimmte Farbe, für die wir die Absorption bestimmen wollen) mit dem der Linse übereinstimmt (s. o. S. 17 u. f.). Ein paralleles Strahlenbündel durchsetzt das Flüssigkeitsgemisch und den Trog und trifft außerhalb des Troges auf einen LUMMER-BRODHUN-Würfel, ein Fleckfettphotometer oder ähnliches, dessen Rückfläche durch ein zweites paralleles Strahlenbündel beleuchtet wird, dessen Beleuchtungsstärke z. B. durch eine zwischengeschaltete geeichte Grauplatte veränderlicher Dicke — Doppelkeil — variiert werden kann.

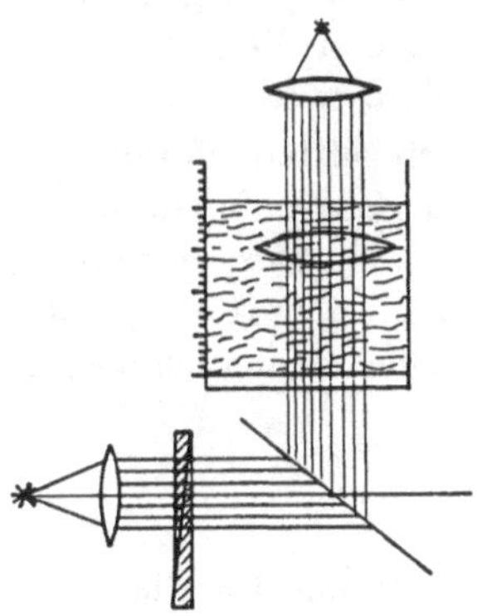

Abb. 73

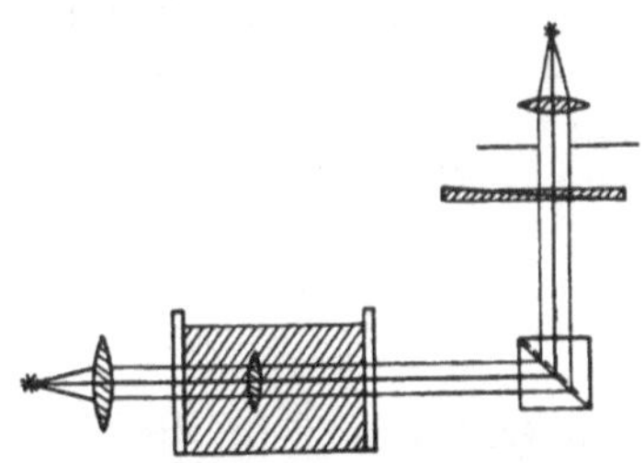

Abb. 74

Abb. 73. Anordnung zur Messung der Absorption optischer Linsen.

Abb. 74. Anordnung zur Bestimmung des Unterschiedes der Lichtabsorption durch eine Linse gegen die Lichtabsorption durch eine gleiche „Flüssigkeitslinse". Bestimmt man dann die Lichtabsorption durch die Flüssigkeit gesondert, so läßt sich auch die Absorption durch die Linse angeben.

Man bringt nun die zu prüfende Linse so in das Flüssigkeitsgemisch hinein, daß ihre Achse den Lichtstrahlen parallel ist — wegen der Gleichheit des Brechungsindex bleiben die Lichtstrahlen auch nach dem Durchgang durch die Linse parallel und werden von den Linsenflächen nicht reflektiert — und sorgt durch Veränderung der Dicke der Grauplatte für gleiche Beleuchtungsstärke beider Seiten der Photometerfläche.

Immersionsflüssigkeit, z. B. Benzol, bringt, die sich in einem von spannungsfreien Glaswänden begrenzten Trog befindet, der zwischen Polarisator und Analysator aufgestellt ist. — J. WILSING, Untersuchung der Wirkung der Doppelbrechung auf die Genauigkeit der Strahlenvereinigung beim 80-cm-Objektiv des Astrophysikalischen Observatoriums bei Potsdam. Sitz.Ber. d. kgl. preuß. Akad. d. Wiss. **44,** 920, 1913 [—, —]. — Mme ANIUTA WINTER-KLEIN et FRANCIS NAUDIN, Relation entre la transformation thermique du verre et l'apparition d'une tension interne. C. R. **231,** 516—517, 1950 [**30,** 1116]. - Untersuchung der durch Wärmebehandlung (0—700° C) bedingten inneren Spannungen durch Messung der durch diese verursachten Doppelbrechung.

Nach Entfernung der zu prüfenden Linse hat man (in Abb. 73) durch Eintauchen eines Glasstabes (außerhalb des Querschnitts des Lichtzylinders) dafür zu sorgen, daß die durchstrahlte Flüssigkeitssäule wieder die gleiche Höhe hat wie vorher, als sich die zu prüfende Linse in der Flüssigkeit befand[1]). Durch Ändern (Verringern) der Dicke der Grauplatte ist wieder auf gleiche Beleuchtungsstärke beider Seiten der Photometerfläche einzustellen.

Der erforderliche Dickenunterschied der (geeichten) Grauplatte ist allein durch die Absorption in der untersuchten Linse bedingt.

Die durch die Linse bedingte zusätzliche Lichtschwächung wird nicht über den ganzen Durchmesser der Linse gleich sein, sondern bei Sammellinsen in der Mitte ihren größten Betrag haben[2]).

Um die Absorption des Glasmaterials pro Zentimeter zu bestimmen, wird man für die Messung nur ein — durch zwischengeschaltete Blenden begrenztes — enges Strahlenbündel durch die Mitte der Linse gehen lassen und die gemessene Absorption ($\log I_0 - \log I$) durch die Dicke d der Linse dividieren.

Statt den Vergleich der beiden Beleuchtungsstärken mittels Photometer durchzuführen, kann dies natürlich auch mit Photozellen oder auf photographischem Wege erfolgen. Die Photozelle muß dabei möglichst ganz ausgeleuchtet sein, um von lokalen Zellenschwankungen unabhängig zu sein. Zweckmäßig ist es, das durch den Prüfling gegangene Licht zunächst in eine ULBRICHTsche Kugel zu schicken[3]).

Handelt es sich nur um die Feststellung der Absorption des Glasmaterials — also einer bestimmten Glassorte —, aus dem eine optische Linse angefertigt werden soll, so kann man die Prüfung ohne Benutzung eines mit einer Flüssigkeitsmischung gefüllten Troges vornehmen. Es ist nur nötig, die Messung an zwei verschieden dicken Blöcken aus dem betreffenden Glasmaterial vorzunehmen, die beide zwei einander gegenüberliegende, in genau gleicher Weise angeschliffene und polierte parallele ebene Flächen besitzen. Die Differenz der an beiden Stücken festgestellten Lichtabnahme ist dann allein durch die Absorption des Lichtes in einem Glasblock bedingt, dessen Dicke gleich der Differenz der Dicken der beiden Glasblöcke ist[4]).

---

[1]) Die *Oberfläche* der Flüssigkeit im Trog wird also bei den beiden auszuführenden Messungen bis zu *verschiedenen* Skalenstrichen reichen, und zwar bei der Messung *ohne* Linse um die (mittlere) Dicke der Linse niedriger stehen müssen, damit die Flüssigkeitssäule bei beiden Messungen die gleiche Höhe hat. [Mit der Anordnung nach Abb. 75 kann zunächst nur der Unterschied der Absorption durch die Linse gegen die Absorption einer gleichen „Flüssigkeitslinse" bestimmt werden.]

[2]) Vgl. H. KLARMANN (Anm. 1 der S. 77).

[3]) Vgl. hierzu auch: H. SCHOBER, Photometrische Messungen an optischen Geräten. Das Licht **14**, 27—32, 1944 [**25**, 322]. - Hier auch Hinweise auf Fehlermöglichkeiten und ihre Vermeidung (vgl. S. 95).

[4]) Vgl. z. B. HANS JENSEN, Die Lichtdurchlässigkeit optischen Glases. Glastechn. Ber. **20**, 46—48, 1942 [**23**, 1252].

Um die „Durchlässigkeit" — die nicht nur von der Absorption, sondern auch von der Reflexion und der Streuung abhängig ist — z. B. eines photographischen Objektivs zu bestimmen, kann man[1]) eine senkrecht zur optischen Achse des Objektivs liegende weiße, diffus leuchtende Fläche vom Radius R benutzen[2]).

Bildet man nun erstens diese leuchtende Fläche durch das Objektiv auf einer photographischen Platte ab und beleuchtet andererseits eine gleiche photographische Platte, die sich im Abstand l von der leuchtenden Fläche befindet, direkt, wobei man den Abstand l so wählt, daß bei annähernd gleichen Belichtungszeiten $t_1 \approx t_2$ die Schwärzungen in beiden Fällen nahezu gleich sind[3]), so ergibt sich der Durchlässigkeitskoeffizient T, das Verhältnis der beiden Beleuchtungsstärken, aus der Beziehung

$$T = \frac{t_2}{t_1} \frac{R^2}{R^2 + l^2} \frac{\beta^2}{\sin^2 u} = \frac{t_2}{t_1} \frac{R^2}{R^2 + l^2} \left(\beta^2 + \frac{[\beta(f+d)+f]^2}{h^2}\right),$$

wo noch β die (lineare) Lateralvergrößerung der Abbildung der leuchtenden Fläche, u der objektseitige Öffnungswinkel des abbildenden Strahlenbündels, f die Objektivbrennweite, h die objektseitige Blendenbildgröße, d der Abstand der wirksamen Blende vom ersten Hauptpunkt ist.

Um den Absorptionskoeffizienten von Lichtfiltern in seiner spektralen Abhängigkeit zu bestimmen, benutzen Dobson und Griffith[4]) einen Spektrographen, vor dessen Spalt Sp (Abb. 75) ein Graukeil K bekannten Dichteanstiegs mit zum Spalt senkrechter Keilkante angebracht ist. Außerdem wird der Spalt zum Teil mit dem zu untersuchenden Filter F derart abgedeckt, daß dies gleichzeitig den lichtdurchlässigeren Teil

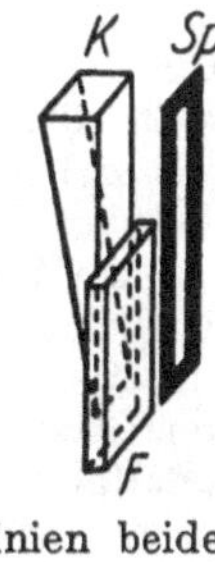

Abb. 75. Zur Bestimmung des Absorptionskoeffizienten von Lichtfiltern in seiner spektralen Abhängigkeit. Sp = Spektrometerspalt. K = Graukeil mit in Spaltrichtung sich ändernder Durchlässigkeit. F = zu prüfendes Filter, das aber nur die Hälfte des Spaltes sowie die Hälfte des Graukeiles bedeckt. Die spektrale Zerlegung des Lichtes (durch das Spektrometerprisma) erfolgt senkrecht zur Richtung des Spaltes Sp. Die Spektren bzw. alle Spektrallinien beider Spektren sind also hinsichtlich der Intensität in Richtung parallel zu Sp von unten nach oben kontinuierlich abnehmend.

---

[1]) C. W. Moffitt, A method for determining the photographic absorption of lenses. Journ. Opt. Soc. Amer. **4**, 83—90, 1920 [**1**, 1284]; The Optician **61**, 138—140, 1921 [**2**, 1060]; Phys. Rev. (2) **15**, 219—221, 1920 [**4**, 191].

[2]) Z. B. die mit einer Opalglasscheibe verschlossene kreisförmige Öffnung eines innen geweißten, die Lichtquelle umschließenden Kastens, wobei noch durch Vorsatzfilter die spektrale Intensitätsverteilung der des Tageslichtes angenähert werden kann.

[3]) Dies ist auch deswegen erforderlich, da in der photographischen Schicht gleichfalls Streuung des Lichtes stattfindet, die bei starken Unterschieden der Schwärzung die Ergebnisse fälschen können. Vgl. hierzu etwa P. Heinisch, Untersuchung über die Zerstreuung des Lichtes durch entwickelte Emulsionsschichten. Diss. Techn. Hochschule Berlin 1931 [**12**, 2647].

[4]) G. M. B. Dobson and I. O. Griffith, Measurements of absorption coefficients of light filters. Proc. Phys. Soc. **39**, 223—226, 1927 [**8**, 2000]. — Andere hierher gehörige

des Keiles überdeckt, so daß das Spektrogramm aus zwei Teilen besteht[1]). Bei dem einen ist das Licht durch Keil + Filter, bei dem anderen nur durch den Keil gegangen. Für jede Wellenlänge lassen sich zwei Punkte gleicher Schwärzung finden, je einer in den beiden Teilen des Spektrums. Das Produkt aus „Abstand zwischen zwei solchen Punkten" und „Dichteanstieg des Keiles" gibt den Absorptionskoeffizienten des Filters für die betreffende Wellenlänge.

Zum Schluß dieses Abschnittes sei noch auf einige Arbeiten von G. HANSEN[2]) hingewiesen, in denen allgemeine Fragen über Absorptionsmeßgeräte erörtert werden, sowie auf eine Arbeit von GERSCHUN[3]), in der eine Näherungsformel für die Berechnung des Absorptionskoeffizienten optischen Glases aus der mit Polarisationsphotometer gemessenen Durchlässigkeit einer (etwa 10 cm) dicken Glasplatte angegeben wird.

V. PRÜFUNG AUF SCHLEIF- UND POLIERFEHLER BESTIMMUNG DES STREULICHTES

Wir kommen nun zu den Methoden zur Prüfung auf Schleif- und Polierfehler. Um Kratzer auf den Oberflächen der einzelnen Linsen festzustellen, lege man die betreffende Linse auf eine dunkle Unterlage bzw. halte sie gegen einen dunklen Hintergrund und beleuchte die zu prüfende Fläche von oben mit einer intensiven Lichtquelle. Man wird dann bei leichtem Hin- und Herbewegen der Linse die evtl. vorhandenen Kratzer aufleuchten sehen. Zur Steigerung der Prüfgenauigkeit kann man hierbei die zu prüfende Fläche mit einer Lupe betrachten[4]).

Methoden finden sich z. B. in W. EITEL und B. LANGE, Lichtelektrisches Verfahren zur Aufnahme von Absorptionskurven gefärbter Gläser. Glastechn. Ber. **9,** 211—216, 1931; Lichtelektrische Messung der Durchlässigkeit und Farbenreinheit optischer Gläser. Glastechn. Ber. **9,** 216—218, 1931 [**12,** 1665]. - Die Messungen werden hier mittels Sperrschichtphotozellen und empfindlichem Galvanometer durchgeführt. Es wird darauf hingewiesen, daß die Silberselenid-Photozelle in ihrer spektralen Empfindlichkeitskurve große Ähnlichkeit zur Empfindlichkeitskurve des menschlichen Auges hat. Für genauere spektrale Abhängigkeitsuntersuchungen der Absorption wird ein Monochromator benutzt. — A. RUSS und M. THOMAS, Über ein Verfahren zur Messung des Graugehaltes und des Farbstiches von Gläsern. Sprechsaal 1929, Nr. 50, 12 S. [**12,** 769]. - Der Graugehalt wird hier mit einem „Mattglaskeil", der aus einem Streifen säuremattierten Glases durch allmähliches Herausziehen aus einer Blankätze hergestellt wurde, der Farbstich mit Farbkeilen photometrisch gemessen. — J. M. WALDRAM, The Precise Measurement of Optical Transmission, Reflection and Absorption Factors. Proc. Intern. Congr. Illum. Comm. Nr. 69, S. 1020—1046 [**11,** 1266].

[1]) Das Prisma, durch das die spektrale Zerlegung des Lichtes erfolgt, hat natürlich seine Keilkante parallel zur Richtung des Spaltes.

[2]) G. HANSEN, Optische Grundlagen der lichtelektrischen Absorptionsmessung. ZS. d. Vereins Dtsch. Chemiker, Beiheft Nr. 48, 5—9. — G. HANSEN, Zum Entwurf lichtelektrischer Absorptionsmeßgeräte. Zeiß-Nachr. 4. Folge, 8—26, 1941 [**23,** 337]. - Zum Entwurf lichtelektrischer Absorptionsmeßgeräte II. Zeiß-Nachr. 4. Folge, 157—172, 1943 [—, —].

[3]) A. A. GERSCHUN, Über ein Näherungsverfahren zur Berechnung der Absorption des optischen Glases. ZS. f. techn. Phys. **10,** 18—19, 1929 [**10,** 684].

[4]) E. GELBKE, Die Untersuchung großer polierter Glasoberflächen. Zeiß-Nachr. **4,** 89—91, 1941 [**23,** 763]. - Das hier beschriebene Gerät benutzt als Lichtquelle eine allseitige Auflicht-Dunkelfeld-Beleuchtung und zur Beobachtung eine besondere Anordnung mit großem Gesichtsfeld, 40- bis 60facher Vergrößerung und großem Objektabstand, um wäh-

Es kann vorkommen, daß bei dem Schleifen oder Polieren der Flächen einzelne Teile der Fläche stärker angegriffen werden als andere, so daß die Fläche nach der Bearbeitung noch — etwa ringförmige — Zonen aufweist. Diesen Fehler stellt man am einfachsten durch Prüfen der Fläche mit dem zugehörigen Probeglas fest. Es werden Interferenzen auftreten, deren Aussehen an den Stellen derartiger Zonen auffällige Unterschiede (Unregelmäßigkeiten u. a.) gegenüber dem Aussehen an den Stellen einwandfreier Bearbeitung aufweist.

Ein objektives Verfahren zur Bestimmung der Güte der Politur gibt H. M. Brandt an (Abb. 76)[1]). Es wird in durchgehendem Licht gearbeitet und die Streuung — in Abhängigkeit von der Streurichtung — mittels Photozelle bestimmt. Die entstehenden Photoströme werden mittels Galvanometer gemessen und in Leuchtdichte bzw. deren Logarithmen umgerechnet.

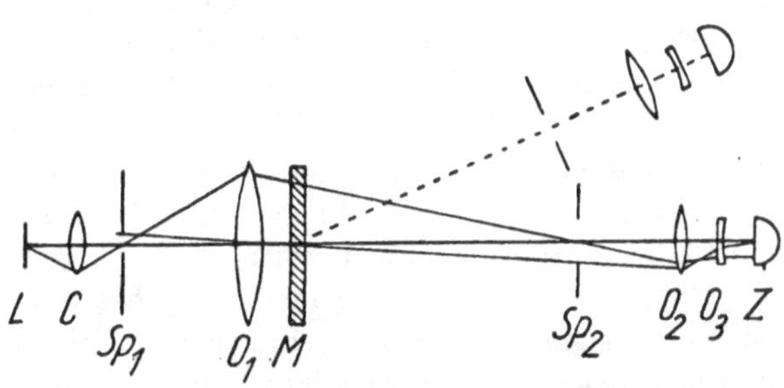

Abb. 76. Zur Prüfung der Güte der Politur optischer Flächen. Zur Beurteilung dient die Streuung des Lichtes. Das Streulicht wird mittels Photozellen gemessen. L = Lichtquelle (Kinolichtlampe), C = asphärischer Kondensor, Sp_1 = Spalt, auf dem L durch C abgebildet ist und der als eigentliche Lichtquelle wirkt. O_1 = Objektiv zur Abbildung von Sp_1 auf Spalt Sp_2, dessen Breite der Bildbreite von Sp_1 entspricht. M = zu untersuchende geschliffene oder polierte Probe. O_2O_3 = Objektiv zur Abbildung von Sp_2 auf Photozelle Z. Sp_2, O_2O_3 und Z um Achsenschnittpunkt mit M verschwenkbar, um Streuung unter verschiedenen Winkeln messen zu können.

Der Versuchsaufbau selbst ist folgender: Eine Lichtquelle (Kinoröhrenlampe) wird durch einen (asphärischen) Kondensor C auf einen verstellbaren Spalt Sp_1 abgebildet, der so als eigentliche Lichtquelle wirkt und durch ein Objektiv O_1 in Sp_2 abgebildet wird, wobei die Breite von Sp_2 entsprechend der Vergrößerung

rend der Beobachtung die Prüffläche mit Wattebausch und Pinsel von Unreinigkeiten (Staubkörnchen usw.) befreien zu können. — W. Loos, W. Klemm und A. Smekal, Anwendung der Phasenkontrast-Mikroskopie auf Modellversuche zum Poliervorgang an Gläsern. Naturwissensch. **29,** 769—770, 1941 [**23,** 762]. — W. Klemm, Zum Poliervorgang an spröden Körpern. Glastechn. Ber. **20,** 346—347, 1942 [—, —]. - In diesen Arbeiten, die den Poliervorgang im allgemeinen untersuchen, werden die — hier künstlich eingeritzten — Kratzer mit dem Phasenkontrast-Mikroskop beobachtet.

Laboratoriumsgeräte und Prüfverfahren zur Beurteilung von Polierversuchen und deren Vergleich sind auch angegeben in: U. Haberland, Paul Neubert und Max Werner, Vergleichende Prüfung von Metalloxyden auf ihre Polierwirkung. Glastechn. Ber. **14,** 60—66, 1936 [**17,** 1124]. — Regeln und Kunstgriffe über das Schleifen sind gegeben in: C. Dévé, Étude cinématique du travail des surfaces optiques. Rev. d'Opt. **3,** 108—126, 157—174, 257—269, 334—341, 1924 [**6,** 228].

[1]) H. M. Brandt, Die Veränderung der Oberfläche eines Glases durch Schleifen und Polieren. Mitteilungen a. d. Opt. Inst. d. T. H. Berlin, 1—115, 1937 [**18,** 1819]. - Dort ist auch viel Literatur angegeben. — J. Urbanek, Sur la diffusion de la lumière par les

der Breite von Sp_1 eingestellt wird. Die Probe, deren geschliffene bzw. polierte Flächen auf ihre Güte untersucht werden sollen, wird hinter das Objektiv O_1 senkrecht zu dessen Achse an die Stelle M gebracht. Um diese Stelle M ist ein Arm (optische Bank) drehbar, auf dem der Spalt Sp_2 sowie ein weiteres — aus einer Konvexlinse O_2 und einer Konkavlinse O_3 zusammengesetztes — Objektiv steht, durch das die Probe auf der Photozelle Z abgebildet wird. Je nach dem Winkel, um den die optische Bank um den Punkt M geschwenkt ist, erhält man die in diese Richtung gestreute Intensität.

Bei einer anderen Anordnung benutzt BRANDT ein Spektrometer, das für die Winkeleinstellung eine Ablesung auf 5″, eine Schätzung auf 2,5″ gestattet. Die Probe befindet sich auf dem Spektrometertisch und kann sowohl im reflektierten als auch im durchgelassenen Licht auf Streuung untersucht werden. Durch Verkleidung der inneren Rohrwandung mit schwarzem Velourpapier und Einschaltung von Blenden sind Reflexe am Kollimatorrohr weitgehend vermieden. Statt des Spektrometerfernrohres ist wieder eine drehbare optische Bank benutzt, da sich die Reflexe im Fernrohr nicht genügend beheben ließen.

Läßt man paralleles Licht schräg auf eine geschliffene, also rauhe Oberfläche auftreffen, so wird es im allgemeinen an der Oberfläche gestreut. Von einem bestimmten Neigungswinkel i des einfallenden Lichtes gegen die (allgemeine) Flächennormale macht sich die Rauhigkeit nicht mehr durch Streuung bemerkbar. Es tritt reguläre Reflexion ein. Dieser Winkel i bzw. der Wert $\frac{\cos i}{\lambda}$ kann als — von der benutzten Wellenlänge unabhängiges — Maß für die Glätte (= reziproke Rauhigkeit) der Fläche benutzt werden[1]). Aus ihm ergibt sich der in Richtung

surfaces polies. C. R. **190**, 862—864, 1930 [**12**, 81]. - Durch ein System von Blenden hindurch wird von einer intensiven Lichtquelle ein kleiner Lichtfleck (paralleles Licht) auf die zu untersuchende Fläche geworfen. Der Prüfling ist von einem (halben) Kreiszylinder umgeben, dessen Achse senkrecht zur Einfallsebene liegt und durch den Lichtfleck geht und dessen dem Prüfling zugekehrte Innenfläche mit einer (schwarzen) photographischen Schicht versehen ist, die durch das reflektierte sowie durch das vom Prüfling gestreute Licht belichtet wird. Die Schwärzungen werden in Abhängigkeit vom Streuwinkel photometrisch bestimmt. Durch Drehen des Prüflings um die Achse des umgebenden Kreiszylinders wird der Einfallswinkel des auf den Prüfling fallenden Strahlenbündels variiert. — G. I. POKROWSKI, Versuchsergebnisse über die Zerstreuung des Lichtes im Bereich kleiner Winkel. ZS. f. Phys. **65**, 130—132, 1930 [**12**, **919**]. - Hier wird ein leuchtender Punkt auf einem photographischen Film abgebildet und die zu untersuchende lichtstreuende Probe in den Strahlengang eingeschaltet. Das direkte Bild der Platte wird abgeblendet, der verbleibende „Lichthof“ photographiert und ausphotometriert (vgl. auch Anm. 3 der S. 89).

[1]) F. JENTZSCH, Der Grenzwinkel der regulären Reflexion. (Ein Maß für den optischen Zustand einer Oberfläche.) ZS. f. techn. Phys. **7**, 310—312, 1926 [**7**, 1938]. — Vgl. auch: HANS FREYTAG, Messung des Glanzes von Glasoberflächen. Glastechn. Ber. **20**, **142**—**146**, 1942 [**24**, 505]. — Aus Glanzmessungen (mit Hilfe des ZEISS-PULFRICH-Photometers) wird hier die Rauhigkeit von Glasoberflächen beurteilt. — S. TOLANSKY, Topography of a quartz crystal face. Nature **153**, 195—196, 1944 [**28**, 329]. — S. TOLANSKY, Further interferometric studies with mica. New multiple-beam fringes and their application. Proc. Roy. Soc. London (A), **186**, 261—271, 1946 [**28**, 330].

der Flächennormale gemessene Abstand h zwischen Erhöhung und Vertiefung zu $h \approx \frac{1}{8} \frac{\cos i}{\lambda}$.

Um die Güte der Politur zweier Oberflächen zu vergleichen, benutzt R. S. HUNTER[1]) ein aus einer größeren Zahl konzentrischer schwarzer und weißer Ringe verschiedener Breite bestehendes Testobjekt, das von hinten beleuchtet und so aufgestellt ist, daß sein Spiegelbild in der zu prüfenden bzw. in den zu vergleichenden Flächen visuell oder photographisch beobachtet werden kann. Einfalls- und Reflexionsrichtung werden unter 45° zur Flächennormale gewählt. Beobachtung in sonst völlig verdunkeltem Raum. Die Güte der Politur wird danach beurteilt, welche der (mit Buchstaben versehenen) Linien des Testobjektes deutlich im Spiegelbild erkannt werden.

VI. BESTIMMUNG DER DURCH REFLEXMINDERNDE OBERFLÄCHENSCHICHTEN ERZIELTEN STREULICHTVERRINGERUNG (KONTRASTSTEIGERUNG)

Wird ein Objekt durch ein optisches System abgebildet, so ist der „Kontrast im Bilde" oder „die Brillanz des Bildes" stets geringer als bei dem Objekt. Das ist im wesentlichen durch das Streulicht und das Reflexlicht in den Linsen des optischen Systems bedingt. Die große Bedeutung der modernen reflexmindernden Schichten[2]) beruht zum Teil auf der dadurch erzielten Erhöhung der Intensität,

[1]) RICHARD S. HUNTER, Gloss Investigations Using Reflected Images of a Targed Pattern. Journ. Opt. Soc. Amer. **26,** 190—196, 1936 [**17,** 1588]; Bur. of Stand. Journ. of Res. **16,** 359—366, 1936 [**17,** 2046]. - Vgl. hierzu MAURICE FRANCON et MICHEL CAGNET, Influence de la diffraction dans les mesures de lumière parasite. C. R. **230,** 75—76, 1950 [**29,** 1641]. - Hier wird darauf hingewiesen, daß man bei der Auswertung derartiger Streulichtmessungen bisher übersehen habe, daß die Beugung bei der Abbildung des (bzw. der) leuchtenden Ringe(s) bereits eine scheinbare Leuchtdichte im Bilde der schwarzen Ringe ergibt, die unter Umständen von gleicher Größenordnung sein kann wie die durch Streuung hervorgerufene.

[2]) Auf die verhältnismäßig schwierigen Methoden der Bestimmung der Dicke, des mittleren Brechungsindex und anderer Eigenschaften der reflexmindernden und anderer Oberflächenschichten sei hier nicht näher eingegangen. Wir begnügen uns mit dem Hinweis auf einige Arbeiten, in denen zweckentsprechende Methoden angegeben sind. ANTONIN VAŠIČEK, A new method for investigating the refractive index and the thickness of thin interference films on glass. Phys. Rev. (2) **57,** 925—931, 1940 [**21,** 2094]. — ANTONIN VAŠIČEK, Die Lichtreflexion am Glas mit Oberflächenschichten. Rozpr. Ceske Akad. (2) **51,** 1941 (Orig. tschech.); s. a.: Mitt. Tschech. Akad. Wiss. Prag 1941 (Ausz. dtsch.) [**23,** 1715]. — ANTONIN VAŠIČEK, Polarimetric methods for the determination of the refractive index and the thickness of thin films on glas. J. Opt. Soc. Amer. **37,** 145—158, 1947 [—, —]. - Dicke und Brechungsindex natürlicher oder künstlicher dünner Schichten auf Glas werden aus den den Polarisationszustand des reflektierten Lichtes kennzeichnenden, experimentell bestimmten Größen: Amplitudendifferenz ψ und Phasendifferenz Δ abgeleitet. Für die hierzu erforderlichen Berechnungen werden Tabellen mitgeteilt in: ANTONIN VAŠIČEK, Tables for the determination of the refractive index and of the thickness of the thin film by the polarimetric method. Journ. Opt. Soc. Amer. **37,** 979—980, 1947 [**28,** 337]. — PIERRE JACQUINOT, L'abaissement du pouvoir réflecteur des surfaces optiques. Rev.

besonders aber auf der Verringerung des Reflexlichtes, das sich dem Bilde überlagert und so dessen Kontrast verringert.

Die Messungen des reflektierten Lichtes können in prinzipiell gleicher Weise durchgeführt werden wie die in B IV beschriebenen Messungen des Streulichtes, nur daß es sich hier für jede Einfallsrichtung um eine bestimmte Reflexionsrichtung zu Flächenelementen der zu prüfenden Fläche handelt[1]).

Ein besonderes Meßverfahren zur Bestimmung des Kontrastes, der durch ein optisches System bewirkt wird, gibt H. SCHOBER[2]).

Er benutzt eine ULBRICHTsche Kugel *U* (Abb. 77), die an einer Stelle eine Öffnung besitzt. Diese ist von einem achromatischen Objektiv *A* ausgefüllt, dessen Brennweite gleich dem Durchmesser der Kugel ist. Diesem Objektiv gegenüber besitzt die *U*-Kugel eine erweiterte Öffnung, die von einer an der Kugel angesetzten, innen matt schwarzen (mit schwarzem Samt ausgekleideten) Kammer *SK* abgeschlossen wird, so daß wir hier eine schwarze Öffnung, umgeben von der weißen Innenfläche der Kugel haben, die durch *A* im Unendlichen abgebildet wird und deren Größe durch Einschieben von (einseitig geweißten) Blenden verringert wer-

d'Opt. **21**, 15—37, 1942 [**24**, 1214]. — R. SISSINGH und J. TH. GROOSMULLER, Optische Bestimmung der Dicke einer Oberflächenschicht auf Glas aus Reflexionsbetrachtungen. Phys. ZS. **27**, 518—522, 1926 [**7**, 2015]. — H. SCHULZ, Optische Bestimmung der Dicke einer Oberflächenschicht. Phys. ZS. **27**, 711—712, 1926 [**8**, 367]. — FRANZ ODENBACH, Dickenbestimmungen an dünnen Metallschichten durch optische Untersuchungen und Röntgenstrahlinterferenzen. Ann. d. Phys. (5) **38**, 469—485, 1940 [**22**, 520]. — G. D. SCOTT, An optical method for the thickness of thin films. Journ. appl. Phys. **21**, 72, 1950 [**29**, 1342]. - Mit Benutzung der (von TOLANSKY [s. o. S. 92, Anm. 1] zur Dickenmessung von Oberflächenschichten angewandten) WIENERschen Interferenzstreifenmethode läßt sich — wie SCOTT angibt — die Schichtdicke auf ± 5 Å messen. — G. D. SCOTT, T. A. MELAUCHLAN and R. S. SENNET, The thickness measurement of thin films by multiple beam interferometry. Journ. appl. Phys. **21**, 843—846, 1950 [**30**, 363]. - Enthält technische Einzelheiten und Anwendungsergebnisse der WIENER-TOLANSKY-Interferenzstreifenmethode der Dickenmessung. — L. G. SCHULZ, Accurate thickness measurements with a FABRY-PEROT-interferometer. Journ. Opt. Soc. Amer. **40**, 177—178, 1950 [**29**, 1342] gibt Genauigkeiten der Dickenmessung auf ± 15 Å an. — F. ABELÈS, La determination de l'indice et de l'epaisseur des couches minces transparentes. Journ. de Phys. et le Radium **11**, 310—314, 1950 [**30**, 216]. — HERBERT MAYER, Physik dünner Schichten. Teil I. Herstellung, Dickenmessung, optische Eigenschaften. Stuttgart (Wissenschaftl. Verlagsges. m. b. H.) 1950 [**30**, 927]. - Behandelt u. a. ausführlich die verschiedenen Methoden zur Dickenmessung dünner und dünnster Schichten (sowie zur Messung der Oberflächenrauhigkeiten). — FRED W. BILLMEYER jr., Measurements of the refractive index of films. Phys. Rev. (2) **71**, 489, 1947 [**27**, 256]; Journ. appl. Phys. **18**, 431—434, 1947 [**28**, 334]. — L. G. SCHULZ, The index of refraction of evaporated films of LiF. Phys. Rev. (2) **75**, 345, 1945 [**29**, 100]. - Vgl. auch den Artikel von W. KÖNIG im Handb. d. Physik **20**, Kap. 6, Ziffer 65—68 u. 82, Berlin 1928.

[1]) Derartige Reflexionsmessungen sind beschrieben u. a. in EUGEN KAPPLER, Ein Apparat zur Messung des Reflexionsvermögens. Phys. ZS. **44**, 83—86, 1943 [**24**, 976]. — W. F. LITTLE, Bestimmung des Reflexionsvermögens von Oberflächen. Trans. Ill. Soc. **18**, 333, 1923 [**5**, 193]. — PIERRE JACQUINOT, L'abaissement du pouvoir réflecteur des surfaces optiques. Rev. d'Opt. **21**, 15—37, 1942 [**24**, 1214]. — PAUL LOB, Ein Beitrag zur objektiven Bestimmung des Reflexionsvermögens von Oberflächenspiegeln. ZS. f. techn. Phys. **11**, 202—203, 1930 [**11**, 1885].

[2]) H. SCHOBER, Photometrische Messungen an optischen Geräten. Das Licht **14**, 27—32, 1944 [**25**, 322].

den kann. In der Kugel K befindet sich außerdem eine Glühlampe L, die keine direkte Strahlung auf den Achromaten A sowie auf die diesem gegenüberliegende schwarze Öffnung und deren Umgebung — soweit sie im Gesichtsfeld der zu prüfenden Optik liegt — werfen darf.

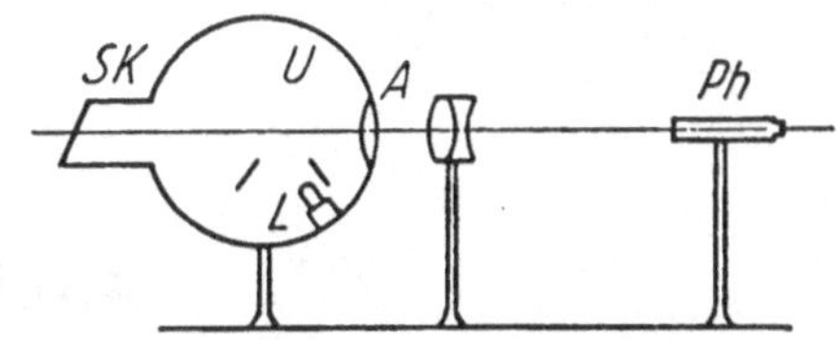

Abb. 77. Zur Bestimmung der durch die Absorption eines optischen Systems bewirkten Kontrastverminderung im Bild, gemessen mit Benutzung einer (innen weißen) ULBRICHTschen Kugel U mit schwarzer Kammer SK, die mit ihrer weißen Umgebung das Kontrastobjekt darstellt, das — indirekt durch Lichtquelle L beleuchtet — durch den Achromaten A im Unendlichen abgebildet wird. Ph = Photometer zur Messung der Leuchtdichte.

Die zu prüfende Optik wird vor das Objektiv A gebracht, und es wird von der schwarzen Öffnung mit umgebendem weißen Rand ein Bild entworfen. Mit einem Photometer Ph wird die Leuchtdichte B_{sm} des Bildes der schwarzen Öffnung sowie die Leuchtdichte B_{km} des Bildes der die Öffnung umgebenden Kugelfläche bestimmt. Sodann wird der Prüfling entfernt, und mit dem Photometer werden die entsprechenden Leuchtdichten B_{so} und B_{ko} gemessen. Nunmehr bildet man die Kontrastwerte

$$K_m = \frac{B_{km} - B_{sm}}{B_{km} + B_{sm}} \cdot 100$$

und

$$K_o = \frac{B_{ko} - B_{so}}{B_{ko} + B_{so}} \cdot 100$$

und deren Differenz

$$\Delta K = K_o - K_m,$$

die die durch das zu prüfende optische System bedingte Kontrastverminderung angibt[1]).

[1]) HOWARD S. COLEMAN, GEORG W. ARNOLD jr. and WALTER D. LUEDECKE, A method of measuring the contrast rendition of telescopic systems. Journ. Opt. Soc. Amer. **39**, 864—869, 1949 [**29**, 1041]. - Hier wird eine ganz ähnliche Anordnung zur Kontrastmessung beschrieben wie bei H. SCHOBER (s. vorstehende Anm.), dadurch erweitert, daß die Möglichkeit vorgesehen ist, eine „künstliche Sonne" in das Gesichtsfeld hineinzuspiegeln, deren „Richtung" gegen die Richtung zum eigentlichen Beobachtungsziel — der „schwarzen Kammer SK" bei SCHOBER — verschiedene Neigung gegeben werden kann.

Abschnitt C

I. BESTIMMUNG DER BRENNEBENE BZW. DES BRENNPUNKTES BESTIMMUNG DER „SCHNITTWEITE“

Für die Bestimmung der Lage des vorderen oder hinteren Brennpunktes eines optischen Systems müssen wir beachten, daß wegen der sphärischen Aberration ein wohldefinierter Brennpunkt nicht existiert, sondern daß jeder Zone des optischen Systems im allgemeinen ein besonderer Brennpunkt zuzuordnen ist. Es ist also zunächst die Fragestellung etwas genauer zu formulieren. Man kann nach der Lage des Gaussschen Brennpunktes, des Brennpunktes der paraxialen Strahlen, fragen. Oder es ist der Brennpunkt der einzelnen Zonen zu bestimmen. Oder endlich ist die sogenannte Einstellebene, d. h. diejenige Ebene zu suchen, die bei Benutzung der ganzen Öffnung des Objektivs die günstigste Lichtverteilung aufweist, d. h. im Schnittpunkt mit der Achse die größte Intensität und in der Nachbarschaft den stärksten Intensitätsabfall besitzt.

Diese Ebene liegt bei den sogenannten „unkorrigierten“ Systemen mit geringer sphärischer Aberration nach beugungstheoretischen Untersuchungen ziemlich genau in der Mitte zwischen dem Gaussschen Brennpunkt und dem Brennpunkt der Randstrahlen[1]). Sie fällt indessen nicht zusammen mit der „Ebene engster Einschnürung“. Das ist *die* Ebene, in der geometrisch-optisch das Lichtscheibchen seinen kleinsten Durchmesser hat. Diese Ebene liegt vielmehr dem Brennpunkt der Randstrahlen näher als die eigentliche Einstellebene, die Ebene größter Schärfe (Abb. 78).

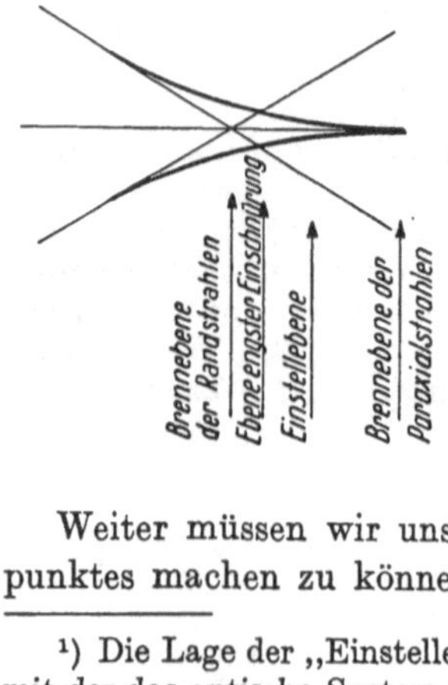

Abb. 78. Zur Definition der Begriffe: „Brennebene“ (der paraxialen bzw. der Randstrahlen), „Ebene engster Einschnürung“ und „Einstellebene“ bei sogenannten „unkorrigierten“ Systemen, deren „Kaustik“ (in der Abb. verstärkt gezeichnet) keinen außeraxialen Umkehrpunkt besitzt.

Weiter müssen wir uns, um zahlenmäßige Angaben über die Lage des Brennpunktes machen zu können, auf einen Bezugspunkt einigen, von dem aus wir die

[1]) Die Lage der „Einstellebene“ ist daher abhängig von der Größe der evtl. Abblendung, mit der das optische System benutzt wird. Da die optischen Systeme meistens für die Zone vom Durchmesser $\sqrt{\frac{1}{2}}\varnothing \approx 0{,}7\,\varnothing$ korrigiert sind, ist es oft vorteilhaft, diese Zone für die Bestimmung der Einstellebene zu benutzen. ($\varnothing$ bezeichnet dabei den ganzen „freien Durchmesser“ des optischen Systems.)

Entfernung des Brennpunktes messen wollen. Als leicht zugänglichen Punkt wählen wir als Bezugspunkt den Scheitel der letzten Fläche, so daß der Brennpunkt durch die Angabe der sogenannten Schnittweite gegeben ist. Den Abstand der Einstellebene vom Bezugspunkt können wir dabei als „mittlere Schnittweite" bezeichnen.

Wir haben aber noch zu beachten, daß die Brennebene wegen der chromatischen Fehler des optischen Systems auch von der Farbe abhängt. Es ist also die Lage der Brennebene nicht nur für die verschiedenen Zonen, sondern auch noch für verschiedene Farben zu bestimmen. Arbeiten wir mit weißem (gemischt-farbigem) Licht, so werden wir bei Benutzung der ganzen Öffnung als Einstellebene eine chromatisch und zonal gemittelte Ebene finden.

Zur Bestimmung der Brennebene sowie der Schnittweite und der Brennweite (s. C. III) eines optischen Systems benötigen wir eine ebene Lichtwelle, d. h. ein paralleles Strahlenbündel. Dies können wir uns entweder durch Benutzung eines unendlich entfernten leuchtenden Punktes (Sternes) oder näherungsweise durch Benutzung eines endlich, aber weit entfernten leuchtenden Punktes bzw. Gegenstandes verschaffen, dessen Abstand vom zu prüfenden optischen System wegen der bekannten Beziehung $x \cdot x' = -f'^2$ größer als die $(n+1)$fache Brennweite des optischen Systems sein muß, wenn diese mindestens auf $1/n$ ihres Betrages genau bestimmt werden soll. Für $n = 100$ ergibt sich also eine Genauigkeit von 0,99, für $n = 1000$ eine Genauigkeit von 0,999.

Eine weitere Möglichkeit zur Herstellung parallelen Lichtes besteht in der Benutzung eines Kollimators, eines auf unendlich eingestellten Fernrohrs (ohne Okular), in dessen Brennebene sich eine beleuchtete Lochblende, ein beleuchteter Spalt, ein beleuchtetes Fadenkreuz oder ähnliches befindet. Wir müssen aber dabei darauf achten, daß eine Ungenauigkeit vom Betrage $\Delta\,(\gtrless 0)$ in der Einstellung des Kollimators — dessen Brennweite gleich f_K sei — eine Ungenauigkeit $df = \Delta \cdot \frac{f^2}{f_K^2}$ in der Bestimmung der Lage der Brennebene des geprüften Systems (Brennweite $= f$) zur Folge hat[1]).

Soll df also klein sein, so muß Δ klein und $f_K \gg f$ sein, wobei darauf zu achten ist, daß die Öffnung noch genügend groß ist, da sonst die Lichtstrahlen sich unter einem zu kleinen Winkel schneiden, der Schnittpunkt der Strahlen also nicht mehr genügend scharf definiert ist. Dies würde zur Folge haben, daß Δ zu groß ist.

Die Einstellung des Kollimators auf Unendlich läuft im wesentlichen auch auf eine Bestimmung der Brennebene des Kollimatorobjektivs hinaus. Handelt es sich um einen Kollimator mit beleuchtetem Fadenkreuz und Autokollimationsokular, so können wir die A. IV 4, S. 40 erwähnte Methode zur Einstellung benutzen, nämlich vor das Fernrohr eine als Spiegel wirkende Planfläche stellen und die Einstellung

[1]) Aus: $\frac{1}{a'} - \frac{1}{-(f_K - \Delta)} = \frac{1}{f_K}$ folgt $\frac{1}{a'} \approx -\frac{\Delta}{f_K^2}$. Ist e der Abstand des zu prüfenden optischen Systems vom Kollimatorobjektiv, so ist weiter:

$$\frac{1}{f + df} + \frac{\Delta}{f_K^2 + e\Delta} = \frac{1}{f}, \quad \text{so daß} \quad \frac{df}{f^2} \approx \frac{\Delta}{f_K^2 + e\Delta} \approx \frac{\Delta}{f_K^2}, \quad \text{d. h.} \quad df = \frac{f^2}{f_K^2}\Delta.$$

so lange variieren, bis das Fernrohr auf das Spiegelbild des Fadenkreuzes scharf, d. h. parallaxenfrei (S. 39) eingestellt ist.

Ist außer dem Kollimator noch ein Fernrohr (mit Fadenkreuz) vorhanden, so kann man dieses durch Anvisieren eines sehr weit entfernten Gegenstandes auf Unendlich einstellen. Man stelle dann Fernrohr und Kollimator mit den Objektiven einander zugekehrt so nebeneinander auf, daß ihre optischen Achsen parallel liegen. Dann ändere man die Einstellung des Kollimators, dessen Testobjekt beleuchtet ist, so lange, bis dieses im Fernrohr — dessen Einstellung bleibt hierbei natürlich unverändert — scharf (parallaxenfrei) erscheint.

Benutzen wir als Objekt im Kollimator eine beleuchtete Lochblende, so läßt sich die Einstellung des Kollimators auf Unendlich mit in vielen Fällen ausreichender Genauigkeit in einfacher Weise durchführen, vorausgesetzt, daß das Kollimatorobjektiv gut korrigiert, insbesondere frei von sphärischer Aberration und die Öffnung der Lochblende — der „leuchtende Punkt" — genügend klein ist. Unter diesen Voraussetzungen genügt es oft, die beleuchtete Lochblende längs der optischen Achse des Kollimatorobjektivs so lange zu verschieben, bis der (kreisförmige) Querschnitt des Strahlenzylinders unmittelbar hinter dem Objektiv und in einigen Metern Abstand vom Objektiv die gleiche Größe besitzt. Genauer: Ist δ der Durchmesser der Lochblende, f_K die Brennweite des Kollimatorobjektivs, so soll der Durchmesser des (kreisförmigen) Strahlenzylinders in x Meter Entfernung hinter dem Objektiv um $\frac{x}{f_K} \cdot \delta$ größer sein als unmittelbar hinter dem Objektiv. Weicht er um den Betrag dD. ($\gtrless 0$) von diesem Wert ab und ist D der Durchmesser unmittelbar hinter dem Objektiv, so liegt das Bild des „leuchtenden Punktes" statt im Unendlichen in einem Abstand $a' = -x \cdot \frac{D}{dD}$ vom Kollimatorobjektiv.

Andere Möglichkeiten zur Einstellung des Kollimators auf Unendlich ergeben sich aus den nachstehend angegebenen Methoden zur Bestimmung der Brennebene eines optischen Systems.

Soll das parallele Strahlenbündel monochromatisch sein, so schalten wir entweder ein entsprechendes Filter in den Strahlengang ein oder beleuchten von vornherein die Testplatte des Kollimators mit monochromatischem Licht.

Um die „mittlere Einstellebene" bzw. die einer bestimmten Farbe entsprechende Einstellebene eines optischen Systems zu finden, setzen wir es auf eine optische Bank und lassen das parallele Licht achsenparallel einfallen. Für rohe Messungen können wir dann den Brennpunkt durch Benutzung einer achsensenkrechten Mattscheibe und Verschiebung dieser Scheibe senkrecht zu ihrer Ebene finden. Der Abstand der Mattscheibe vom letzten Linsenscheitel gibt die betreffende Schnittweite.

Dies rohe Verfahren ist natürlich nur für Konvexgläser anwendbar. Wesentlich genauer und auch auf Konkavgläser anwendbar wird die Bestimmung des Brennpunktes, wenn man ein gleichfalls auf der optischen Bank aufgestelltes und auf ihr meßbar verschiebbares Ablesemikroskop, Ablesefernrohr oder Lupe benutzt, dieses Hilfsgerät zunächst auf den Brennpunkt scharf, d. h. parallaxenfrei (s. S. 39) einstellt und es dann ohne Änderung seiner Einstellung in Richtung der optischen Achse des Systems verschiebt, bis die letzte Fläche des Systems scharf erscheint. Der Betrag, um den hierbei das Ablesefernrohr bzw. das benutzte Hilfsgerät verschoben wurde, ist die gesuchte Schnittweite. Bei optischen Systemen, deren Brennpunkt *vor* der letzten Fläche liegt, ist darauf zu achten, daß nicht auf eine andere zwischen Brennpunkt und letzter Fläche liegende Fläche eingestellt wird.

Optische Systeme, deren Durchmesser größer sind als der Durchmesser des Kollimatorobjektivs, lassen sich nach der von Hartmann angegebenen, von Brodhun und Wetthauer abgeänderten Methode — die natürlich auch in anderen Fällen anwendbar ist — prüfen. Bei dieser Methode stehen die Achsen des Kollimators und des zu prüfenden Systems senkrecht zueinander (Abb. 79). Das vom Kollimator kommende parallele Strahlenbündel wird durch ein in Richtung der Achse des Kollimators verschiebbares Pentaprisma um 90° abgelenkt, so daß es der Achse des zu prüfenden optischen Systems parallel ist und durch dieses hindurchgeht. Hierbei wird das parallele Licht konvergent gemacht und in der Brennebene des zu prüfenden Systems zu einem Brennpunkt vereinigt. Auf diesen wird wieder ein Ablesefernrohr bzw. Ablesemikroskop eingestellt, und zwar ist die richtige Einstellung dann erreicht, wenn der beobachtete Lichtfleck bei einem Hin- und Herverschieben des Pentaprismas sich — wenigstens bei einem idealen Objektiv — absolut *nicht* bewegt oder doch — wegen der unvermeidlichen sphärischen Aberration der praktisch herstellbaren Objektive — seine geringste Bewegung ausführt. Zu achten ist hierbei natürlich darauf, daß auch bei extremster Lage des Pentaprismas, d. h. bei Benutzung der Randzone des zu prüfenden Objektivs, die Strahlen alle in die Eintrittspupille des Ablesemikroskops und in dessen Objektiv gelangen. Aus diesem Grunde ist das Verfahren im wesentlichen nur für Konvexsysteme anwendbar. — Um die Schnittweite des geprüften Objektivs zu erhalten, ist das Ablesehilfsgerät nach Einstellung auf die Brennebene wieder in Richtung seiner Achse ohne Änderung des Okularauszuges zu verschieben, bis die letzte Fläche des geprüften Objektivs scharf erscheint (s. o.).

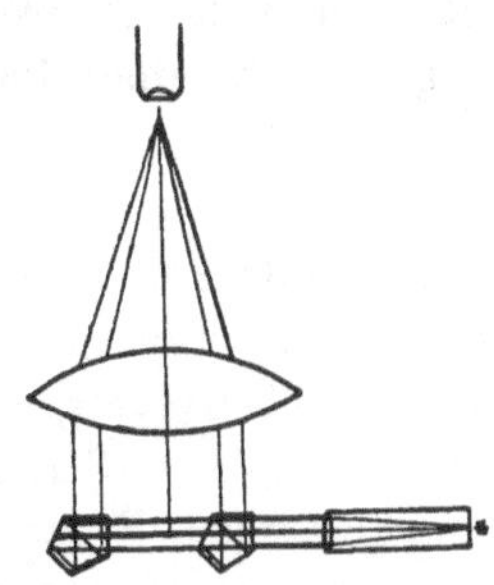

Abb. 79. Zur Bestimmung der Lage des Brennpunktes eines optischen (brechenden oder spiegelnden) Systems großen Durchmessers in Abhängigkeit von der Öffnung des Systems.

In ganz ähnlicher Weise läßt sich die Lage des Brennpunktes — und damit die Schnitt- bzw. Brennweite — großer Hohlspiegel bestimmen. Man montiert den Spiegel etwa auf einen um seine (vertikale) Achse drehbaren, genügend großen Ring so, daß die spiegelnde Fläche nach oben liegt und der Spiegel bei einer Drehung des Auflageringes um seine vertikale Achse in sich selbst verschoben wird, was durch Messen des Abstandes des Spiegelrandes von einer horizontalen Ebene geprüft werden kann. Diese Prüfung der genauen Lage des Spiegels — Zusammenfallen der Spiegelachse mit der vertikalen Drehachse des Auflageringes — ist besonders für nichtsphärische Spiegel erforderlich.

Über dem Spiegel befindet sich dann — senkrecht zur Drehachse des Auflageringes — ein auf Unendlich eingestellter Kollimator mit in Richtung seiner Achse verschiebbarem Pentaprisma. Durch Verschieben des Pentaprismas lassen sich so die Brennpunkte der einzelnen Zonen des Spiegels nacheinander bestimmen. Durch gleichzeitiges Drehen des Spiegels um seine (vertikale) Achse werden die einzelnen Zonen auf ihre Gleichmäßigkeit geprüft.

Für die Durchführung der Prüfung selbst ist es noch vorteilhaft, eine vertikal verschiebbare, horizontal liegende Mattscheibe zu benutzen, auf der der Brennpunkt aufgefangen wird und deren Abstand vom Spiegelscheitel gemessen werden kann. Durch einen auf der Mattscheibe angebrachten Kreis — den „Toleranzkreis“ —, innerhalb dessen der Brennpunkt bei jeder beliebigen Lage des Pentaprismas und des (gedrehten) Spiegels liegen muß, kann die „Brauchbarkeit“ des Spiegels (z. B. eines Parabolspiegels) für bestimmte Zwecke geprüft werden.

Eine andere Methode zur Bestimmung der Brennebene ist die FOUCAULTsche Messerschneidenmethode, die eigentlich zur Bestimmung der sphärischen Aberration eines optischen Systems benutzt wird. Wir bringen wieder das zu prüfende System in den parallelen Strahlengang eines Kollimators. Bringen wir dann das Auge etwas hinter den Brennpunkt, so sehen wir — wie bei der Schlierenmethode (S. 73) — die ganze Öffnung des optischen Systems erleuchtet. Bringen wir jetzt von der Seite her etwa eine Rasierklinge, deren Fläche ungefähr senkrecht zur optischen Achse des Systems steht, an irgendeiner Stelle in den Strahlengang hinein, so werden gewisse Strahlen abgeblendet und die Öffnung des Systems wird so z. T. abgeschattet. Fällt die Ebene der Rasierklinge gerade mit der Brennebene zusammen, so bleibt die Öffnung des Systems so lange voll erleuchtet, bis die Schneide der Rasierklinge die optische Achse berührt, um dann bei weiterem Verschieben der Klinge plötzlich vollkommen abgedunkelt zu werden (Abb. 80).

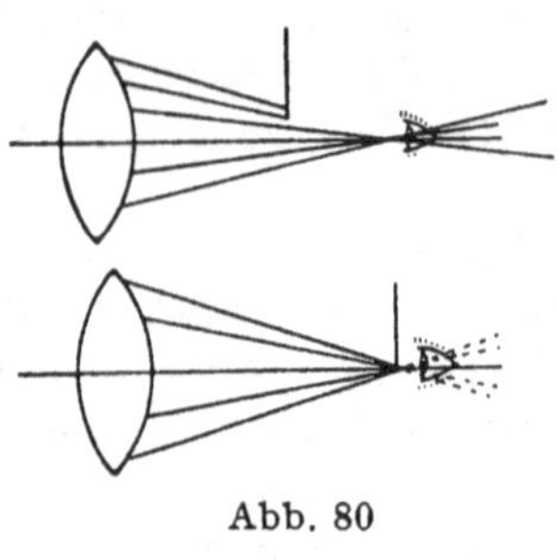

Abb. 80

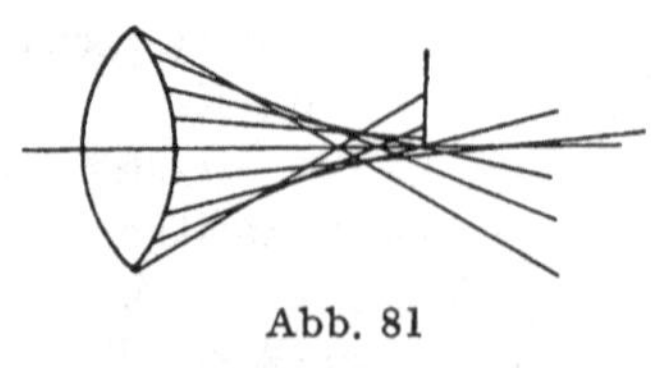

Abb. 81

Abb. 80. Bestimmung der Lage des Brennpunktes (bzw. Bildpunktes) eines optischen Systems nach der Messerschneidenmethode.

Abb. 81. Anwendung der Messerschneidenmethode zur Bestimmung der Brennpunkte der verschiedenen Zonen bei einem mit sphärischer Aberration behafteten System.

Dies gilt indessen streng nur bei idealer, d. h. punktförmiger Strahlenvereinigung. Besitzt das Objektiv dagegen sphärische Aberration, so findet das plötzliche Umschlagen von Hell in Dunkel nur jeweils für eine Zone statt, und zwar für diejenige Zone, deren zugehörige Brennebene mit der Ebene der Rasierklinge zusammenfällt. Die übrigen Zonen dagegen werden bereits vorher zum Teil abgedunkelt und sind erst in ihrer ganzen Ausdehnung dunkel, wenn die Rasierklinge um einen gewissen Betrag durch die Achse hindurch verschoben ist (Abb. 81). Man sieht übrigens leicht, daß jede Zone, deren Brennpunkt zwischen Rasierklinge und Objektiv liegt, zuerst auf derjenigen Hälfte der Objektivöffnung abgedunkelt wird, die von der Rasierklinge nicht verdeckt wird. Bei den Zonen aber, deren Brennpunkt weiter vom Objektiv entfernt liegt als die Rasierklinge, wird zuerst der Teil abgedunkelt, der von der Rasierklinge verdeckt wird.

Anwendbar ist die FOUCAULTsche Messerschneidenmethode nur für reelle Brennpunkte. Um nach ihr die Einstellebene (bei geringer sphärischer Aberration) bzw. die Brennebenen der einzelnen Zonen zu finden, ist es daher erforderlich, jene ausgezeichnete Lage der Rasierklinge zu suchen, bei der der plötzliche Umschlag (Hell → Dunkel) der ganzen Öffnung des Systems bzw. der betreffenden Zone erfolgt.

Eine weitere Methode zur Bestimmung der Brennebene, die gleichzeitig auch zur Einstellung eines Kollimators auf Unendlich benutzt werden kann, läßt sich nach KERBER mit einem auf Unendlich eingestellten Fernrohr und einer Planparallelplatte angeben. Man stelle vor das Fernrohrobjektiv das zu prüfende optische System und zwischen beide Objektive schräg zur gemeinsamen optischen Achse eine planparallele Platte (Abb. 82). Betrachtet man jetzt durch das Fern-

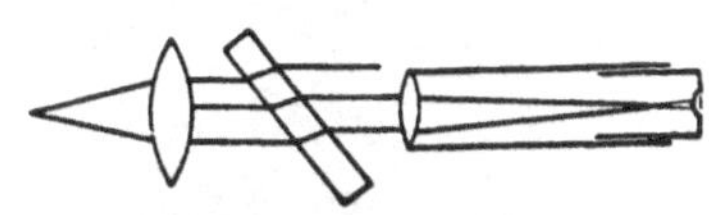

Abb. 82. Bestimmung des Brennpunktes eines optischen Systems mit Benutzung eines auf Unendlich eingestellten Fernrohres und einer zwischen diesem und dem zu prüfenden optischen System geneigt aufgestellten, um die Fernrohrachse drehbaren Planparallelplatte. Das von einem Objektpunkt in der Bildebene des Fernrohres entstandene Bild bleibt bei Drehung der Planparallelplatte um die Achse nur dann an seinem Ort, wenn sich der Objektpunkt genau im Brennpunkt des zu prüfenden optischen Systems befindet.

rohr einen hinter dem Prüfobjektiv befindlichen Gegenstand (leuchtenden Punkt o. ä.) und dreht dabei die Planparallelplatte um die optische Achse, so wandert das Bild des betrachteten Gegenstandes im Gesichtsfeld, so lange der Gegenstand nicht mit der Brennebene (Brennpunkt) des Prüfobjektivs zusammenfällt. Der betrachtete Gegenstand (leuchtende Punkt) ist also so lange in Richtung der optischen Achse zu verschieben, bis eine Drehung der zwischengeschalteten Planparallelplatte das Bild nicht mehr verschiebt.

Da bei dieser Methode zwei Bewegungen (Verschiebung des Objektpunktes und Drehung der Platte) auszuführen sind, läßt sich ihre recht hohe Genauigkeit — die übrigens noch von der Dicke der Platte abhängt — nur umständlich ausnützen. Einfacher ist es, zwei Planparallelplatten zu wählen, von denen die eine unter etwa $+ 45^0$ zur optischen Achse vor der einen Objektivhälfte, die andere unter etwa $- 45^0$ zur optischen Achse vor der anderen Objektivhälfte steht. Man erhält dann zwei Bilder des Objektpunktes, die nur dann genau zusammenfallen, wenn sich der Objektpunkt genau im Brennpunkt des Prüfobjektivs (bzw. bei Anwendung der Methode zur Kollimatoreinstellung: des Kollimatorobjektivs) befindet.

Eine von LIPPMANN angegebene Änderung der KERBERschen Methode entspricht der zuvor beschriebenen Änderung mit dem Unterschied, daß die eine der beiden schräggestellten Planparallelplatten fortgelassen ist.

Der physikalische Grund für das angegebene Kriterium liegt darin, daß ein in endlichem Abstand von einer Planparallelplatte liegender Punkt, durch die Platte gesehen, in Richtung des von dem betreffenden Punkt auf die Platte gefällten Lotes verschoben erscheint und daher bei schräggestellter Planparallelplatte vom Fernrohrobjektiv aus in anderer Richtung zu liegen scheint als ohne Platte. Liegt der Punkt aber im Unendlichen, d. h. hier: im Brennpunkt des Prüfobjektivs, so werden alle Strahlen um den *gleichen* Betrag parallel zu sich verlagert, scheinen also wieder aus dem Unendlichen zu kommen (Abb. 83).

Eine von HENKER vorgeschlagene Methode, die für Konvex- und Konkavsysteme anwendbar ist, die aber nicht den Abstand des Brennpunktes vom Scheitel der letzten Fläche, sondern den Kehrwert dieses Abstandes, die sogenannte Scheitelrefraktion, liefert, sei an dieser Stelle noch erwähnt. Es wird wieder ein Kollimator zur Herstellung von parallelem Licht benutzt. Zwischen dem Objektiv des Kollimators und dem Objektiv des Beobachtungsfernrohres befindet sich eine konvexe Hilfslinse (Abb. 84), deren Abstand vom Kollimatorobjektiv größer als ihre

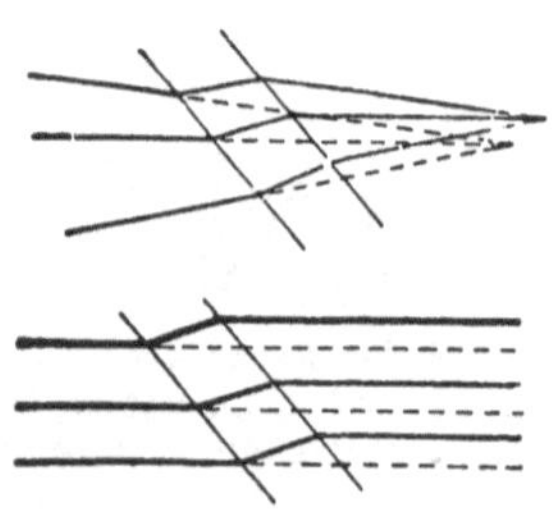

Abb. 83. Darstellung der Wirkung einer Planparallelplatte auf konvergente bzw. parallele Strahlen.

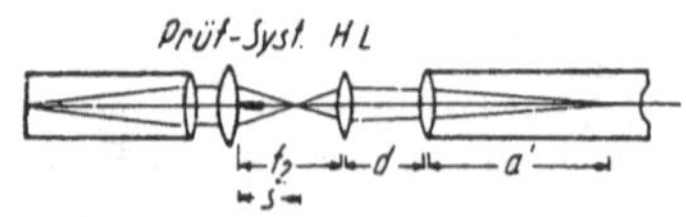

Abb. 84. Zur Wirkungsweise des HENKERschen Scheitelbrechkraftmessers.
(Von links nach rechts: Kollimator mit beleuchteter Testplatte, Prüfling, Hilfslinse, Beobachtungsfernrohr.)

Brennweite ist. Das Beobachtungsfernrohr ist fest auf eine bestimmte Entfernung eingestellt und gegen das Hilfsobjektiv verschiebbar. Sein veränderlicher Abstand vom hinteren Hauptpunkt des Hilfsobjektivs sei d und kann an einer Skala abgelesen werden. Das auf seine Scheitelrefraktion zu prüfende Glas wird nun so zwischen Kollimatorobjektiv und Hilfslinse gesetzt, daß sein letzter Flächenscheitel genau mit dem Brennpunkt der Hilfslinse zusammenfällt. Um dies zu gewährleisten, befindet sich an dieser Stelle die Spitze eines kleinen horizontalliegenden Stiftes, gegen die das zu prüfende Glas leicht angedrückt wird. Durch Verschieben des Beobachtungsfernrohrs, d. h. durch Ändern des Wertes von d, wird dann auf das Bild des unendlich fernen Punktes, der beleuchteten Testplatte des Kollimators, eingestellt. Ist s die Schnittweite des Prüfobjektivs, $S = \frac{1}{s}$

die Scheitelrefraktion und f_2 die Brennweite der Hilfslinse, so gilt die Beziehung

$$d = \text{const} - f_2^2 \cdot S,$$

$$S = \frac{\text{const} - d}{f_2^2}.$$

Der Wert der Konstante kann durch Messung eines Objektivs bekannter Scheitelrefraktion bestimmt werden. Die angegebene Formel folgt leicht aus folgender Überlegung: Das ursprünglich parallele Licht wird vom Prüfobjektiv konvergent bzw. divergent gemacht, so daß der Brennpunkt des Prüfobjektivs als Objektpunkt des Hilfsobjektivs zu betrachten ist und von ihm den Abstand $-(f_2 - s)$ hat. Das durch das Hilfsobjektiv entworfene Bild dieses Objektpunktes hat dann nach der Abbildungsgleichung vom hinteren Hauptpunkt des Hilfsobjektivs den Abstand

$$-\frac{f_2(f_2 - s)}{s} = f_2 - \frac{f_2^2}{s}$$

und vom Fernrohrobjektiv daher den Abstand $f_2 - \frac{f_2^2}{s} - d$. In bezug auf das Fernrohrobjektiv gilt also die Gleichung

$$\frac{1}{a'} - \frac{1}{f_2 - \left(\frac{f_2^2}{s} + d\right)} = \frac{1}{f_3}.$$

Soll nun a' konstant sein, so muß auch der zweite Bruch, d. h. $\frac{f_2^2}{s} + d$ konstant sein. Das ist aber identisch mit den oben angegebenen Gleichungen, wenn wir $\frac{1}{s} = S$ setzen.

Man sieht übrigens, da d nicht negativ werden darf, daß die Apparatur für alle negativen Werte von S, aber nur für solche positiven Werte von S anwendbar ist, für die $S \leqq S_{\max} = \frac{\text{const}}{f_2^2}$ ist. Aus der Abbildungsgleichung folgt dann

$$\frac{1}{a'} - \frac{1}{f_2 - f_2^2 \cdot S_{\max}} = \frac{1}{f_3}.$$

Hieraus lassen sich a', d. h. die Einstellung des Fernrohres, und die Brennweite f_2 der Hilfslinse so bestimmen, daß die Apparatur für alle Werte von S unterhalb eines vorgegebenen Wertes $S_{\max}$ anwendbar ist.

Daß die Benutzung der beschriebenen Anordnung auch im umgekehrten Strahlengang erfolgen kann, ist von praktischem Vorteil und sei daher noch kurz erwähnt. Man versieht hierzu den auf Unendlich eingestellten Kollimator mit einem Beobachtungsokular und benutzt das als Ganzes verschiebbare Fernrohr als Kollimator, der jetzt aber nicht mehr auf Unendlich eingestellt ist. Nach diesem Prinzip ist der in der Brillenoptik vielgebrauchte HENKERsche Scheitelrefraktionsmesser der Firma Carl Zeiß, Jena, gebaut[1]).

Alle bisher besprochenen Methoden lassen sich natürlich auch mit monochromatischem Licht benutzen und liefern dann die Brennebene des Prüfobjektivs für Licht der betreffenden Farbe. Ebenso können wir die Brennebenen der einzelnen Zonen nach den angegebenen Methoden bestimmen, wenn das optische System bis auf jene Zonen bzw. bis auf zwei diametral gegenüberliegende Teile dieser Zonen abgeblendet wird. Dies ist z. B. durch Vorsetzen zweier hintereinanderliegender, gegeneinander verschiebbarer Blenden leicht erreichbar, von denen die eine einen einzigen Spalt, die andere zwei gegeneinander geneigte spaltförmige Schlitze besitzt, die mit dem Spalt der ersten Blende gleiche Winkel einschließen (Abb. 85).

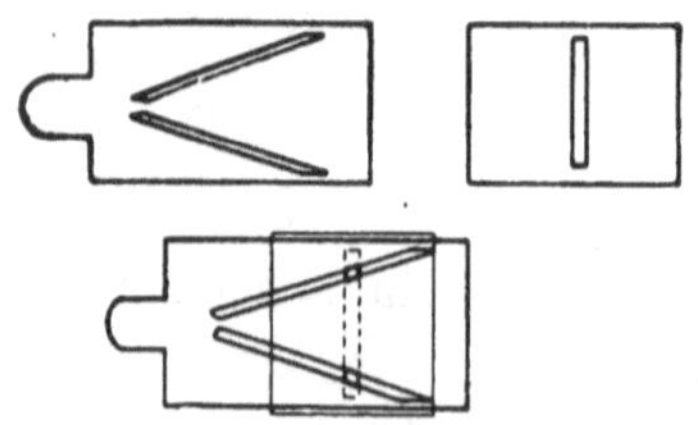

Abb. 85. Blendenschieber zur Herstellung zweier kleiner diametral gegenüberliegender Blendenöffnungen variablen Blendenabstandes.

Bei der bereits oben erwähnten Methode, ein Fernrohr erst auf den Brennpunkt, dann auf den letzten Flächenscheitel einzustellen, läßt sich die Einstellung auf die Brennebenen der verschiedenen Zonen (wenigstens bei den weiter zum Rande hin liegenden Zonen) dadurch besonders leicht vornehmen, daß bei intra- und und extrafokaler Einstellung in der Bildebene zwei mehr oder weniger getrennte Lichtpunkte erscheinen, die erst bei genauer Fokussierung zusammenfallen.

Man kann auch aus der Lage der Lichtpunkte in einer extra- und einer intrafokalen oder in zwei verschiedenen extra- *oder* intrafokalen Ebenen, deren Abstände vom letzten Flächenscheitel genau ausgemessen sind, die Schnittweite nach den in den Abb. 86 und 87 angegebenen Formeln berechnen oder graphisch ermitteln.

Ersetzt man die visuelle Beobachtung der beiden afokalen Ebenen durch zwei photographische Aufnahmen, indem man an die Stelle der beiden Ebenen nacheinander je eine photographische Platte bringt, so kann man als Zonenblende eine Mehrlochblende benutzen und erhält so gleichzeitig die erforderlichen Unterlagen für die Bestimmung der Schnittweiten der verschiedenen Zonen. Diese Me-

[1]) Ein ähnlicher Scheitelbrechwertmesser wird u. a. auch von der Firma Emil Busch A.G., Rathenow, hergestellt[2]), mit dem auch für astigmatische Gläser die beiden Hauptscheitelbrechwerte sowie für prismatische Gläser die Prismenwirkung bestimmt werden kann.

[2]) P. TIETZE, Ein Scheitelbrechwertmesser mit bemerkenswerten Neuerungen. Bl. Unters. u. Forsch.-Instr. **13,** 36—41, 1939 [**21,** 358]. — TH. GRAFF und P. TIETZE, Zur Entwicklung der Messung des Scheitelbrechwertes. ZS. f. ophthalm. Opt. **29,** 123—130, 1941 [**22,** 2570].

thode wurde von HARTMANN[1]) zur Bestimmung der sphärischen Aberration eines Objektivs angegeben und ist unter seinem Namen bekannt.

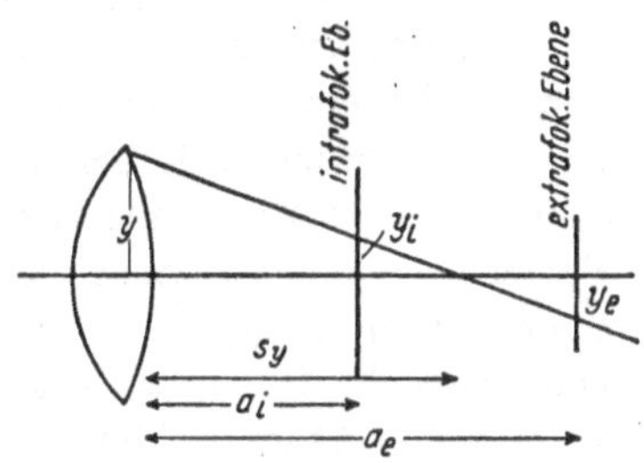

Abb. 86

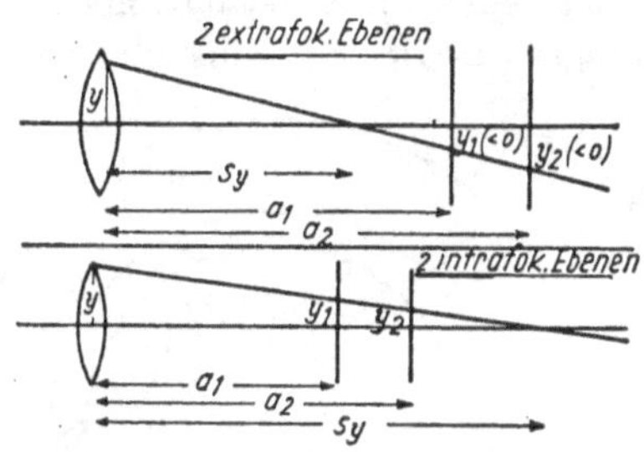

Abb. 87

Abb. 86. Bestimmung des Scheitelabstandes s_y des Brennpunktes einer Zone y des zu prüfenden optischen Systems aus den Abständen $2y_i$ und $2y_a$ der Stellen, in denen eine intrafokale und extrafokale achsensenkrechte Ebene vom Scheitelabstand a_i bzw. a_e von dem — etwa mittels des Blendenschiebers nach Abb. 85 — in der Zone y ausgeblendeten engen Strahlenbündel getroffen wird. Es gilt die Beziehung (mit $y_e < 0$)

$$s_y = a_i + y_i \frac{a_e - a_i}{|y_i| + |y_e|} = a_i - y_i \frac{a_e - a_i}{y_e - y_i}.$$

Abb. 87. Bestimmung des Scheitelabstandes und des Brennpunktes einer Zone y aus den Durchstoßungspunkten, die zwei z. B. mit Blendenschieber (s. Abb. 85) ausgeblendete, das optische System in zwei diametral gegenüberliegenden kleinen Bereichen der Zone y durchsetzende enge Strahlenbündel nach ihrem Durchgang durch das zu prüfende optische System mit zwei extrafokalen bzw. zwei intrafokalen achsensenkrechten Ebenen (Platten) vom Scheitelabstand a_1 bzw. a_2 besitzen. Es gilt

$$s_y = a_1 - y_1 \frac{a_2 - a_1}{y_2 - y_1}.$$

Ist der leuchtende Punkt, d. h. die Lochblende des Kollimators genügend klein und die Lichtquelle auf dieses Loch abgebildet, so ist das Licht des leuchtenden Punktes kohärent, und es treten bei genügend kleinen Zonenblenden bei der Überlagerung der beiden Bildscheibchen (also in der Brennebene) noch Interferenzstreifen auf, die gleichfalls zur Scharfeinstellung benutzt werden können.

Eine Erhöhung der Einstellschärfe läßt sich nach einem Vorschlag von CONRAD BECK auch dadurch erzielen, daß man die beiden zu einer Zone gehörigen Blenden zu zwei kurzen engen Spalten ausgestaltet, die senkrecht zueinander stehen (Abb. 88). Man kann dies ja z. B. leicht dadurch erreichen, daß die beiden Spalte des einen der oben erwähnten Blendenschieber (Abb. 85) sehr eng und rechtwinklig zueinander gewählt werden, während der eine Spalt des anderen Blendenschiebers seine Breite und Lage unverändert beibehält. Jede der beiden so entstehenden Zonenspaltblenden erzeugt in der Brennebene und in jeder zu ihr parallelen Ebene senkrecht zu ihrer Längsrichtung eine Anzahl von Beugungsstreifen. In der Brennebene

[1]) J. HARTMANN, ZS. f. Instrkde **29**, 217—232, 1909; Astrophys. Journ. **27**, 254—259 1908 (vgl. Bd. 2 dieser „Meß- und Prüfmethoden der optischen Fertigung").

halbieren sich die hellsten dieser Beugungsstreifen, d. h. diejenigen nullter Ordnung, während sie in den extra- und intrafokalen Ebenen mehr oder weniger weit auseinander liegen. Beachtet man noch die Beugungsstreifen höherer Ordnung, so kann man sagen, die richtige Einstellung ist dann erreicht, wenn die superponierten Beugungsbilder ein vollkommen zentralsymmetrisches Bild ergeben.

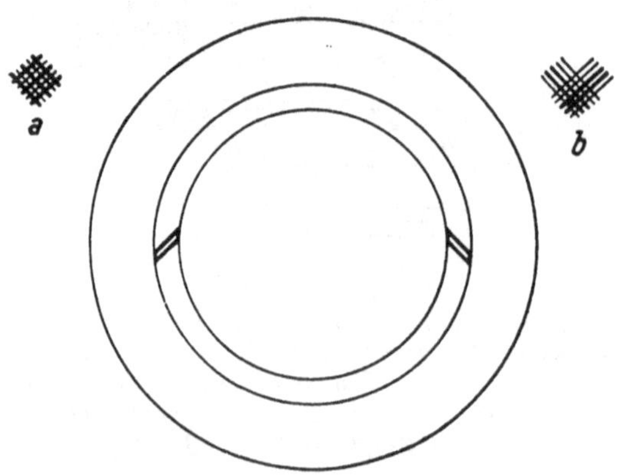

Abb. 88. Zur Erhöhung der Genauigkeit der Lagebestimmung des Brennpunktes einer Zone eines optischen Systems. Zwei zueinander senkrechte schlitzförmige Zonenblenden ergeben je eine Interferenzfigur, die sich in der Zonenbrennebene symmetrisch (*a*), außerhalb der Zonenbrennebene unsymmetrisch (*b*) überlagern.

Auch durch Einschaltung eines Systems aus zwei gekreuzten Zylinderflächen entgegengesetzt gleicher Brechkraft, durch die der Brennpunkt (bzw. Bildpunkt) in zwei (benachbarte) Brennlinien aufgespalten wird, läßt sich nach T. Smith[1]) die Genauigkeit der Bestimmung des Brennpunktes wesentlich erhöhen.

Eine einfache Abänderung der Hartmannschen Methode wurde von R. Straubel (1902) und von W. Schaub angegeben. Sie besteht darin, daß man eine enge Lochblende so in den (bildseitigen) Strahlengang setzt, daß sich die Öffnung der Blende auf der Achse befindet. Bringt man jetzt hinter diese Lochblende einen photographischen Apparat, der auf die hintere Hauptebene oder auf die letzte Fläche des optischen Systems fokussiert ist, so erscheint auf der Mattscheibe nur das Bild derjenigen Zone, deren Brennpunkt sich an der Stelle der Lochblende befindet

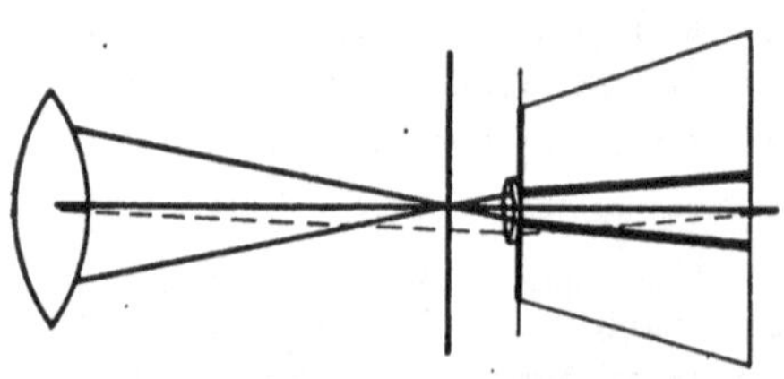

Abb. 89. Lagebestimmung der Zonenbrennpunkte eines optischen Systems nach R. Straubel und W. Schaub auf photographischem Wege. Die längs der Achse verschiebbare Blende, deren (kleine) Blendenöffnung mit der Achse zusammenfällt, läßt jeweils nur diejenigen Strahlen in das Photoobjektiv eintreten, die der Zone entsprechen, deren Brennpunkt mit der Blendenöffnung zusammenfällt. Durch eine weitere schlitzförmige Blende unmittelbar vor der photographischen Platte oder unmittelbar hinter dem zu prüfenden optischen System und durch eine der axialen Verschiebung der Lochblende proportionale Verschiebung der Photoplatte in ihrer Ebene erhält man eine photographische Registriermethode der sphärischen Aberration des zu prüfenden optischen Systems.

(Abb. 89). Durch Verschieben der Lochblende erhält man so nacheinander die verschiedenen Zonen auf der Mattscheibe des Photoapparates abgebildet. Die zugehörige Stellung der Lochblende gibt den der betreffenden Zone zugeordneten Brennpunkt.

[1]) T. Smith, On some misapplications of the law of errors, and on the intrinsic error in focometry. Proc. Phys. Soc. **40**, 159—166, 1928 [**9**, 1931].

Übrigens kann man diese Methode auch leicht zu einer registrierenden Methode umgestalten, die direkt die Kurve der sphärischen Aberration aufzeichnet. Es ist hierzu nur nötig, die Mattscheibe durch eine in ihrer Ebene verschiebbare photographische Platte zu ersetzen und dicht vor diese Platte einen festen, also nicht verschiebbaren schmalen schlitzartigen Spalt zu bringen, dessen Spaltrichtung senkrecht zur Bewegungsrichtung der Platte liegt. Verschiebt man nun die photographische Platte stets um einen Betrag, der der Verschiebung der Lochblende gleich oder proportional ist, so erhält man eine (punktierte) Kurve, die die sphärische Aberration und damit auch die gegenseitige Lage der einzelnen Zonenbrennpunkte direkt abzulesen gestattet. — Statt den Spalt direkt vor die photographische Platte zu bringen, kann man ihn auch direkt hinter das zu untersuchende optische System setzen.

II. BESTIMMUNG DER BRENNWEITEN OPTISCHER SYSTEME

Wir haben im vorigen Abschnitt eine Anzahl von Methoden zur Bestimmung der Lage des Brennpunktes, d. h. der Schnittweite, kennengelernt. Wir kommen nun zur Bestimmung der Brennweite, d. h. des Abstandes des Brennpunktes vom zugehörigen Hauptpunkt. Da die Lage des Hauptpunktes aber nur in Ausnahmefällen (Bikonvexlinse, Plankonvexlinse) unmittelbar angebbar ist, so genügt es hier nicht, die Lage des Brennpunktes zu bestimmen und dessen Abstand — wie z. B. bei der Schnittweitenmessung — von einem festen Punkte zu messen, sondern wir müssen andere Verfahren benutzen, die unmittelbar oder durch Elimination der Hauptpunktslage aus mehreren Messungen die Brennweite zu berechnen gestatten. Derartige Verfahren beruhen im wesentlichen auf Bestimmung der zu verschiedenen Objektpunkten gehörigen Bildpunkte. Bevor wir die einzelnen Verfahren besprechen, schicken wir noch einige allgemeine Bemerkungen voraus.

Zunächst beachte man, daß die verschiedenen Verfahren nicht in allen Fällen gleich gut anwendbar sind. Nach v. Hofe, Kessler u. a. ist es vorteilhaft, unter den Methoden der Brennweitenmessung jeweils diejenige auszuwählen, die der Gebrauchsstellung des jeweiligen optischen Systems und den bei seiner praktischen Benutzung vorliegenden Verhältnissen am besten angepaßt ist. So empfiehlt es sich, für Fernrohrobjektive Verfahren zu benutzen, bei denen das Objekt oder das Bild im Unendlichen liegt. Bei Mikroskopobjektiven liegt bei der praktischen Verwendung das Objekt nahezu im Brennpunkt, so daß hier vorteilhaft solche Verfahren zur Brennweitenbestimmung benutzt werden, bei denen dies gleichfalls zutrifft.

Außerdem richtet sich die Beantwortung der Frage, welche der verschiedenen Methoden anzuwenden ist, nach der angestrebten Genauigkeit. Je geringer die Anforderung an die Genauigkeit, um so leichter ausführbare Methoden können benutzt werden. Eine unüberschreitbare Grenze ist der Genauigkeit der Brennweitenbestimmung schon durch den Korrektionszustand des betreffenden Systems gesetzt, denn es handelt sich im allgemeinen um die Bestimmung der mittleren Brennweite. Nach Kessler genügt in fast allen praktischen Fällen eine absolute

Genauigkeit von 0,999. Dagegen ist es in Fällen, in denen zwei Objektive im gleichen Instrument etwa zu stereoskopischem Gebrauch benötigt werden, erforderlich, die *relative* Genauigkeit der Brennweitenbestimmung zu erhöhen, also zu fordern, daß sich die Brennweiten der beiden Objektive um wesentlich weniger 1‰, also etwa um nicht mehr als 0,1‰, voneinander unterscheiden.

Höhere absolute Genauigkeit als 0,999 ist bei der Messung auch dann zu fordern, wenn es sich um die Bestimmung des Korrektionszustandes des optischen Systems, also um die Bestimmung der Brennweiten der einzelnen Zonen handelt[1]).

Handelt es sich nicht um die Bestimmung der Brennweiten der einzelnen Zonen, sondern um die Bestimmung einer „mittleren Brennweite", und ist diese von der Öffnung des optischen Systems (s. S. 96, Anm. 1) abhängig, so ist es oft vorteilhaft, die Zone vom Durchmesser 0,7 ∅ $\left(\approx \sqrt{\frac{1}{2}}\,\varnothing\right)$ zu benutzen, wo ∅ den Durchmesser des ganzen Prüfobjektivs bedeutet, da die optischen Systeme meistens für diese Zone korrigiert sind.

1. METHODEN, DIE LAGEBEZIEHUNGEN VON OBJEKT UND BILD BENUTZEN

Bevor wir auf die strengen Methoden zur Brennweitenbestimmung eingehen, sei ein von STAEBLE[2]) angegebenes einfaches Verfahren mitgeteilt, um für ein optisches System, etwa ein photographisches Objektiv, für das man die Lage der Hauptpunkte nicht kennt, wenigstens näherungsweise die Brennweite zu ermitteln[3]).

Man bestimmt zunächst die fokalen Objekt- und Bildraum-Schnittweiten $s_{\overline{F}}$ und $s'_{F'}$ sowie — sofern möglich — die Glas-Mittendicken d_g der Linsen $(\sum d_g = d_G)$ und die Luftabstände d_l zwischen den einzelnen Linsen $(\sum d_l = d_L)$ und berechnet mit diesen Werten

$$f \approx \frac{s'_{F'} - s_{\overline{F}}}{2} + \frac{1}{2} \sum \left(\frac{d_g}{n_g} + d_l\right)$$
$$\approx \frac{s'_{F'} - s_{\overline{F}}}{2} + \frac{d_L}{2} + \frac{d_G}{3}.$$

---

[1]) In einer Arbeit von A. BIOT, Sur la mesure des distances focales et sur une méthode pour les mesurer. Ann. de Bruxelles (B) **53**, 99—106, 1933 [**14**, 1555] wird die Genauigkeit verschiedener Methoden zur Brennweitenbestimmung optischer Systeme untersucht, u. zw. unter Berücksichtigung der *Beugungserscheinung*, die ja sowohl für die Genauigkeit, mit der der Bildort ermittelt, als auch für die Genauigkeit, mit der die Bildgröße festgestellt werden kann, von Bedeutung ist.

[2]) F. STAEBLE, Über eine genäherte Bestimmung der Brennweite aus den focalen Schnittweiten und aus der auf Luft reduzierten Länge des Systems. ZS. f. wiss. Photogr., Photophys. u. Photochem. **4**, 394—399, 1906 [—, —].

[3]) Da man bei der Prüfung (und Berechnung) photographischer Apparate und Objektive häufig gezwungen ist, die Bildweite in Abhängigkeit von der Brennweite und von dem Objektabstand mit großer Genauigkeit zu bestimmen, sind in: - K. FISCHER, Tabellen zur Prüfung photographischer Apparate, Photogr. Korresp. **66**, 286—294, 1930 [**12**, 931] - Tabellen berechnet, die die Bildweite a' bzw. die Größe $x' = a' - f'$ für $f' =$ 2,5, 5, 7,5, 10, 12,5, 15, . . ., 65, 67,5, 70 cm und für Objektabstände $(-a)$ zwischen ∞ und dem Achtfachen der Brennweite mit einer Genauigkeit von 0,999 angeben. — Bezüglich der rech-

Diese Näherungsformeln geben die Brennweite mit einer Genauigkeit von etwa 0,98 bis 0,99, solange im optischen System keine *größeren* Luftabstände vorkommen — wie dies z. B. bei Objektiven der Fall ist, deren Hälften durch einen großen Luftabstand getrennt sind — und solange keine kleinen Flächenbrennweiten, also keine besonders starken Flächenkrümmungen auftreten, da bei der Ableitung der angegebenen Formeln Ausdrücke vernachlässigt wurden, die in diesen Fällen nicht mehr als klein anzusprechen sind.

Von den verschiedenen Methoden der Brennweitenbestimmung erwähnen wir zuerst das sogenannte „erste GAUSSsche Verfahren". Dies beruht auf dreimaliger Anwendung der bekannten Formel

$$x x' = -f'^2 = \bar{f} f',$$

wo x der Abstand des Objektpunktes vom objektseitigen Brennpunkt (Abb. 90), x' der Abstand des Bildpunktes vom bildseitigen Brennpunkt, $\bar{f}\,(= -f')$ die objektseitige und f' die bildseitige Brennweite ist. Um aber die Lage der Brennpunkte nicht besonders bestimmen zu müssen, sei diese Formel etwas umgeformt. Wir bringen an dem zu prüfenden optischen System eine feste Marke an, auf die wir alle Abstände beziehen wollen, und bezeichnen den Abstand des Objektpunktes (Gegenstandes) von dieser Marke durch g, den des Bildpunktes von ihr durch b. Ferner sei z der Abstand des objektseitigen Brennpunktes, z' der des bildseitigen Brennpunktes von der festen Marke. Dann ist $x = g - z$; $x' = b - z'$, und unsere Formel lautet

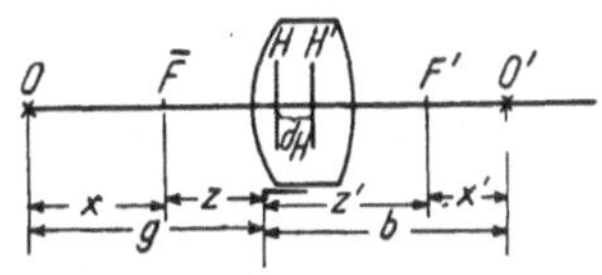

Abb. 90. Zur Brennweitenbestimmung sowie zur Bestimmung der Lage der Brennebene und der Lage der Hauptpunkte eines optischen Systems nach dem „1. GAUSSschen Verfahren".

$$(g - z)(b - z') = -f'^2.$$

Bestimmt man zu drei verschiedenen Objektabständen g_1, g_2, g_3 die zugehörigen Bildabstände b_1, b_2, b_3, so erhält man drei Gleichungen:

$$(g_1 - z)(b_1 - z') = -f'^2,$$
$$(g_2 - z)(b_2 - z') = -f'^2,$$
$$(g_3 - z)(b_3 - z') = -f'^2.$$

Aus diesen Gleichungen lassen sich z, z' und f' berechnen. Man erhält

$$f'^2 = \frac{(g_2 - g_1)(g_3 - g_1)(g_3 - g_2)(b_2 - b_1)(b_3 - b_1)(b_3 - b_2)}{[(g_3 - g_1)(b_2 - b_1) - (g_2 - g_1)(b_3 - b_1)]^2}.$$

Um f' zu bestimmen, ist es also nicht erforderlich, g_1, g_2, g_3 und b_1, b_2, b_3 einzeln

nerischen Auswertung der Meßergebnisse sei noch verwiesen auf T. SMITH, On some misapplications of the law of errors, and on the intrinsic error in focometry. Proc. Opt. Soc. **40**, 159—165, 1928 [—, —].

zu messen, es genügt vielmehr, zwei Verschiebungen des Objektes und die beiden zugehörigen Verschiebungen des Bildes zu messen, z. B.

$$g_2 - g_1 = g_{12}, \quad g_3 - g_1 = g_{13}$$
$$b_2 - b_1 = b_{12}, \quad b_3 - b_1 = b_{13}.$$

Dann ist

$$f'^2 = \frac{g_{12} g_{13} (g_{13} - g_{12}) b_{12} b_{13} (b_{13} - b_{12})}{(g_{12} b_{13} - g_{13} b_{12})^2}.$$

Für die Meßgenauigkeit von f' ist es — wie sich durch Differentiation von f'^2 ergibt — wünschenswert, die gegenseitigen Abstände g_{12} und g_{13} der Objektpunkte und dementsprechend auch die gegenseitigen Abstände der Bildpunkte nicht nur groß, sondern auch hinreichend voneinander verschieden zu wählen, damit auch $g_{13} - g_{12} = g_{23}$ sowie $b_{13} - b_{12} = b_{23}$ genügend große Werte annehmen.

Für den Abstand der Brennpunkte von der festen Marke ergibt sich

$$z = g_1 + \frac{(g_2 - g_1)(g_3 - g_1)(b_2 - b_3)}{(g_3 - g_1)(b_2 - b_1) - (g_2 - g_1)(b_3 - b_1)}$$
$$= g_2 + \frac{(g_2 - g_1)(g_3 - g_2)(b_1 - b_3)}{(g_3 - g_2)(b_2 - b_1) - (g_2 - g_1)(b_3 - b_2)}$$
$$= g_3 + \frac{(g_3 - g_1)(g_3 - g_2)(b_1 - b_2)}{(g_3 - g_2)(b_3 - b_1) - (g_3 - g_1)(b_3 - b_2)},$$

$$z' = b_1 - \frac{(g_2 - g_3)(b_2 - b_1)(b_3 - b_1)}{(g_3 - g_1)(b_2 - b_1) - (g_2 - g_1)(b_3 - b_1)}$$
$$= b_2 - \frac{(g_1 - g_3)(b_2 - b_1)(b_3 - b_2)}{(g_3 - g_2)(b_2 - b_1) - (g_2 - g_1)(b_3 - b_2)}$$
$$= b_3 - \frac{(g_1 - g_2)(b_3 - b_1)(b_3 - b_2)}{(g_3 - g_2)(b_3 - b_1) - (g_3 - g_1)(b_3 - b_2)}.$$

Aus z, z' und f' berechnet sich auch die Lage der Hauptpunkte, d. h. der Abstand der Hauptpunkte von der festen Marke. Für den objektseitigen Hauptpunkt ist dieser Abstand gleich $z + f'$ (d. h. $z - \overline{f}$), für den bildseitigen Hauptpunkt ist er gleich $z' - f'$. Für den Abstand $d_H = \overrightarrow{HH'}$ des bildseitigen Hauptpunktes vom objektseitigen Hauptpunkt ergibt sich $d_H = z' - z - 2f'$.

Zu beachten ist bei den angegebenen Formeln, daß die Abstände von der festen Marke positiv oder negativ gerechnet sind, je nachdem ob sich der betreffende Punkt im Sinne der Lichtrichtung hinter oder vor der festen Marke befindet. Das Analoge gilt für den gegenseitigen Abstand der Hauptpunkte.

Benutzt man zur Bestimmung der Lage der Bildpunkte ein Ablesefernrohr mit genügend großem Objektabstand, so können auch virtuelle Bilder benutzt werden, so daß das Verfahren auch für negative Systeme anwendbar ist.

Daß die Messung der Brennweite auf einer optischen Bank vorzunehmen ist, die mit einem Maßstab und deren Reiter mit Nonien versehen sind, sei noch besonders erwähnt. Das gleiche gilt auch für die Ausführung der noch zu beschreibenden weiteren Methoden[1]).

Ein anderes als „zweites GAUSSsches" bekanntes Verfahren beruht auf der Tatsache, daß es bei einem festen Abstand l zwischen zwei Ebenen, der größer als die vierfache Brennweite plus dem Abstand d_H der beiden Hauptpunkte des zu prüfenden optischen Systems ist, stets zwei Lagen des Systems gibt, für die die beiden Ebenen zueinander konjugiert sind. Denn aus der Abbildungsgleichung

$$\frac{1}{a'} - \frac{1}{a} = \frac{1}{f'}$$

folgt, wenn $a' - a = l - d_H = C = \text{const}$ ist, für den Abstand a des Objektpunktes vom objektseitigen Hauptpunkt bzw. für den Abstand a' des Bildpunktes vom bildseitigen Hauptpunkt

$$a = \frac{1}{2}(\pm \sqrt{C^2 - 4Cf'} - C)\,; \qquad a' = \frac{1}{2}(\pm \sqrt{C^2 - 4Cf'} + C)\,.$$

Ist nun $C > 4f'$, so gibt es je zwei Werte für a und a'. Der Abstand des Bildes vom Objekt ist aber $l = a' - a + d_H = C + d_H$, wodurch die Behauptung bewiesen ist, daß für $l > 4f' + d_H$ zwei Systemlagen existieren, für die die beiden Ebenen im Abstande l einander konjugiert sind.

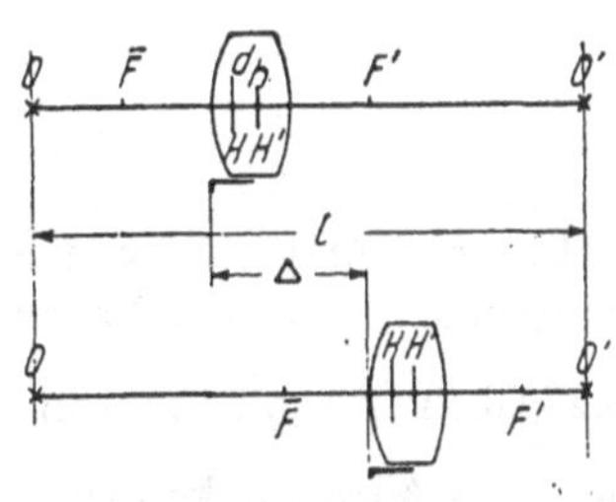

Abb. 91. Zur Brennweitenbestimmung nach dem „2. GAUSSschen Verfahren", bei dem der Abstand d_H der beiden Hauptpunkte des zu prüfenden Systems als bekannt vorausgesetzt wird.

Wir wählen jetzt einen leuchtenden Punkt als Objektpunkt und stellen ein Ablesemikroskop auf einen Punkt scharf ein, dessen Abstand vom Objektpunkt der angegebenen Bedingung ($> 4f' + d_H$) genügt. Dann geben wir (Abb. 91) dem zu prüfenden optischen System eine solche Lage, daß das Bild des leuchtenden Objektpunktes im Ablesemikroskop scharf (parallaxenfrei) erscheint. Der Abstand des Objektpunktes von einer am Prüfobjektiv angebrachten festen Marke sei wieder g_1, der des Bildes wieder b_1. Dann ist wie oben

$$(g_1 - z)(b_1 - z') = -f'^2.$$

[1]) Vgl. zu dieser Methode auch T. SMITH, An optical calibration problem. Proc. Physic. Soc., London **48**, 75—78, 1936 [**17**, 981]. - Hier wird vorgeschlagen, statt drei Wertepaare (g, b) vier derartige Wertepaare sowie den gegenseitigen Abstand von Objekt- und Bildebene zu messen und daraus die Brennweite usw. abzuleiten. Bei der Ableitung der Methode benutzt der Verf. Überlegungen, die von der Differenz der optischen Lichtwege (zwischen Objekt- und Bildpunkt) längs eines Randstrahls und längs der Achse ausgehen.

Nunmehr verschieben wir das Prüfobjektiv in die zweite Lage, bei der das Bild des leuchtenden Objektpunktes im Ablesemikroskop scharf erscheint. Die zugehörige Gleichung lautet jetzt

$$(g_2 - z)(b_2 - z') = -f'^2.$$

Zu diesen beiden Gleichungen kommt noch die Gleichung für den Abstand der beiden Hauptpunkte hinzu:

$$z' - z - 2f' = d_H.$$

Ferner gelten die Gleichungen

$$b_1 - g_1 = b_2 - g_2 = l.$$

Aus diesen Gleichungen können wir f' berechnen. Wir erhalten

$$f' = \frac{(l - d_H)^2 - (g_2 - g_1)^2}{4(l - d_H)}.$$

Nun ist $g_2 - g_1$ gleich der am Maßstab der optischen Bank direkt ablesbaren Verschiebung g_{12} des optischen Systems. Alle übrigen Größen, die sich auf den Abstand des Objekt- und Bildpunktes (von der am Objektiv angebrachten festen Marke) beziehen, sind aus der Endformel herausgefallen. Es ist daher für die Bestimmung der Brennweite nur erforderlich, den Abstand l des Bildpunktes vom Objektpunkt und die Verschiebung g_{12} des optischen Systems von Lage 1 in Lage 2 zu messen. Wir berechnen dann f' aus der Formel

$$f' = \frac{(l - d_H)^2 - g_{12}^2}{4(l - d_H)} = \frac{1}{4}(l - d_H) - \frac{g_{12}^2}{4(l - d_H)}.$$

Für die Anwendung dieser Methode muß allerdings d_H bekannt sein, um f' zu finden. In vielen Fällen aber ist es möglich, für d_H einen ungefähren Wert anzugeben, besonders wenn es sich um Einzellinsen handelt. Dann ist $d_H \approx \frac{1}{3} d$, wo d die Mittendicke der Linse ist. Bei langbrennweitigen Objektiven wird man in vielen Fällen auch d_H ganz vernachlässigen können, ohne dadurch einen zu großen Fehler in der Brennweitenbestimmung zu machen.

Da

$$|df'| \leqq \left|\frac{1}{4} + \left(\frac{g_{12}}{2(l - d_H)}\right)^2\right| (|dl| + |dd_H|) + \left|\frac{g_{12}}{2(l - d_H)}\right| |dg_{12}|$$

und

$$\frac{g_{12}}{l - d_H} = \sqrt{1 - \frac{4f'}{l - d_H}} \quad \text{mit } (l - d_H) \geqq 4f',$$

so wird f' um so genauer bestimmt werden können, je weniger $(l - d_H)$ von $4f'$ verschieden ist, da dann $\frac{g_{12}}{2(l - d_H)} \to 0$ geht.

Ein weiteres gleichfalls von Gauss angegebenes Verfahren besteht darin, daß man mit Hilfe eines Kollimators und eines Ablesemikroskopes (Ablesefernrohrs) die Abstände z und z' der beiden Brennpunkte von einer am Prüfobjektiv angebrachten festen Marke bestimmt. Außerdem bestimmt man für ein Objekt (z. B. Strichplatte; Abstand von der Marke gleich g) das zugehörige Bild (Abstand von der Marke gleich b) (Abb. 92). Man hat dann sofort

$$f' = \sqrt{(z-g)\,(b-z')}\,.$$

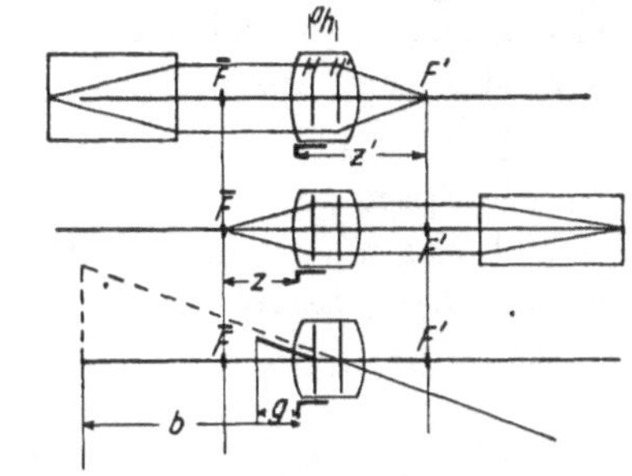

Abb. 92. Zur Brennweitenbestimmung nach einem weiteren von Gauss angegebenen Verfahren, bei dem (mittels Ablesemikroskop) 1. unter Zuhilfenahme eines auf Unendlich eingestellten Kollimators die Abstände z und z' der beiden Brennpunkte von einer festen Marke am Prüfobjektiv, 2. für ein Objekt und das zugehörige Bild deren Abstände g und b von jener Marke bestimmt werden. Es gilt dann: $f' = \sqrt{(z-g)(b-z')}$, wobei für die in der Abbildung dargestellten Verhältnisse $z < 0$, $z' > 0$, $b < 0$, $g < 0$ ist. Da b nicht direkt, sondern statt dessen $w = g - b$ (hier: > 0) gemessen werden, gilt: $f' = \sqrt{(z-g)\,(g-w-z')}$. — Über eine Änderung dieser Methode nach Kessler vgl. Text.

Bringt man (bei positivem Prüfsystem) das Objekt zwischen objektseitigen Brennpunkt und optisches System, wählt also $g > z$ ($|g| < |z|$), so erhält man ein virtuelles Bild. Um den Abstand des Objektes und Bildes von der festen Marke zu messen, stellt man in diesem Fall das Ablesemikroskop (mit genügend großem Objektabstand) durch das Prüfobjektiv hindurch auf das Bild ein, entfernt dann das Prüfobjektiv, verschiebt das Ablesemikroskop bis zur Scharfeinstellung auf das Objekt und liest diese Verschiebung (auf 0,01 mm) an dem Maßstab der optischen Bank ab. Dieser Wert der Verschiebung ist $w = g - b$, so daß $b = g - w$ wird, wo g bekannt ist. Es ist dann

$$f' = \sqrt{(z-g)\,(g-w-z')}\,.$$

Aus

$$2|f'df'| \leqq |[(w+z')-g]+(z-g)|\;|dg| + |(w+z')-g|\;|dz| + |z-g|\;(|dw| + |dz'|)$$

ergibt sich, daß es für die Genauigkeit der Messung von Vorteil ist, das Objekt möglichst nahe an den objektseitigen Hauptpunkt, praktisch also: möglichst nahe an das zu prüfende System heranzubringen.

Wird das Objekt so angeordnet, daß ein reelles Bild entsteht, so verfährt man nach Kessler vorteilhaft so, daß man zunächst mit Hilfe des auf Unendlich eingestellten Kollimators den bildseitigen Brennpunkt bestimmt und auf diesen das Ablesemikroskop scharf einstellt (Stellung 1). Dann entfernt man den Kollimator und bringt das Objekt in geeignete Entfernung ($> f'$) vor das Prüfobjektiv. Man verschiebt nun das Ablesemikroskop ohne Änderung seiner Einstellung, bis das Bild des Objektes im Ablesemikroskop scharf erscheint (Stellung 2). Die Verschiebung (Stellung 2 — Stellung 1) liest man am Maßstab der optischen Bank ab. Diese Verschiebung ist x'. Nunmehr stellt man das Ablesemikroskop auf der Objektseite des Prüfobjektivs auf das Objekt scharf ein (Stellung 3), entfernt hierauf das Objekt, bringt auf die Bildseite den auf Unendlich eingestellten Kollimator und verschiebt das Ablesemikroskop ohne Änderung seiner Einstellung, bis der objektseitige Brennpunkt im Ablesemikroskop scharf erscheint (Stellung 4). Die Verschiebung, also Stellung 4 — Stellung 3, gibt den Wert $-x$. Die Brennweite ergibt sich dann aus

$$f'^2 = -x x'.$$

Nach diesem „dritten Gaussschen Verfahren“ kann man auch den Abstand d_H des bildseitigen vom objektseitigen Hauptpunkt bestimmen, da man ja z und z' gemessen hat. Es ist $d_H = z' - z - 2f'$.

Nun ist

$$z' = b - x' = b + \frac{f'^2}{x}$$

$$z = g - x$$

so daß

$$d_H = b + \frac{f'^2}{x} - g + x - 2f' = b - g + \frac{(x-f')^2}{x} \text{ ist.}$$

Wählt man nun den Abstand des Objektes von der am Prüfobjektiv angebrachten Marke sehr klein, so daß auch $x - f' = x + \bar{f}$ sehr klein wird ($x > 0$; $\bar{f} < 0$), so wird der Bruch $\frac{(x-f')^2}{x}$ sehr klein, und eine Ungenauigkeit dieses kleinen Wertes hat auf den Wert von d_H nur geringen Einfluß. Die Genauigkeit von d_H ist dann im wesentlichen gleich der Genauigkeit der Messung von $b - g$, d. h. des Abstandes des Bildes vom Objekt.

Ein anderes ähnliches Verfahren zur Bestimmung der Brennweite ist von Erfle angegeben (Abb. 93). Hier wird zunächst mit Hilfe eines auf Unendlich eingestellten Fernrohres und einer Testplatte die Lage des objektseitigen Brennpunktes bestimmt. Dann bringt man die Testplatte in den (willkürlichen) Abstand x_1

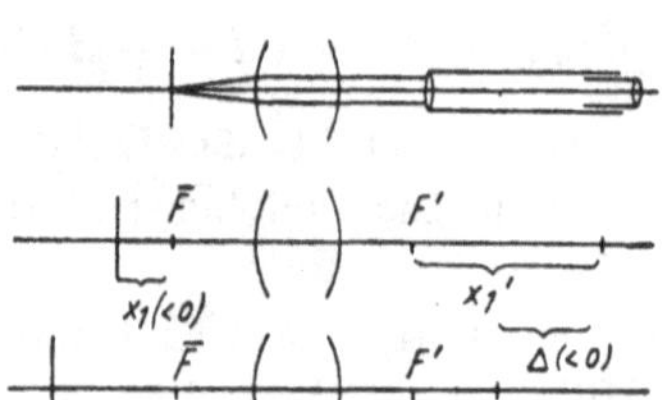

Abb. 93. Zur Brennweitenbestimmung nach Erfle, bei dem 1. mittels auf Unendlich eingestelltem Fernrohr ein Objekt an den objektseitigen Brennpunkt gebracht wird, 2. und 3. das Objekt um die gemessenen Strecken x_1 bzw. x_2 verschoben und der Abstand $\Delta = x_2' - x_1' = x_{12}'$ der diesen beiden Objektlagen konjugierten Bilder gemessen wird. Die Brennweite f' des Prüflings ergibt sich aus:

$$f'^2 = \frac{x_{12}'}{x_2 - x_1} x_1 x_2.$$

vom objektseitigen Brennpunkt und stellt das Ablesefernrohr auf das Bild der Testplatte ein — dessen Abstand vom bildseitigen Brennpunkt gleich x_1' ist —. Verschiebt man nun die Testplatte abermals, so daß ihr Abstand vom objektseitigen Brennpunkt gleich x_2 ist, so muß man das Ablesefernrohr um eine Strecke $x_{12}' = x_2' - x_1' = \Delta$ verschieben, um ohne Einstellungsänderung des Ablesefernrohres das Bild der Testplatte wieder scharf zu sehen. Die Methode verlangt also die Messung der Strecken x_1, x_2 und x'_{12}. Aus diesen Größen ergibt sich dann die gesuchte Brennweite durch die Gleichung

$$f'^2 = \frac{x'_2 - x'_1}{x_2 - x_1} x_1 x_2 = \frac{x'_{12}}{x_2 - x_1} x_1 x_2 .$$

Diese Formel folgt unmittelbar aus den beiden Gleichungen

$$x'_2 = -\frac{f'^2}{x_2} \qquad \text{und} \qquad x'_1 = -\frac{f'^2}{x_1} .$$

Es ist noch

$$\left|\frac{df'}{f'}\right| \leqq \frac{1}{2} \left\{ \left|\frac{d x'_{12}}{x'_{12}}\right| + \left|\frac{x_2}{x_2 - x_1} \frac{d x_1}{x_1}\right| + \left|\frac{x_1}{x_2 - x_1} \frac{d x_2}{x_2}\right| \right\} .$$

Eine einfache Abänderung der Methode besteht darin, daß man bei der zweiten und dritten Messung das Fernrohr durch einen ebenen Spiegel ersetzt (Abb. 94), der so lange längs der optischen Achse verschoben wird, bis das Autokollimations-

Abb. 94. Änderung der ERFLEschen Methode zur Brennweitenbestimmung (Abb. 93) in ein Autokollimationsverfahren, bei dem die Bildorte x'_1 und x'_2 durch einen achsensenkrechten Spiegel gefunden werden, dessen axiale Verschiebung $x'_{12} = \triangle = x'_1 - x'_2$ gemessen wird.

bild der Testplatte mit dieser zusammenfällt. Der Spiegel befindet sich dann an der Stelle des vom optischen System erzeugten Bildes der Testplatte, also in der Entfernung x'_1 bzw. x'_2 vom bildseitigen Brennpunkt. Die Verschiebung des Spiegels, die für den Übergang von Messung zwei zu Messung drei erforderlich ist, gibt den Wert x'_{12}. Die Berechnung der Brennweite geschieht wieder nach der gleichen Formel wie oben.

Ein anderes Verfahren zur Brennweitenbestimmung wird als „HARTMANNsche Umkehrmethode" bezeichnet. Diese Methode ist anwendbar, wenn außer dem zu prüfenden optischen System der Brennweite f' noch ein zweites optisches System bekannter Brennweite f'_1 vorhanden ist und die Lage der Hauptpunkte bekannt ist oder vernachlässigt werden darf. Beide optischen Systeme werden so hintereinander gestellt, daß ihre optischen Achsen zusammenfallen. Das „bekannte" System stehe vor dem zu prüfenden. Dann wähle man einen Objektpunkt, dessen Abstand vom objektseitigen Brennpunkt des bekannten Systems gleich x_1 sei. Das vom bekannten System entworfene Bild dieses Objektes hat vom Brennpunkt F_1' den Abstand $x_1' = -\frac{f_1'^2}{x_1}$ und dient für das zu prüfende System als Objekt. Sein Abstand vom objektseitigen Brennpunkt $\overline{F}$ dieses Systems ist

$$x = x_1' + f_1' - d - \overline{f} = f' + f_1' - d - \frac{f_1'^2}{x_1},$$

wie aus Abb. 95 unmittelbar folgt. Das durch das zu prüfende System entworfene Bild dieses Objektes hat vom bildseitigen Brennpunkt F' den Abstand x'. Es ist:

$$\left(f' + f_1' - d - \frac{f_1'^2}{x_1}\right) \cdot x' = -f'^2.$$

Hieraus folgt sofort

$$\frac{f'^2 + x'f'}{x'} = \frac{f_1'^2 - x_1(f_1' - d)}{x_1}$$

$$f' = \frac{x'}{2}\left[\sqrt{1 + 4\frac{f_1'^2}{x_1 x'} - 4\frac{f_1' - d}{x'}} - 1\right].$$

d ist der Abstand des vorderen Hauptpunktes des zu prüfenden Systems vom hinteren Hauptpunkt des bekannten Systems.

Die praktische Ausführung dieser Methode geschieht folgendermaßen: Man benutzt beide Objektive unter Hinzufügung von je einem Autokollimationsokular als Fernrohrobjektive, die unter Zuhilfenahme einer genau geschliffenen ebenen Fläche zunächst auf Unendlich eingestellt werden. Verschiebt man nun das mit beleuchteter Testplatte versehene Autokollimationsokular des bekannten Systems um eine bestimmte ablesbare Strecke x_1, so muß auch das Okular des zu prüfenden Systems verschoben werden, um wieder scharfe Abbildung zu erhalten. Der Betrag der Verschiebung, der gleichfalls abgelesen werden muß, ist x'. Statt d kann in vielen Fällen der Abstand der einander zugekehrten Scheitel der beiden Systeme benutzt werden.

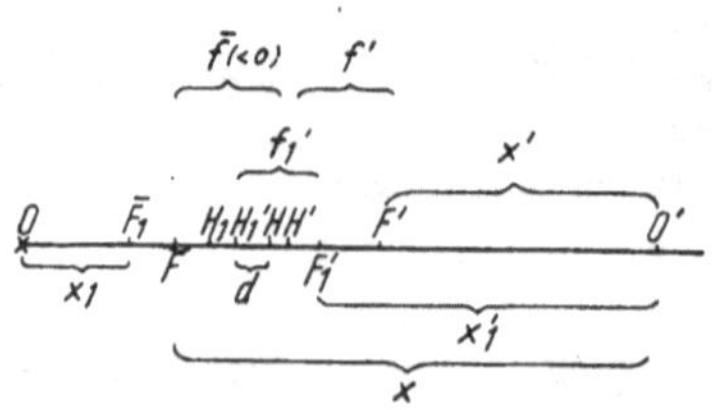

Abb. 95. Zur Brennweitenmessung nach der HARTMANNschen Umkehrmethode, bei der außer dem zu prüfenden optischen System ein zweites bekannter Brennweite f_1' vorhanden sein und — wenigstens prinzipiell — die Lage der Hauptpunkte bekannt sein muß.

Verschiebt man das Okular des bekannten Systems nur wenig, so ist x_1 und ebenso x' sehr klein gegen die zugehörigen Brennweiten f_1' bzw. f'. Man kann dann die angegebenen Formeln vereinfachen. Die vorletzte Formel geht dann über in

$$\frac{x'}{x_1} = \frac{f'^2}{f_1'^2}.$$

Um f' in dieser Weise mit genügender Genauigkeit messen zu können, müssen wir also f_1' möglichst groß wählen. Wir finden hier die schon oben bei der Einstellung eines Kollimators mit Hilfe eines Fernrohrs ausgesprochene Forderung wieder. Tatsächlich sind ja auch beide Methoden ihrem Wesen nach identisch, nur daß es uns oben allein auf die Lagebestimmung der Brennebene, hier aber auf die Bestimmung des Zahlenwertes der Brennweite ankam.

Zur Bestimmung der Brennweite eines dicken Spiegels (mit verspiegelter Rückfläche) gibt G. F. C. SEARLE[1]) drei Verfahren an. Bei dem ersten bestimmt man die Entfernung p des inneren Spiegelscheitels von dem — als „Systemmittelpunkt" bezeichneten Punkt, für den Objekt und Bild mit ihren Fußpunkten (Achsenschnittpunkten) zusammenfallen, aber entgegengesetzt gerichtet sind. Ferner bestimmt man die Lage des dem Spiegelscheitel konjugierten Bildpunktes und seine Entfernung a' vom Spiegelscheitel. Für die Brennweite des dicken Spiegels ergibt sich dann: $f = \frac{p(p-a')}{2p-a'}$, während der (bildseitige) Hauptpunkt vom Spiegelscheitel den Abstand $h' = p - 2f = \frac{pa'}{2p-a'}$.

2. METHODEN, DIE OBJEKT- ODER BILDLAGE UND DAS VERGRÖSSERUNGSVERHÄLTNIS BENUTZEN

Während die bisher besprochenen Methoden zur Bestimmung der Brennweite auf Bestimmung mehrerer Objekt- und Bildabstände von einer festen Marke beruhten, besprechen wir jetzt die Methoden, bei denen das Vergrößerungsverhältnis, die Lateralvergrößerung, wesentlich ist. Wählen wir daher ein Objekt von der Größe y und ist die Größe des zugehörigen Bildes gleich y', so ist das Vergrößerungsverhältnis

$$\beta' = \frac{y'}{y},$$

wo $\beta' < 0$, wenn das Bild umgekehrt ist. (Objekt- und Bildgröße werden hierbei am vorteilhaftesten mit einem Meßmikroskop ausgemessen, das senkrecht zu seiner Achse meßbar verschiebbar ist.) Andererseits gelten für β' die Formeln

$$-\beta' = \frac{\bar{f}}{x} = \frac{x'}{f'}, \qquad \text{also} \qquad f' = -\frac{x'}{\beta'} = +x\beta',$$

wo wieder die Vorzeichen nach der bekannten Vorzeichenregel zu wählen sind. Ist es daher möglich, außer β' noch x *oder* x' zu bestimmen, so ist dadurch die Brennweite f' gleichfalls bestimmt.

Bei diesen das Vergrößerungsverhältnis benutzenden Meßmethoden ist es vorteilhaft, die Objektgröße so zu wählen, daß der Verlauf der von den Objekt-Endpunkten kommenden Strahlen etwa der Hälfte des maximalen Gesichtsfeldes entspricht, da hierdurch die Brennweitenmessung der praktischen Benutzung des optischen Systems sehr gut angepaßt ist.

Man wird daher folgendermaßen verfahren. Man benutzt als Objekt eine Testplatte mit bekanntem bzw. ausgemessenem Linienabstand y, bringt diese zunächst mit Hilfe eines auf Unendlich eingestellten Fernrohrs (Abb. 96) in den objekt-

[1]) G. F. C. SEARLE, The determination of the focal length of a thick mirror. Proc. Cambridge Phil. Soc. **18**, 115—126, 1915 [**1**, 838].

seitigen Brennpunkt und verschiebt sie dann aus diesem Brennpunkt um einen zu messenden Betrag x. Darauf bestimmt man mit Hilfe eines Meßmikroskopes — wie oben angegeben — die Größe y' des zugehörigen Bildes der Testplatte und findet $f' = + x\beta'$.

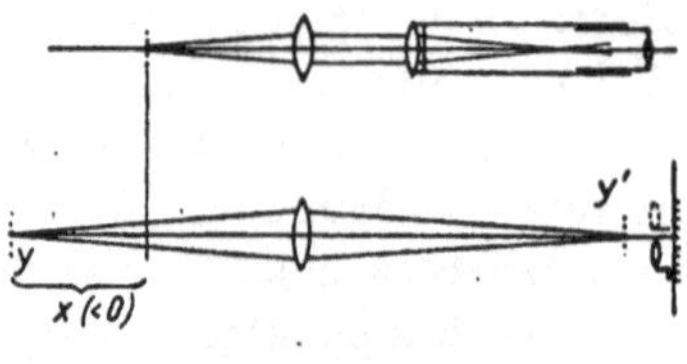

Abb. 96. Zur Brennweitenbestimmung aus Objektabstand x vom objektseitigen Brennpunkt und Vergrößerungsverhältnis $\beta' = \frac{y'}{y}$.

Um f' aus x' und β' zu bestimmen, benutzt man objektseitig einen auf Unendlich eingestellten Kollimator und stellt das Meßmikroskop auf den bildseitigen Brennpunkt ein. Ersetzt man jetzt den Kollimator durch die Testplatte, so wird man das Meßmikroskop zunächst in Richtung der Achse um eine zu messende Strecke x' verschieben müssen, um das Bild der Testplatte im Meßmikroskop scharf zu sehen. Hierauf mißt man — wie oben angegeben — durch Verschieben des Meßmikroskopes in Richtung senkrecht zur Achse die Größe y' und findet

$f' = - x' : \frac{y'}{y} = - \frac{x'}{\beta'}$.

Die Meßgenauigkeit dieser Methoden ergibt sich aus den Beziehungen

$$\left|\frac{df'}{f'}\right| \leqq \left|\frac{dx'}{x'}\right| + \left|\frac{dy}{y}\right| + \left|\frac{dy'}{y'}\right|$$

bzw.

$$\left|\frac{df'}{f'}\right| \leqq \left|\frac{dx}{x}\right| + \left|\frac{dy}{y}\right| + \left|\frac{dy'}{y'}\right|.$$

Will man die Bestimmung der Lage der Brennpunkte bei der Messung vermeiden, so genügt es, für zwei verschiedene Objektentfernungen das zugehörige Vergrößerungsverhältnis zu bestimmen. Es ist dann nur noch notwendig, den gegenseitigen Abstand $x_{12} = x_2 - x_1$ der beiden Objekte auszumessen. Denn es gelten ja dann die beiden Formeln

$$f' = + x_1\beta_1' \qquad f' = + x_2\beta_2',$$

so daß

$$x_{12} = x_2 - x_1 = f'\left(\frac{1}{\beta_2'} - \frac{1}{\beta_1'}\right), \quad \text{d. h.} \quad f' = \frac{x_{12}}{\beta_1' - \beta_2'}\beta_1'\beta_2'.$$

Nun ist

$$\frac{1}{\beta'} = \beta = \frac{y}{y'},$$

so daß

$$f' = \frac{x_{12}}{\beta_2 - \beta_1}.$$

Für die Bestimmung der Meßgenauigkeit gilt

$$\left|\frac{df'}{f'}\right| \leqq \left|\frac{dx_{12}}{x_{12}}\right| + \frac{1}{|\beta_2 - \beta_1|}\left(|d\beta_1| + |d\beta_2|\right).$$

Nach den Untersuchungen von BIOT[1]) läßt sich die Brennweite eines optischen Systems mit einer besonders hohen Genauigkeit bestimmen, wenn man für ein genügend weit entferntes Objekt bekannten Objektabstandes $a\ (< 0)$ und bekannter Objektgröße y die Bildgröße y' mißt. Es gilt dann, wie aus der Abbildungsgleichung sofort folgt,

$$f' = a \cdot \frac{y'}{y} + \frac{f'^2}{a + f'},$$

wobei im zweiten Glied der Wert von f' einzusetzen ist, der sich allein aus dem ersten Glied berechnet.

BIOT gibt für diese Bestimmung von f' eine Genauigkeit von

	0,99		0,999		0,9999,	d. h. eine Fehler-
grenze von	1%	bzw.	1‰	bzw.	0,1‰	an,
wenn man	$\|a\| > 200\,f'$	bzw.	$> 2000\,f'$	bzw. $>$	$20\,000\,f'$	wählt.

Eine andere von MEYERSTEIN angegebene Methode benutzt einen festen Abstand l zwischen Objekt- und Bildebene, der wieder größer sein muß als $4f' + d_H$ des zu prüfenden optischen Systems. Dann gibt es — wie wir bereits oben gesehen haben — zwei Lagen des Systems, für die eine scharfe Abbildung des Objektes in der Bildebene erzielt wird. Bei der MEYERSTEINschen Prüfmethode wird aber das optische System nicht — wie bei der zweiten GAUSSschen Methode — verschoben, obwohl dies natürlich auch hier mit kleinen Modifikationen möglich ist, sondern das optische System wird (Abb. 97) zunächst in eine erste Lage gebracht, in der eine scharfe Abbildung des Objektes (Testplatte) erzielt wird, und der Abstand g_1 des Objektes von einer am System angebrachten festen Marke D gemessen. Außerdem bestimmt man das Vergrößerungsverhältnis $\beta_1' = \frac{y_1'}{y_1}$. Das System wird sodann in *umgekehrter* Stellung benutzt und wieder durch Hin- und Herschieben die zweite Stellung gesucht, bei der eine scharfe Abbildung vorliegt. Auch jetzt bestimmt man den

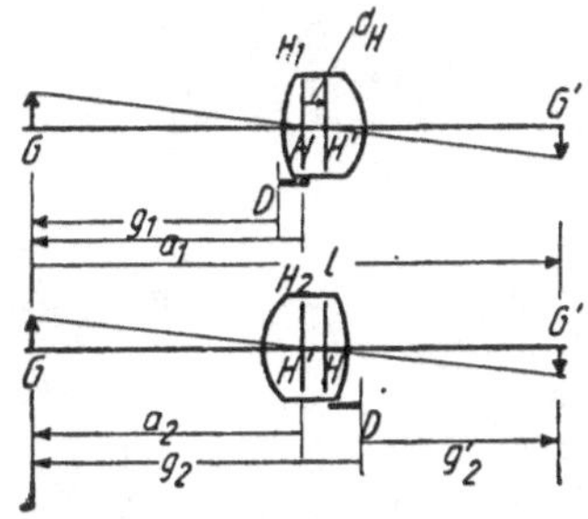

Abb. 97. Zur Brennweitenbestimmung nach MEYERSTEIN, bei der der Abstand $l\,(> 4f' + d_H)$ zwischen Objekt und Bildebene fest gewählt und gemessen wird.

[1]) A. BIOT, Sur la mesure des distances focales et sur une méthode pour les mesurer. Ann. de Bruxelles (B) **53,** 99—106, 1933 [**14,** 1555].

Abstand (g_2) des Objektes von der festen Marke und das Vergrößerungsverhältnis $\beta_2' = \frac{y_2'}{y_2}$. Bezeichnen wir durch a_1 bzw. a_2 die Abstände der Objektebene von der ihr zugekehrten Hauptpunktsebene, durch a_1' bzw. a_2' entsprechend die Abstände der Bildebene von der ihr zugekehrten Hauptpunktsebene, so gelten die Gleichungen

$$\frac{1}{a_1'} - \frac{1}{a_1} = \frac{1}{a_2'} - \frac{1}{a_2} = \frac{1}{f'}$$

$$a_1' - a_1 + d_H = a_2' - a_2 + d_H = l.$$

Daraus folgt

$$a_1 a_1' = a_2 a_2'.$$

Da außerdem $a_1 - a_1' = a_2 - a_2'$ ist, so ist $a_1 + a_1' = \pm(a_2 + a_2')$, d. h. $a_1 = a_2$; $a_1' = a_2'$ bzw. $a_1 = -a_2'$; $a_1' = -a_2$.

$a_1 = a_2$ besagt, daß die Hauptebenen durch die Umkehrung des Systems einfach ihre Lage vertauscht haben und daß das Vergrößerungsverhältnis $\beta_1' = \beta_2'$ sein muß. Trotzdem empfiehlt es sich, für beide Lagen das Vergrößerungsverhältnis und daraus den Mittelwert $\beta' = \frac{1}{2}(\beta_1' + \beta_2')$ zu bestimmen und diesen Mittelwert für die weitere Rechnung zu benutzen, da hierdurch evtl. vorhandene Meßfehler eliminiert werden. Zur Berechnung von f' aus den so gefundenen Werten g_1, g_2, β' ist zu beachten, daß

$$\overrightarrow{H_1G} = (\overrightarrow{HG})_1 = (\overrightarrow{HD})_1 + (\overrightarrow{DG})_1, \quad \text{d. h.}$$

$$a_1 = (\overrightarrow{HD})_1 + g_1$$

$$\overrightarrow{H_2G} = (\overrightarrow{H'G})_2 = (\overrightarrow{H'H})_2 + (\overrightarrow{HD})_2 + (\overrightarrow{DG})_2$$

$$= +(\overrightarrow{HH'})_1 - (\overrightarrow{HD})_1 + (\overrightarrow{DG})_2,$$

d. h.

$$a_2 = d_H - (\overrightarrow{HD})_1 + g_2,$$

also

$$\frac{1}{2}(a_1 + a_2) = a = \frac{1}{2}(g_1 + g_2 + d_H)$$

und entsprechend

$$\frac{1}{2}(a_1' + a_2') = a' = l + \frac{1}{2}(g_1 + g_2 - d_H).$$

Aus der Abbildungsgleichung $\frac{1}{a'} - \frac{1}{a} = \frac{1}{f'}$ folgt nun weiter

$$1 - \frac{a'}{a} = 1 - \beta' = \frac{a'}{f'}; \qquad \frac{a}{a'} - 1 = \frac{1}{\beta'} - 1 = \frac{a}{f'},$$

so daß

$$\frac{1}{\beta'} - \beta' = \frac{a + a'}{f'} = \frac{l + g_1 + g_2}{f'},$$

also

$$f' = \frac{l + g_1 + g_2}{1 - \beta'^2}\,\beta' = \frac{l + g_1 + g_2}{\frac{1}{\beta'} - \beta'} = \frac{l + g_1 + g_2}{\beta - \beta'},$$

wenn wieder $\frac{1}{\beta'} = \frac{y}{y'} = \beta$ gesetzt wird.

Von HOPPE ist eine einfache Abänderung dieses Meßverfahrens angegeben worden. Bestimmt man nämlich bei der zweiten Lage des Prüfobjektivs nicht den Abstand g_2 des Objektes von der festen Marke D, sondern den Abstand g_2' des Bildes von dieser Marke (Abb. 97), so ist $g_2' = l + g_2$, so daß die Formel für die Brennweitenerrechnung jetzt lautet

$$f' = \frac{g_1 + g_2'}{1 - \beta'^2}\,\beta'.$$

Den Fehler des Meßergebnisses erhält man aus den Meßfehlern dg_1, dg_2 und $d\beta'$ nach der Formel

$$\left|\frac{df'}{f'}\right| = \frac{1}{|g_1 + g_2'|}\,(|dg_1| + |dg_2'|) + \left|\frac{1 + \beta'^2}{1 - \beta'^2}\right| \left|\frac{d\beta'}{\beta'}\right|.$$

Beachtet man noch, daß

$$(\overrightarrow{HD})_1 = -(\overrightarrow{HD})_2 = \frac{1}{2}\,(g_2 - g_1 + d_H) = \frac{1}{2}\,(g_2' - g_1 - l + d_H)$$

ist, so findet man

$$a = g_1 + (\overrightarrow{HD})_1 = \frac{1}{2}\,(g_2' + g_1 - l + d_H),$$

$$a' = g_2' + (\overrightarrow{HD})_2 = \frac{1}{2}\,(g_2' + g_1 + l - d_H),$$

und hieraus

$$\beta' = \frac{a'}{a} = \frac{(g_2' + g_1) + (l - d_H)}{(g_2' + g_1) - (l - d_H)}$$

$$-(l - d_H) = (g_2' + g_1)\,\frac{1 - \beta'}{1 + \beta'}.$$

Für den Abstand $\overrightarrow{HH'} = d_H$ der beiden Hauptpunkte ergibt sich demnach

$$d_H = l + \frac{1 - \beta'}{1 + \beta'}\,(g_1 + g_2').$$

Für den Abstand $(\overrightarrow{HD})_1$ des ersten Hauptpunktes von der festen Marke folgt dann noch

$$(\overrightarrow{HD})_1 = \frac{g_2' - g_1\beta'}{1+\beta'}.$$

Die Meßgenauigkeit der Brennweite nach dem Hoppeschen Verfahren soll nach Hoppe 0,998 betragen, der Meßfehler also $2^0/_{00}$ nicht übersteigen.

Ein anderes Verfahren, das gleichfalls mit festem Abstand zwischen Objekt- und Bildebene arbeitet, wurde von John S. Anderson[1]) angegeben. Es unterscheidet sich von den beiden vorher besprochenen Methoden einmal dadurch, daß das Objektiv nicht umgedreht, sondern verschoben wird — dieser Unterschied ist aber ziemlich unwesentlich —, und außerdem dadurch, daß die Bildfeldkrümmung berücksichtigt wird. In die Objekt- und in die Bildebene bringe man je eine Testplatte mit fünf äquidistanten parallelen Linien, die beide völlig gleich sind, und wähle den Abstand zwischen Objektebene und Bildebene so, daß die Linien 2 und 4 der Objekttestplatte auf die Linien 1 und 5 der Bildtestplatte abgebildet werden. Dann ist das Vergrößerungsverhältnis $\beta_1' = \beta' = -2$. Nun verschiebe man das *Objektiv* so, daß die Linien 1 und 5 der Objekttestplatte auf die Linien 2 und 4 der Bildtestplatte abgebildet werden $\left(\beta_2' = -\frac{1}{2}\right)$. Die Verschiebung des Objektivs sei Δ. Dann gilt für die Berechnung der Brennweite f' die Formel

$$f' = \frac{\Delta}{1-\beta'^2}\beta' - \frac{e^2 c}{2\Delta}\frac{1+\beta'}{1-\beta'}\beta' = \frac{2}{3}\Delta - \frac{2}{3}\frac{e^2 c}{2\Delta}.$$

Hier rührt das zweite Glied von der Bildfeldkrümmung her. e ist der Abstand zweier benachbarter Linien der Testplatten und c ein Faktor, der empirisch von Anderson zu etwa 2,0 bestimmt wurde. Das erste Glied aber ist im wesentlichen identisch mit dem Ausdruck, der bei dem Hoppeschen Verfahren zur Berechnung der Brennweite benutzt wurde, mit

$$\Delta = g_1 + g_2'.$$

Ein von Hartmann angegebenes Verfahren (Abb. 98) benutzt ein Hilfsfernrohr, dessen Brennweite f_1' genau bekannt ist und das auf Unendlich eingestellt ist. Setzt man vor dieses Fernrohr das zu prüfende Objektiv und vor dieses eine Test-

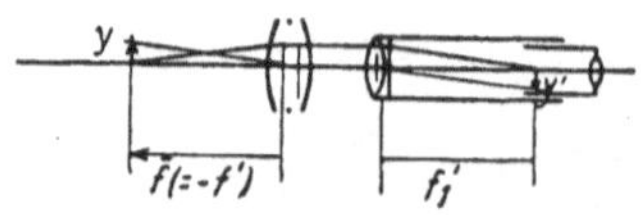

Abb. 98. Zur Brennweitenbestimmung nach Hartmann, die anwendbar ist, wenn ein Ablesefernrohr genau bekannter Objektivbrennweite f_1' mit Okularmikrometer vorhanden ist. Ein Objekt bekannter Größe y wird mit Hilfe des auf Unendlich eingestellten Ablesefernrohres in die Brennebene des zu prüfenden optischen Systems gebracht. Dann gilt: $f' = -\frac{y}{y'} f_1'$, wo y' die mit Okularmikrometer gemessene Größe des Bildes von y ist. Bei Umkehrung des Strahlenganges ergibt sich, wenn das Fernrohr für Autokollimation benutzbar ist, das Porro-Verfahren.

[1]) John S. Anderson, A magnetification method of measuring focal lenght. Trans. Opt. Soc. **33,** 55—62, 1931/32 [13, 1795].

platte (mit Linien bekannten Abstandes y), die man so lange längs der optischen Achse verschiebt, bis sie im Hilfsfernrohr scharf erscheint, so befindet sie sich im Brennpunkt des Prüfobjektivs. Man bestimmt nun mit Hilfe eines Okularmikrometers die Größe y' des Bildes. Da die vordere Hauptebene des Prüfobjektivs und die hintere Hauptebene des Fernrohrobjektivs die Hauptebenen des aus beiden Objektiven gebildeten optischen Systems sind und die Knotenpunkte mit den Achsenschnittpunkten dieser Hauptebenen zusammenfallen, so ist

$$\frac{y'}{y} = \frac{f_1'}{\bar{f}}, \quad \text{also} \quad f' = -\bar{f} = -\frac{y}{y'} f_1'.$$

Ein ganz ähnliches Verfahren wurde bereits vor HARTMANN von PORRO angegeben, nur daß bei ihm der Strahlenverlauf umgekehrt war. Er setzte die Testplatte bekannten Strichabstandes y in die Brennebene des Fernrohrs, benutzte dies also als Kollimator, und bestimmte dann die Größe des Bildes y' dieser Testplatte in der Brennebene des Prüfobjektivs.

Zur Berechnung von f' ergibt sich jetzt

$$f' = -y' \frac{f_1'}{y},$$

wo der Faktor $\frac{f_1'}{y}$ bei einem nach diesem Verfahren gebauten Brennweitenmesser einen konstanten Wert hat, der zur Berechnung von f' nur mit dem gemessenen Wert y' multipliziert zu werden braucht.

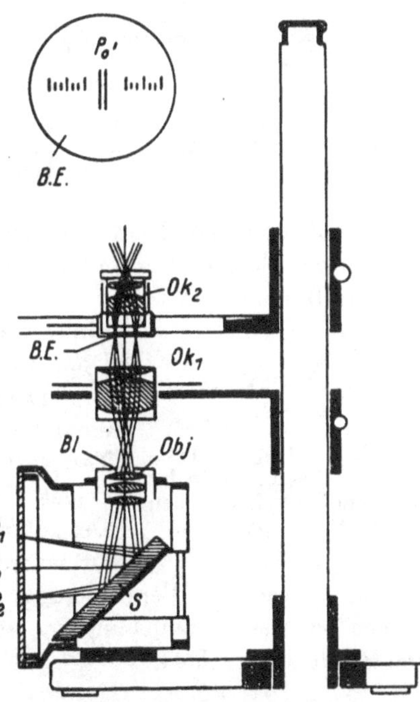

Abb. 99. Okularfokometer nach v. HOFE, das das PORRO-Verfahren benutzt.

Nach dem PORROschen Prinzip ist auch das Okularfokometer von v. HOFE[1]) konstruiert (Abb. 99), das zur Bestimmung der Brennweite von Okularen dient und eine Meßgenauigkeit von 0,999 besitzt. Auf dem gleichen Prinzip beruht auch der v. HOFEsche Objektivkomparator (Abb. 100), mit dem man zwei Objektive, deren Brennweiten gleich sein sollen, auf Brennweitengleichheit prüfen und die Brennweitendifferenz feststellen kann. Das eine der beiden zu vergleichenden Objektive dient hierbei als Kollimatorobjektiv, das andere als Prüfobjektiv. Bei Gleichheit der Brennweiten ist Objekt

[1]) CHR. v. HOFE, Zwei Apparate zum Prüfen von Brennweiten. ZS. f. techn. Phys. **1**, 191—197, 1920 [**2**, 114]. — CHR. v. HOFE, Über Brennweitenmessungen. Central-Ztg. f. Opt. u. Mech. **45**, 9—10, 1924 [**5**, 848].

und Bild gleich groß. Als Testobjekt benutzt v. HOFE daher eine Glasplatte mit drei äquidistanten parallelen Linien, während er in die Bildebene eine gleiche

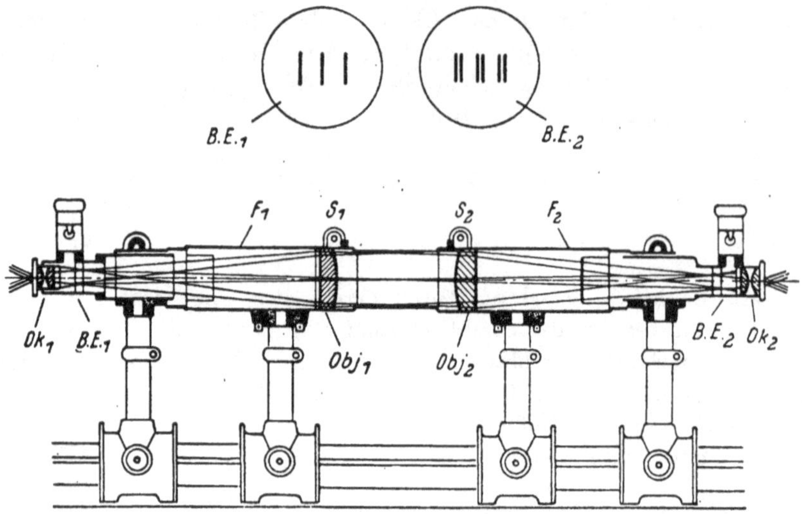

Abb. 100. Objektivkomparator nach v. HOFE zur Bestimmung des Brennweitenunterschiedes zweier Objektive nahezu gleicher Brennweite. Der Komparator arbeitet nach dem PORRO-Prinzip.

Platte mit drei parallelen Doppellinien bringt (Abb. 101), deren Mitten untereinander den gleichen Abstand haben wie die einfachen Linien der Objekttestplatte. Sind die Brennweiten beider Objektive einander gleich, so fällt das Bild der drei Linien der Objekttestplatte in die Zwischenräume der Doppellinien der Bildtestplatte. Sind dagegen die Brennweiten nicht genau gleich, so bringe man nacheinander durch meßbares Verschieben der bildseitigen Testplatte (in ihrer Ebene) die äußersten Linien des Bildes der Objekttestplatte mit den entsprechenden Doppellinien der Bildtestplatte zur Deckung. Die hierfür erforderliche Verschiebung der Bildtestplatte gibt an, um wieviel die Vergrößerung der Abbildung vom Betrag -1 abweicht. Nennen wir die Verschiebung dy, so ist $dy = y' + y$, und es ist demnach der Brennweitenunterschied

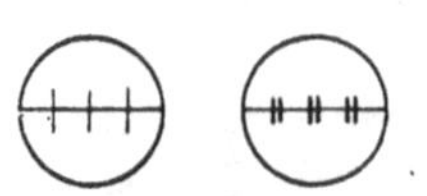

Abb. 101. Objekt-Testplatte und Testplatte in der Bildebene des v. HOFEschen Objektivkomparators.

$$df = f' - f_1' = -\frac{f_1'}{y}\,dy.$$

Anders geschrieben ergibt sich

$$f' = f_1' + df = f_1' \cdot \left(1 - \frac{dy}{y}\right).$$

Hier ist y der Abstand der beiden äußersten Linien der Objekttestplatte. Die Genauigkeit, mit der die Abweichung der Brennweiten beider Objektive bestimmt werden kann, ist im wesentlichen davon abhängig, wie genau der Wert dy abgelesen werden kann. Nach Angaben von v. HOFE ist es leicht möglich, Genauigkeiten von etwa 0,9999, also Abweichungen von nicht mehr als 0,1⁰/₀₀ zu erreichen.

Da es bei jedem optischen System für den Abstand zwischen Objektebene und Bildebene bei objekt- und bildseitig gleichem Brechungsindex

ein Minimum $\quad l_{min} \equiv (a' - a + d_H)_{min} = 4f' + d_H$

und ein Maximum $\quad l_{max} \equiv (a' - a + d_H)_{max} = d_H$

gibt (Abb. 102), und da in diesen paarweise konjugierten Ebenen das Abbildungsverhältnis $\beta' = -1$ bzw. $\beta' = +1$ ist, so kann man durch Bestimmen von l_{min} und l_{max} sowohl f' als auch d_H finden. Es ist

$$f' = \frac{1}{4}(l_{min} - l_{max}),$$

$$d_H = l_{max},$$

wobei noch zu beachten ist, daß $|l_{max}| < |l_{min}|$ ist.

Um die Größen l_{min} und l_{max} zu bestimmen, können wir so verfahren (Abb. 103): Wir benutzen einen Kollimator mit beleuchteter Testplatte, die etwa aus drei parallelen Linien oder einer Skala besteht. Den Kollimator stellen wir so, daß von der

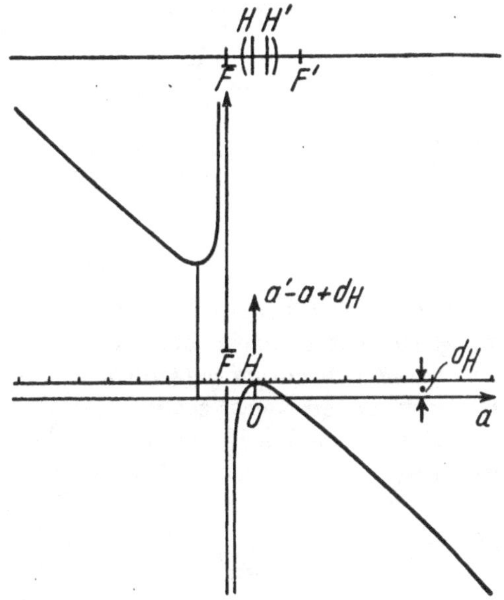

Abb. 102. Darstellung des Abstandes $l = a' - a + d_H$ der Bildebene von der zugeordneten Objektebene als Funktion des Abstandes a der Objektebene von der objektseitigen Hauptpunktebene. Bei $l_{max} = d_H$ ist $\beta' = +1$, bei $l_{min} = 4f' + d_H$ ist $\beta' = -1$. Dabei ist im allgemeinen $l_{min} > l_{max}$ und $-\infty \leqq l \leqq l_{max} < l_{min} \leqq l \leqq +\infty$.

Testplatte in endlichem Abstand vom Kollimatorobjektiv ein reelles Bild entsteht. Auf dieses reelle Bild stellen wir ein mit Fadenmikrometer im Meßokular versehenes Fernrohr scharf ein. Die Stellung des Ablesefernrohrs sei an der Skala der optischen Bank abgelesen. Sodann bringen wir das Prüfobjektiv zwischen Kollimator und Fernrohr und verschieben Prüfobjektiv und Fernrohr so lange, bis das mit dem verschobenen, aber in seiner Einstellung nicht geänderten Fernrohr durch das Prüfobjektiv betrachtete Bild der Testplatte wieder die gleiche Größe besitzt. Wie gesagt, gibt es zwei Möglichkeiten. Bei der einen erscheint das Bild der Testplatte aufrecht, bei der anderen umgekehrt, in beiden Fällen aber gleich groß. Die Strecken, um die hierbei das Beobachtungsfernrohr aus seiner ersten Stellung (Beobachtung der Bilder der Testplatte ohne zwischengeschaltetes Prüfobjektiv) verschoben werden, sind l_{min} bzw. l_{max} und ergeben nach den angegebenen Formeln f' und d_H [1]).

Zur Bestimmung der Brennweite eines dicken Spiegels gibt G. F. C. SEARLE [2]) folgendes als Mikrometermethode bezeichnete Verfahren: Man bestimme die Größe y eines im (inneren) Spiegelscheitel befindlichen Objektes sowie die Größe y' des konjugierten Bildes und außerdem die Entfernung p des „Systemmittelpunktes" (s. o. S.117) vom Spiegelscheitel. Dann ist $f = \frac{y'}{y+y'} p = \frac{\beta'}{1+\beta'} p$ und der Abstand h des bildseitigen Hauptpunktes vom Spiegelscheitel: $h = p - 2f$.

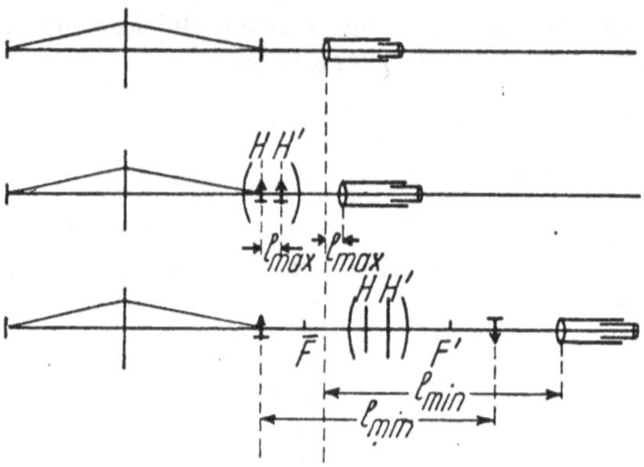

Abb. 103. Zur Bestimmung der Werte l_{min} und l_{max} für ein vorgegebenes optisches System.

3. METHODEN MIT BENUTZUNG DER WINKELGRÖSSEN VON OBJEKT ODER BILD

Während wir bei den vorhergehenden Methoden die Objektgröße y und die Bildgröße y' bestimmen mußten, besprechen wir jetzt Methoden, bei denen nur eine dieser Größen und außerdem der Winkel, unter dem die andere Größe vom Objektiv aus erscheint, gemessen wird.

Da Objekt und Bild von den zugehörigen Knotenpunkten aus gesehen — die bei objekt- und bildseitig gleichem Medium mit den Achsenschnittpunkten der Hauptebenen zusammenfallen — unter dem gleichen Winkel w erscheinen, gilt zunächst, wenn wir die Größe y' des — reell vorausgesetzten — Bildes messen, die Beziehung (Abb. 104)

$$\operatorname{tg} \frac{w}{2} = \frac{|y'|}{2a'}.$$

Abb. 104. Zum funktionalen Zusammenhang $\operatorname{tg} \frac{w}{2} = \frac{|y'|}{2a'}$ zwischen (reeler) Bildweite a', Bildgröße y' und Winkel w, unter dem das Objekt vom (objektseitigen) Knotenpunkt des optischen Systems aus erscheint.

Ist das Objekt genügend weit vom Objektiv entfernt, so ist es nicht erforderlich, die Messung des Winkels w, unter dem es vom vorderen Knotenpunkt des Objektivs aus erscheint, von diesem Knotenpunkt aus vorzunehmen, vielmehr genügt es, nach Entfernen des Prüfobjektivs mit einem Theodolit, der sich *ungefähr* an der Stelle

[1]) Vgl. hierzu auch G. F. C. SEARLE, A maximum-minimum method of determining the cardinal points of a lens system. Proc. Cambridge Phil. Soc. **32**, 138—143, 1936 [**17**, 1370].

[2]) G. F. C. SEARLE (s. o. S. 117, Anm. 1).

des Prüfobjektivs befindet, nacheinander auf die Endpunkte des Objektes einzustellen und so den Winkel w zu messen. Aus den gemessenen Werten y' und w ergibt sich dann die Bildweite a' nach der Formel

$$a' = \frac{|y'|}{2 \operatorname{tg} \frac{w}{2}}.$$

Als Objektabstand a können wir mit hinreichender Genauigkeit den Abstand des Objektes vom Scheitel des Prüfobjektivs ansetzen. Dann gilt die Abbildungsgleichung

$$\frac{1}{f'} = \frac{1}{a'} - \frac{1}{a},$$

also

$$f' = \frac{a\,a'}{a - a'} = \frac{a\,|y'|}{2a \operatorname{tg} \frac{w}{2} - |y'|}.$$

Für den Fehler $d\,f'$ des Meßergebnisses finden wir in Abhängigkeit von den Meßfehlern da, dy' und dw den Wert

$$|df'| \leq \left(\frac{f'}{a}\right)^2 |da| + 2 \operatorname{tg} \frac{w}{2} \left(\frac{f'}{y'}\right)^2 |dy'| + \frac{1}{|y'|} \left(\frac{f'}{\cos \frac{w}{2}}\right)^2 dw.$$

Ist demnach a genügend groß, so ergibt ein Meßfehler in a nur einen vernachlässigbaren Fehler in f'.

Das Verfahren ist in der angegebenen Form naturgemäß nur für $f' > 0$ anwendbar.

Um die Brennweite ($f' > 0$) eines Prüfobjektivs aus der Objektgröße y und dem Winkel w, unter dem das Bild vom hinteren Knotenpunkt aus erscheint, zu bestimmen, setzen wir das Objektiv so auf den Tisch eines Spektrometers, daß sein hinterer Knotenpunkt über der Drehachse liegt[1]). Durch ein auf Unendlich

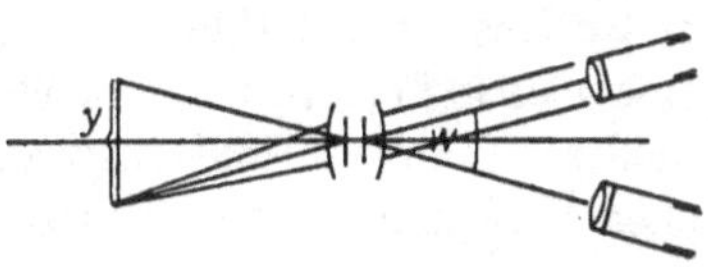

Abb. 105. Zur Brennweitenbestimmung eines optischen Systems aus der linearen Größe y eines in der objektseitigen Brennebene des Systems liegenden Objektes und dem Winkel w, unter dem es vom objektseitigen Knotenpunkt des Systems aus erscheint.

eingestelltes Fernrohr — z. B. das auf Unendlich eingestellte Spektrometerfernrohr —, das wir hinter das Prüfobjektiv (etwa koaxial) stellen, bringen wir die Testplatte, d. h. das Objekt bekannter Größe y in den vorderen Brennpunkt des Prüfobjektivs. Stellen wir dann das Spektrometerfernrohr einmal auf das eine, ein zweites Mal auf das andere Ende des durch das Objektiv gesehenen Objektes ein (Abb. 105), so gibt uns der Winkel, um den wir hierbei das Spektrometerfernrohr

[1]) Siehe unten C. III, S. 135 u. f.

verschwenken mußten, den Winkel w. Aus der bekannten Objektgröße y und dem gemessenen Winkel w ergibt sich die Brennweite des untersuchten Objektivs zu

$$f' = -\bar{f} = \frac{y}{2 \operatorname{tg} \frac{w}{2}}.$$

Es wird

$$|df'| \leq f' \left|\frac{dy}{y}\right| + \frac{y}{4 \cos^2 \frac{w}{2}} |dw|.$$

Dies besagt aber nicht, daß der Fehler der Brennweitenmessung nur von den Meßfehlern dy und dw abhängt. Er ist vielmehr auch noch davon abhängig, mit welcher Genauigkeit das Testobjekt in die (vordere) Brennebene des Prüfobjektivs gebracht wurde. Diese „Einstellgenauigkeit" hängt aber — wie wir früher (A. IV 4, S. 39) sahen — von der Wahrnehmbarkeit der Parallaxe ab.

Hier sei auch noch die dritte von G. F. C. SEARLE[1]) angegebene „Goniometermethode" zur Bestimmung der Brennweite eines dicken Spiegels erwähnt. Mit Hilfe eines auf Unendlich eingestellten Fernrohrs bringt man ein Objekt bekannter Größe y mit seinem Fußpunkt in den Brennpunkt (Brennebene) des Spiegels und verschwenkt das Fernrohr um einen Winkel w gegen die optische Achse so, daß der andere Endpunkt des Bildes von y auf der optischen Achse des Fernrohrs liegt. Dann gilt für die Spiegelbrennweite die Beziehung $f = \frac{y}{\operatorname{tg} w}$.

4. DAS ABBEsche FOKOMETER UND VERWANDTE METHODEN

Etwas ausführlicher besprechen wir noch die sehr genaue ABBEsche Fokometermethode zur Brennweitenbestimmung, bei der verschiedene von ABBE als grundlegend für „mikrometrische Messungen mittels optischer Bilder" erkannte Bedingungen berücksichtigt sind. Nach ABBE darf die Messung nicht abhängen von der Auffassung des Bildortes, d. h. von der Einstellungsgenauigkeit, die ja durch verschiedene Fehlerquellen leicht ungünstig beeinflußt werden kann. Sie ist z. B. von der Öffnung des bildseitigen Strahlenbündels, von der Tiefenschärfe des menschlichen Auges und anderen Faktoren abhängig (vgl. A. IV 4, S. 39). Bei verschiedenen der oben besprochenen Methoden aber mußte gerade die Lage des Bildes, sein Abstand von einer festen Marke ausgemessen werden, so daß die Genauigkeit dieser Methoden von der Einstellungsgenauigkeit abhängt.

Da auch die „Bildgröße" durch ungenaue Einstellung verfälscht wird (Abb. 106), ist es notwendig, die Bildgröße in anderer Weise zu bestimmen. Denken wir uns etwa im vorderen Brennpunkt des zu untersuchenden optischen Systems eine feine Lochblende, so verlaufen die von den Endpunkten — und natürlich auch die von

[1]) G. F. C. SEARLE (s. o. S. 117, Anm. 1 u. S. 126, Anm. 2).

den übrigen Punkten — des Objektes ausgehenden und durch die (sehr enge) Blendenöffnung hindurchgehenden Lichtstrahlen nach dem Durchgang durch das optische System parallel zur optischen Achse. Auf diesen achsenparallelen Strahlen liegen die den Punkten des Objektes konjugierten Bildpunkte, so daß der Abstand der beiden den Endpunkten des Objektes zugeordneten bildseitigen achsenparallelen Strahlen die Bildgröße ergibt. Diese ist daher jetzt unabhängig von der genauen Lage der Bildpunkte auf den bildseitigen achsenparallelen Strahlen, den „Hauptstrahlen" der abbildenden Strahlenbündel, wie dies Abb. 107 zeigt. Stellt

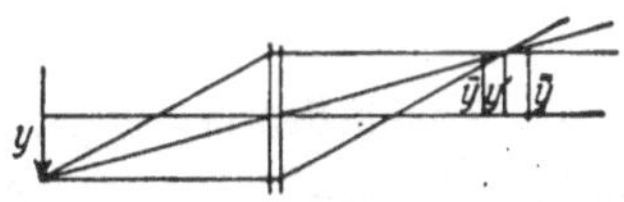

Abb. 106

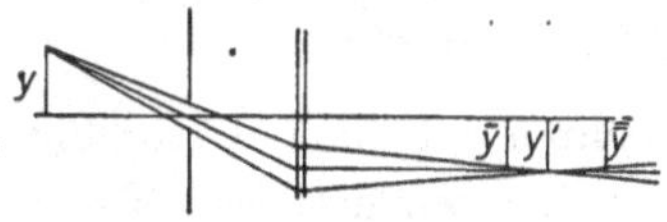

Abb. 107

Abb. 106. Zur Abhängigkeit der mit Hilfe eines Okularmikrometers ermittelten Werte der Größe eines Bildes von der optischen „Einstellgenauigkeit" des Okulars auf das Bild.

Abb. 107. Vermeidung der in Abb. 106 dargestellten Ungenauigkeit bei der Ermittlung der Bildgröße nach einem Vorschlag von ABBE.

man daher bildseitig ein Mikroskop so auf, daß seine Achse der des optischen Systems dauernd parallel ist, und daß es nur senkrecht zu seiner Achse verschoben werden kann, so haben wir es mit abbildenden Strahlenbündeln zu tun, deren Hauptstrahlen objektseitig durch den Brennpunkt des Prüflings gehen, und es läßt sich die gesuchte Bildgröße einwandfrei bestimmen, indem man das Mikroskop einmal auf das Bild des einen, ein zweites Mal auf das des anderen Endpunktes des Objektes einstellt und den Betrag mißt, um den hierbei das Mikroskop senkrecht zu seiner Achse verschoben werden mußte. Diese hier kurz skizzierte Methode zur einwandfreien Bestimmung der Größe eines optischen Bildes ist in dem ABBEschen Fokometer zur Anwendung gekommen, wie wir noch weiter unten sehen werden.

Ein weiterer Punkt, auf den nach ABBE noch zu achten ist, ist, daß das Vergrößerungsverhältnis wegen der Abbildungsfehler optischer Systeme von der Öffnung des abbildenden Strahlenbündels abhängt. Für die Berechnung der paraxialen Brennweite ist der Wert des Vergrößerungsverhältnisses zu benutzen, der sich für kleine Objekte und kleine Einfallshöhen ergibt. Man muß daher für verschiedene Einfallshöhen und verschiedene Objektgrößen das Vergrößerungsverhältnis bestimmen und hieraus auf kleine Werte extrapolieren.

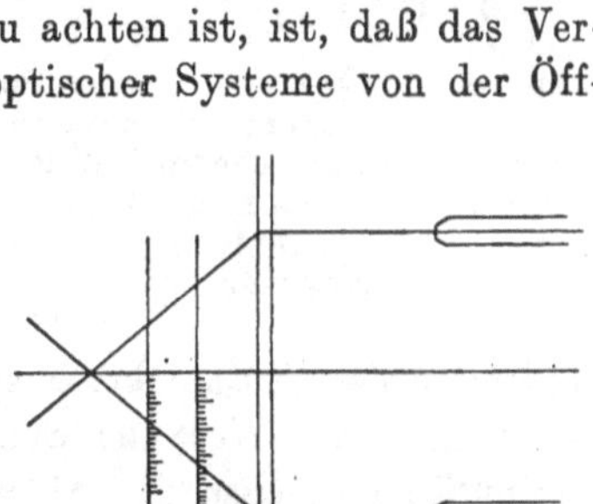

Abb. 108. Zur Brennweitenmessung nach der ABBEschen Fokometermethode.

Bei der ABBEschen Fokometermethode wird hinter das zu prüfende optische System ein Maßstab gestellt, der als Objekt dient, und dessen Abstand vom System verändert werden kann. Sein Nullpunkt falle mit der Achse des Systems zusammen. Vor dem System befindet sich ein Ablesemikroskop, dessen optische Achse genau parallel zur optischen Achse und senkrecht zu ihr verschoben werden kann (Abb. 108).

Man stellt nun das Mikroskop auf das Bild des Maßstabes (Objektes) ein und liest auf diesem die Zahl Z ab, die mit einer Marke in der Bildebene des Mikroskopes zusammenfällt. Verschiebt man nun das Ablesemikroskop senkrecht zu seiner Achse, bis die Zahl $-Z$ des Maßstabes mit der angegebenen Marke des Mikroskopes zusammenfällt, so ist die Objektgröße $y = 2Z$, während die Bildgröße y' dem Betrage nach gleich ist der Strecke, um die das Mikroskop verschoben wurde. Das Vorzeichen von y' bestimmt sich aus der Lage des Objektmaßstabes. Liegt er innerhalb/außerhalb der Brennweite des Prüfobjektivs, so ist $y' \gtrless 0$. Das Vergrößerungsverhältnis ist $\beta' = \frac{y'}{y}$.

Führen wir diese Bestimmung für zwei verschiedene Lagen des Maßstabes aus, so erhalten wir die Vergrößerungsverhältnisse β_1' und β_2'. Bezeichnen wir den Abstand, um den wir den Maßstab beim Übergang von Messung 1 zu Messung 2 längs der Achse des Systems verschoben haben, durch $x_{12} (= x_2 - x_1)$, so können wir die schon oben S. 118 angegebene Formel

$$f' = \frac{x_{12}}{\beta_1' - \beta_2'} \beta_1' \beta_2' = \frac{x_{12}}{\frac{1}{\beta_2'} - \frac{1}{\beta_1'}} = \frac{x_{12}}{\beta_2 - \beta_1}$$

für die Berechnung der Brennweite des Prüfobjektivs benutzen.

Aus technischen Gründen verschiebt man bei dem ABBEschen Fokometer nicht das Ablesemikroskop, sondern läßt dieses fest über dem Nullpunkt des Maßstabes stehen, während man das zwischen beiden befindliche Prüfobjektiv verschiebt (Abb. 109). Dies ist erforderlich, weil technisch unvermeidbare Abweichungen von der Parallelität sich bei Verschieben des Prüfobjektivs wesentlich weniger auf die Brennweitenbestimmung auswirken als bei Verschieben des Mikroskops.

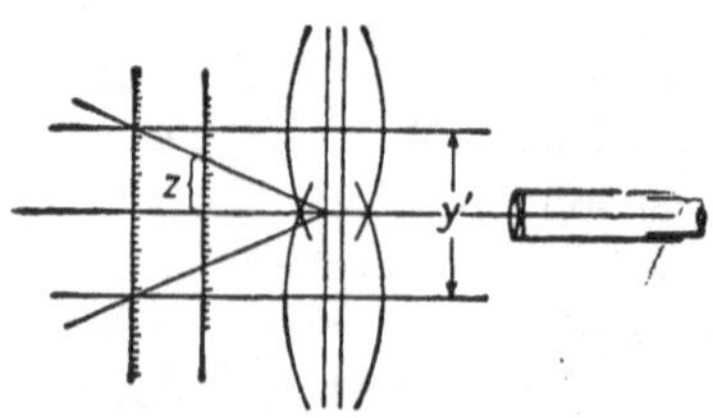

Abb. 109. Die Brennweitenmessung nach der ABBEschen Fokometermethode mit feststehendem Ablesemikroskop und lateraler Verschiebung des zu prüfenden optischen Systems.

Für die Berechnung der Brennweite bei Ausführung der Fokometermethode nach Abb. 109 müssen wir die angegebene Vergrößerungsformel noch etwas umformen. Man erkennt aus der Figur sofort, daß die Bildgröße y' gleich der Verschiebung des Prüfobjektivs ist, während die zugehörige Objektgröße $y = y' - 2z$ ist, wenn z der Wert der am Maßstab abgelesenen Zahl, d. h. ihr Abstand von der optischen Achse des Ablesefernrohrs ist. Hierbei ist mit $y' > 0$ auch $z > 0$ zu rechnen, so daß $y \gtrless 0$ für $2z \lesseqgtr y'$ ist. Es ist demnach jetzt

$$\beta_1' = \frac{y_1'}{y_1' - 2z_1}; \qquad \beta_2' = \frac{y_2'}{y_2' - 2z_2}.$$

Ist x_{12} wieder der Betrag, um den der Maßstab bei Messung 2 gegen Messung 1 verschoben wird, so gilt wieder

$$f' = \frac{x_{12}}{\beta_1' - \beta_2'} \beta_1' \beta_2'.$$

Wählen wir bei der Messung $y'_1 = y'_2$, so erhalten wir die Brennweite für eine bestimmte Zone, nämlich für die Zone $\frac{1}{2} y'_1 = \frac{1}{2} y'_2$. Führen wir das Meßverfahren für verschiedene Zonen aus, so erhalten wir die Brennweitenabweichungen dieser Zonen, die sphärischen Aberrationen, d. h. die Brennweiten als Funktion der Einfallshöhe. Benutzen wir monochromatisches Licht, so lassen sich auch die chromatischen Abweichungen der Brennweite bestimmen. Die Abweichungen der Brenn*punkte* sind dadurch natürlich noch nicht gegeben, da hierzu noch die Abweichung der Hauptpunkte, d. h. die Lage der Hauptpunkte in Abhängigkeit von der Einfallshöhe bzw. der Farbe des Lichtes bestimmt werden muß.

Die Meßgenauigkeit der Fokometermethode mit dem ABBEschen Fokometer ist etwa 0,9999, der Meßfehler also $\approx \pm 0{,}1^0/_{00}$.

Bei sehr großen Prüfobjektiven (100—500 mm) macht das Verschieben des Objektivs senkrecht zu seiner Achse Schwierigkeit. In diesen Fällen benutzt man daher die zuerst beschriebene Anordnung, bei der das Ablesemikroskop verschoben wird.

Wir sagten oben, daß für die Brennweitenbestimmung das paraxiale Vergrößerungsverhältnis β'_0 zu benutzen ist, während wir es in Wirklichkeit für endliche Öffnung messen. Es ist daher vorteilhaft, für jede Objektentfernung [(1) und (2)] mehrere Vergrößerungsbestimmungen für verschiedene Einfallshöhen, also für verschiedene $\frac{1}{2} y'$ vorzunehmen und aus diesen den zugehörigen Wert β'_0 [d. h. $(\beta'_0)_1$ bzw. $(\beta'_0)_2$] zu bestimmen. Da β' vom Vorzeichen der Einfallshöhe unabhängig sein muß, können wir den Ansatz machen

$$\beta' = \beta'_0 + A y'^2 + B y'^4 + C y'^6 + \ldots$$

und aus den verschiedenen y'-Werten und den zugehörigen β'-Werten die hier auftretenden Koeffizienten $\beta'_0, A, B, C \ldots$ berechnen. Beschränken wir uns auf die ersten beiden Glieder der Entwicklung, so wird

$$\beta' = \beta'_0 + A y'^2.$$

Erhalten wir nun z. B. für y'_{I} den Wert β'_{I} und für y'_{II} den Wert β'_{II}, so wird

$$\beta'_0 = \frac{\beta'_{\mathrm{II}} y'^2_{\mathrm{I}} - \beta'_{\mathrm{I}} y'^2_{\mathrm{II}}}{y'^2_{\mathrm{I}} - y'^2_{\mathrm{II}}} \qquad \left(\text{und } A = \frac{\beta'_{\mathrm{I}} - \beta'_{\mathrm{II}}}{y'^2_{\mathrm{I}} - y'^2_{\mathrm{II}}}\right).$$

Wählen wir nun noch $y'_{\mathrm{I}} = \sqrt{2} \cdot y'_{\mathrm{II}}$, so wird

$$\beta'_0 = 2\beta'_{\mathrm{II}} - \beta'_{\mathrm{I}}.$$

Man bestimmt also in dieser Weise durch je zwei Messungen (I und II) zu jeder der beiden (1 und 2) Objektentfernungen den zugehörigen Wert $(\beta'_0)_1 = \beta'_1$ bzw. $(\beta'_0)_2 = \beta'_2$ und hieraus die Brennweite f' nach der angegebenen Formel.

Ein weiteres Verfahren zur Bestimmung der Brennweite, das sich für negative, besonders auch für kurze negative Brennweiten eignet, das aber auch für positive

Brennweiten benutzt werden kann, hat v. HOFE[1]) angegeben. Er bezeichnet das für dies Verfahren entwickelte Gerät als „Mikrofokometer".

Das zu prüfende optische System F der Brennweite f' wird mit seinem bildseitigen Hauptpunkt in den objektseitigen Brennpunkt eines Hilfsobjektivs F_1 bekannter Brennweite f_1 gebracht (Abb. 110). Hierdurch wird das Bild eines Objektes — einer in der Brennebene eines Kollimatorobjektivs O befindlichen Testplatte —,

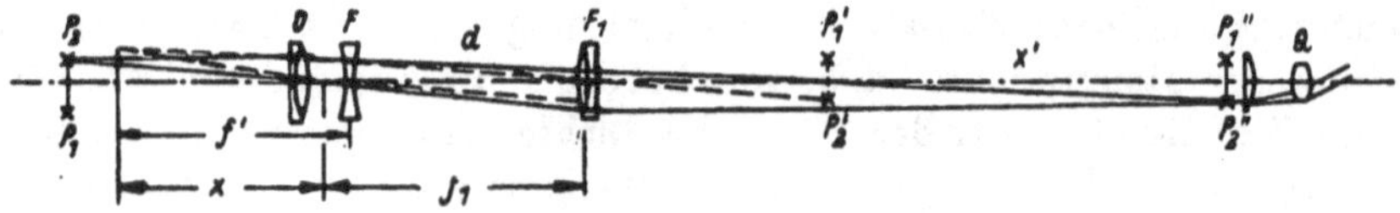

Abb. 110. Mikrofokometer nach v. HOFE.

das durch das Hilfsobjektiv abgebildet wurde, um einen Betrag verschoben, den wir durch x' bezeichnen können. Die *Größe* des Bildes wird bei dieser Verschiebung des Bildes nicht verändert, vorausgesetzt, daß sich das Prüfobjektiv tatsächlich mit seinem bildseitigen Hauptpunkt im objektseitigen Brennpunkt des Hilfsobjektivs befindet. Dies folgt daraus, daß nach der Formel

$$\frac{1}{f_2'} = \frac{1}{f_1'} + \frac{1}{f'} - \frac{d}{n} \cdot \frac{1}{f_1' f'}$$

für $d = f_1'$ (und $n = 1$) sich $f_2' = f_1'$ ergibt, die Brennweite des aus Prüf- und Hilfsobjektiv bestehenden Systems also gleich der des Hilfsobjektivs ist.

Diese Tatsache der gleichen Bildgröße wird nun in dem v. HOFEschen Verfahren dazu benutzt, das Prüfobjektiv an die richtige Stelle zu bringen. Man stellt auf das durch das Hilfsobjektiv allein entworfene Bild mit einem mit Fadenmikrometer versehenen Meßokular (oder einem mit Meßokular versehenen Ablesefernrohr) ein und bestimmt mit dem Fadenmikrometer die Bildgröße. Sodann bringt man das Prüfobjektiv an seine Stelle und verschiebt es so lange, bis das — dadurch verlagerte — Bild des Objektes, das mit dem entsprechend verschobenen, in seiner Einstellung aber nicht geänderten Meßokular oder Ablesefernrohr beobachtet wird, wieder die gleiche Größe besitzt.

Mißt man nun die hierzu erforderliche Verschiebung a_{12}' ($= x'$) des Meßokulars oder des Ablesefernrohrs, so ist die Brennweite f' des Prüfobjektivs

$$f' = -\frac{f_1'^2}{x'},$$

wie sich sofort aus der Beziehung

$$x x' = -f_1'^2$$

mit $x = f'$ ergibt.

[1]) CHR. v. HOFE, Eine besonders zum Bestimmen kurzer negativer Brennweiten geeignete Methode. ZS. f. techn. Phys. **3**, 228—232, 1922 [**3**, 1333]. — CHR. v. HOFE, Über Brennweitenmessungen. Central-Ztg. f. Opt. u. Mech. **45**, 9—10, 1924 [**5**, 848].

Für den Fehler df' des Meßergebnisses erhält man

$$\left|\frac{df'}{f'}\right| \leqq \left|2\frac{df_1'}{f_1'}\right| + \left|\frac{dx'}{x'}\right|$$

$$\leqq \left|2\frac{df_1'}{f_1'}\right| + \left|\frac{f'}{f_1'^2}dx'\right|,$$

so daß also der Fehler in f' um so kleiner ist, je größer f_1' und das Verhältnis $|f_1':f'|$ ist.

Das Verfahren eignet sich also — wie erwähnt — besonders auch für kurze Brennweiten des Prüfobjektivs[1]).

5. WEITERE METHODEN ZUR BRENNWEITENBESTIMMUNG

Zur Bestimmung der Brechkraft von Zerstreuungslinsen gibt GREINACHER[2]) folgendes Verfahren an: Man setze (Abb. 111) hinter die eine Hälfte der zu untersuchenden Zerstreuungslinse im Abstande d einen Oberflächenspiegel S, dessen spiegelnde Fläche von der Linse abgewandt ist, vor die Linse im Abstande a einen (leuchtenden) Gegenstand A sowie hinter den Spiegel einen Hilfsgegenstand G. Dieser Hilfsgegenstand wird so lange verschoben, bis das Spiegelbild G' von G mit dem durch die Zerstreuungslinse hindurch gesehenen virtuellen Bild A' von A zusammenfällt. Bezeichnen wir dann den Abstand $\overrightarrow{SG}$ durch g und setzen

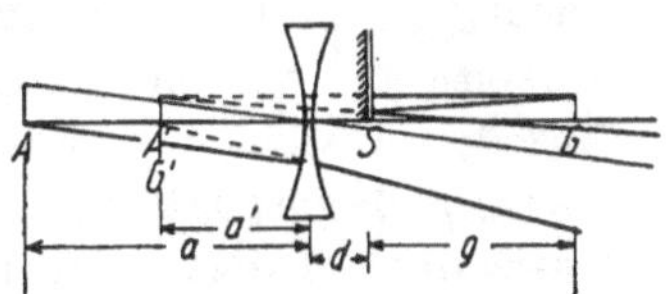

Abb. 111. Zur Bestimmung der Brechkraft von Zerstreuungslinsen nach GREINACHER.

$$-g + d = a',$$

so ergibt sich die Brennweite f' der Zerstreuungslinse aus der Formel

$$\frac{1}{a'} - \frac{1}{a} = \frac{1}{f'}.$$

Die Messung großer Brennweiten ist besonders bei kleiner Öffnung recht ungenau, da wegen der hier sehr geringen gegenseitigen Neigung der sich im Bilde

[1]) S. a. D. TEODORESCU, Sur la détermination précise des petites distances focales pour les lentilles négative s. Bul. Soc. Rom. Fiz. **35**, 143—147, 1933 [**15**, 453]. — Hier wird die Konkavlinse, deren Brennweite bestimmt werden soll, mit zwei Konvexlinsen derart kombiniert, daß sich ein zentriertes afokales System ergibt. Nach Angabe des Verf.s soll diese Methode genauere Werte als die v. HOFEsche Methode ergeben.

[2]) H. GREINACHER, Ein einfaches Verfahren zur Bestimmung der Brechkraft von Zerstreuungslinsen. Helv. Phys. Acta **4**, 428—431, 1931 [**13**, 656]. — Es werden noch Modifikationen des oben beschriebenen Verfahrens angegeben. — Das gleiche Verfahren wird vorgeschlagen von T. KOUSMINE und L. MEYLAN, Sur l'emploi du miroir plan en focométrie. Helv. Phys. Acta **7**, 520—523, 1934 [**15**, 1816]. — Die Verf. geben an, daß sich das Zusammenfallen des Bildes G' mit A' durch Parallaxe bis auf ½ mm genau erreichen läßt. — Sie verallgemeinern die Methode auf die Bestimmung der Hauptebenen eines beliebigen optischen Systems.

schneidenden Strahlen die Einstellebene nur sehr ungenau ermittelt werden kann. Von H. SCHULZ[1]) wurde für solche Fälle vorgeschlagen, das optische System, dessen Brennweite gemessen werden soll, zwischen zwei ebene Spiegel zu bringen (Abb. 112), von denen der eine eine lichtdurchlässige Marke — die als Objekt dient —, der andere einen durchlässigen Streifen — zur Bildbeobachtung — enthält[2]). (Man wird diesen Streifen daher wohl am besten als „Mattscheibe" ausbilden.)

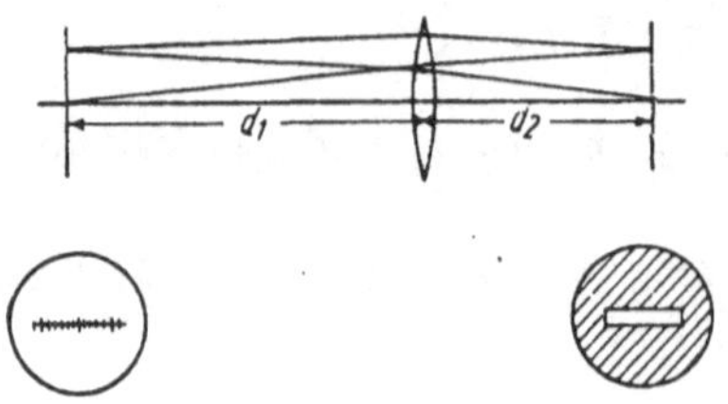

Abb. 112. Zur Brennweitenbestimmung von Systemen großer Brennweite und kleiner Öffnung nach H. SCHULZ. Durch Spiegel vor und hinter dem zu prüfenden System wird erreicht, daß das System von dem Lichtstrahl mehrfach durchsetzt wird, so daß es mit einem Vielfachen seiner Brechkraft wirkt.

Durch wiederholte Spiegelung wirkt so das zu untersuchende optische System mehrmals auf die Lichtstrahlen; es wirkt also wie ein System wesentlich kürzerer Brennweite, die sich mit größerer Genauigkeit messen läßt.

Aus den Abständen d_1 und d_2 der beiden Spiegel von dem objektseitigen bzw. bildseitigen Hauptpunkt des Prüfsystems und aus dem Vergrößerungsverhältnis β', mit dem das auf dem Spiegel 1 angebrachte Objekt nach m-maligem Durchgang der Strahlen durch das optische Prüfsystem auf dem Spiegel 2 abgebildet wird, läßt sich die Brennweite des Prüfsystems berechnen. Wird $\beta' = -1$ gewählt, so gelten folgende Formeln $\left(\text{mit } \frac{d_1}{f'} = z\right)$, die von SCHULZ angegeben wurden:

$$
\begin{aligned}
m &= 1; & z - 2 &= 0;\\
m &= 2; & z - 1 &= 0;\\
m &= 3; & 2z^2 - 5z + 2 &= 0;\\
m &= 4: & 2z^2 - 4z + 1 &= 0;\\
m &= 5; & 4z^3 - 14z^2 + 13z - 2 &= 0;\\
m &= 6; & 4z^3 - 12z^2 + 9z - 1 &= 0;\\
m &= 7; & 8z^4 - 36z^3 + 52z^2 - 25z + 2 &= 0;\\
m &= 8; & 8z^4 - 32z^3 + 40z^2 - 16z + 1 &= 0;\\
m &= 9; & 16z^5 - 88z^4 + 172z^3 - 140z^2 + 41z - 2 &= 0;\\
m &= 10; & 16z^5 - 80z^4 + 140z^3 - 100z^2 + 25z - 1 &= 0;
\end{aligned}
$$

aus denen z und demnach $f' = \frac{d_1}{z}$ berechnet werden kann. Die Lösungen dieser Gleichungen sind gleichfalls von SCHULZ an der angegebenen Literaturstelle mitgeteilt.

[1]) HANS SCHULZ, Messung großer Brennweiten. ZS. f. techn. Phys. **19**, 34—36, 1938 [**19**, 1129]; ZS. f. Instrkde **59**, 17—20, 1939 [**20**, 985].

[2]) Bei der Brennweitenmessung von Hohlspiegeln benötigt man natürlich nur einen ebenen Hilfsspiegel.

Zu beachten ist bei diesem Verfahren natürlich, daß die benutzten Spiegel sehr genau eben sein müssen, da jede Abweichung der Spiegel von der Ebenheit — wie bei allen Autokollimationsmethoden — das Meßergebnis verfälscht. Aus dem gleichen Grunde empfiehlt es sich auch nicht, für m einen zu großen Wert zu benutzen[1]).

Von STAEBLE[2]) ist darauf hingewiesen, daß sich die Brennweite aus den objektseitigen Schnittweiten s_I und s_{II} zweier Objektebenen und den zugehörigen angularen Vergrößerungen (Abb. 113) $\gamma'_I = \left(\frac{\sigma'}{\sigma}\right)_I$ und $\gamma'_{II} = \left(\frac{\sigma'}{\sigma}\right)_{II}$ in einfacher Weise berechnen läßt. Es gilt die Beziehung

$$\frac{s_I - s_{II}}{\gamma'_I - \gamma'_{II}} = f'.$$

Entsprechend gilt mit $\frac{1}{\gamma'} = \gamma$ für die objektseitige Brennweite $\bar{f}$

$$\frac{s'_I - s'_{II}}{\gamma_I - \gamma_{II}} = \bar{f}$$

($= -f'$, falls objekt- und bildseitig gleiche Medien vorhanden sind).

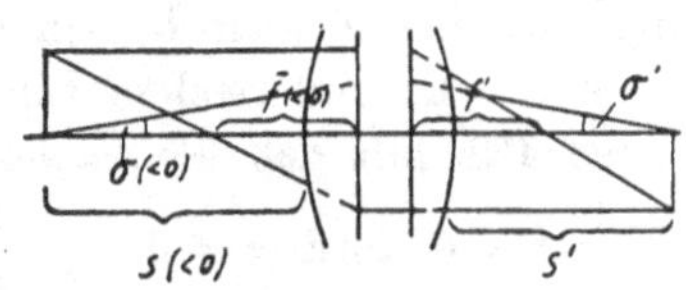

Abb. 113. Zur Bestimmung der Brennweite nach STAEBLE aus den zu zwei Objektabständen s_I und s_{II} gehörigen angularen Vergrößerungsverhältnissen γ'_I und γ'_{II}.

Sind noch s_H, s'_H die Scheitelabstände des Objektraum-Hauptpunktes bzw. des Bildraum-Hauptpunktes, so gilt weiter

$$\frac{s'_I\gamma'_I - s'_{II}\gamma'_{II}}{\gamma'_I - \gamma'_{II}} = f' + s'_H\,; \qquad \frac{s_I\gamma_I - s_{II}\gamma_{II}}{\gamma_I - \gamma_{II}} = \bar{f} + s_H\,.$$

Handelt es sich um die Bestimmung der Brennweiten der Einzellinsen eines Dublets, so kann dies nach STAEBLE[3]) so geschehen, daß man — mit Bezug auf das Dublet-System — die Objektraum- und Bildraum-Schnittweiten s und s'

[1]) Eine ähnliche Prüfanordnung ist von R. PELZ, Ein Brennweitenmeßgerät für Linsen von langer Brennweite und sehr kleinem Öffnungsverhältnis. ZS. f. Instrkde **58**, 495—499, 1938 [**20**, 984] vorgeschlagen. Hier wird indessen noch eine Hilfslinse bekannter Brennweite benutzt. Außerdem ist der eine Spiegel teildurchlässig verspiegelt, oder es wird mit schwach geneigtem Strahlengang gearbeitet.

[2]) F. STAEBLE, Bestimmung der Brennpunkte und Hauptpunkte aus den Anfangs- und Endwerten zweier axialer Durchrechnungen bzw. aus der Messung von Lage und Vergrößerung zweier zugeordneter Punktepaare. ZS. f. Instrkde **59**, 271—272, 1939 [**20**, 2436].

[3]) F. STAEBLE, Brennweitenbestimmung eines Duplets von vorgeschriebener Baulänge aus gegebener Lage von Ding, Bild und Pupillen. ZS. f. Instrkde **62**, 179—181, 1942 [**23**, 1648].

eines Objektpunktes sowie die entsprechenden Schnittweiten z und z' für Eintritts- und Austrittspupille bestimmt und außerdem den Luftabstand d_l der beiden Einzellinsen mißt. Es gelten dann die von STAEBLE abgeleiteten Beziehungen

$$f_1' = \frac{\lambda^2 u - v}{-\lambda^2 \frac{u}{z} + \lambda + \frac{v}{s}},$$

$$f_2' = \frac{\lambda^2 u - v}{+\lambda^2 \frac{u}{s'} + \lambda - \frac{v}{z'}},$$

worin

$$u = \frac{1}{\frac{1}{z} - \frac{1}{s}}, \qquad v = \frac{1}{\frac{1}{z'} - \frac{1}{s'}},$$

$$\lambda = \frac{1}{u}\left[\frac{d_l}{2} \pm \sqrt{\left(\frac{d_l}{2}\right)^2 + uv}\right].$$

Hier gilt vor der Wurzel das —-Zeichen, wenn eine reelle Abbildung des Objektes zwischen beiden Linsen des Dublets stattfindet, d. h. also, wenn — bei reellem Objekt und reellem Bild — das Vergrößerungsverhältnis $\beta' > 0$ ist. Im anderen Fall gilt das +-Zeichen vor der Wurzel.

Für $z = 0$ wird $u = 0$, $\quad \frac{u}{z} = +1$, $\quad \lambda = -\frac{v}{d_l}$.

Zum Schluß dieses Abschnittes über Brennweitenbestimmung sei noch auf die Interferenzmethoden von BRATKE und WAETZMANN[1]) sowie auf die Methoden von V. RONCHI[2]) hingewiesen, die ursprünglich für die Prüfung optischer Systeme auf Abbildungsfehler entwickelt wurden — und die daher erst im zweiten Band dieser „Prüf- und Untersuchungsmethoden der optischen Fertigung“ besprochen werden sollen —, die sich aber auch zur Brennweitenbestimmung benutzen lassen. Ein ausführliches Referat in deutscher Sprache über die Arbeiten von RONCHI gab J. FLÜGGE[3]), auf das besonders verwiesen sei.

[1]) E. BRATKE, Interferenzmethode zur Bestimmung von Brennweiten optischer Systeme. ZS. f. Phys. **21**, 120—127, 1924 [**6**, 639].

[2]) VASCO RONCHI, Per determinare la distanza focali degli obbiettivi. L'Universo **5**, 1—11, 1924 [—, —].

[3]) J. FLÜGGE, Über die Prüfung optischer Systeme nach den Interferenzmethoden von V. RONCHI sowie über Anwendungen dieser Methoden zur Bestimmung der Brennweite von Linsen und des Auflösungsvermögens spektroskopischer Apparate (nach Sonderabzügen). ZS. f. Instrkde **46**, 209—213, 1926 [**7**, 1444].

III. BESTIMMUNG DER LAGE DER HAUPT- UND KNOTENPUNKTE

Bei den Methoden zur Bestimmung der Brennweite haben wir schon in einzelnen Fällen angegeben, wie man die Lage der Hauptpunkte bestimmen kann. Wir gehen hier noch einmal kurz auf die Definition der Hauptpunkte und ebenso auf die der Knotenpunkte ein. Als Hauptpunkte bezeichnet man die Achsenpunkte eines optischen Systems, für die das Vergrößerungsverhältnis $\beta' = +1$ ist. Ein im vorderen Hauptpunkt liegendes Objekt wird gleich groß und gleich gerichtet in dem hinteren Hauptpunkt abgebildet (Abb. 114).

Als Knotenpunkte bezeichnet man diejenigen Achsenpunkte eines optischen Systems, für die die Winkelvergrößerung $\gamma = +1$ ist. Ein nach dem objektseitigen Knotenpunkt zielender Strahl verläuft im Bildraum parallel und scheint vom hinteren Knotenpunkt herzukommen (Abb. 115).

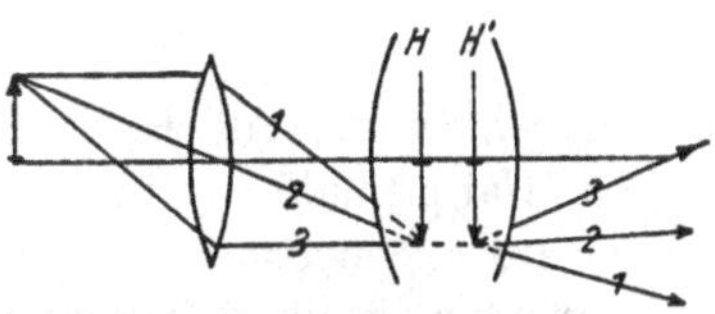

Abb. 114. Zur Definition der Hauptpunkte eines optischen Systems.

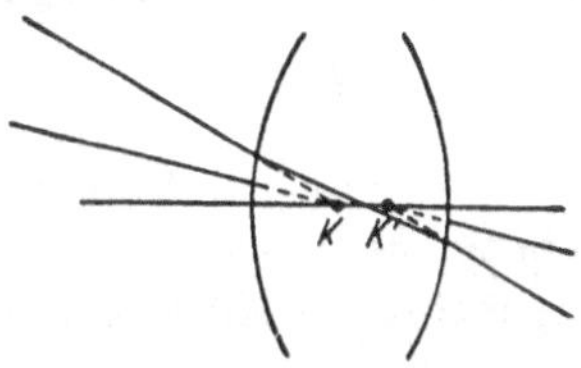

Abb. 115. Zur Definition der Knotenpunkte eines optischen Systems.

Sind die Medien des Objekt- und des Bildraumes einander gleich, so fallen die Knoten- mit den Hauptpunkten zusammen, so daß mit der Bestimmung der Knotenpunkte in diesem Fall auch gleichzeitig die Hauptpunkte und umgekehrt bestimmt sind.

Die Lagebestimmung der Hauptpunkte läßt sich mit dem Abbeschen Fokometer leicht als Zusatzmessung zur Brennweitenbestimmung durchführen. Ist (Abb. 116) $s(<0)$ der Abstand $\overline{S}A$ des Maßstabes vom objektseitigen Scheitel $\overline{S}$, ist ferner s_H der Abstand $\overline{S}H$ des objektseitigen Hauptpunktes H von diesem Scheitel $\overline{S}$, so gilt

$$\frac{y}{y'} = \frac{\bar{f} - s + s_H}{\bar{f}} = \frac{f' + s - s_H}{f'}$$

und demnach

$$s_H = \frac{y' - y}{y'} f' + s = \frac{2z}{y'} f' + s,$$

wo z die mit dem Mikroskop an dem Maßstab abgelesene Zahl und f' der bereits errechnete Wert der Brennweite ist.

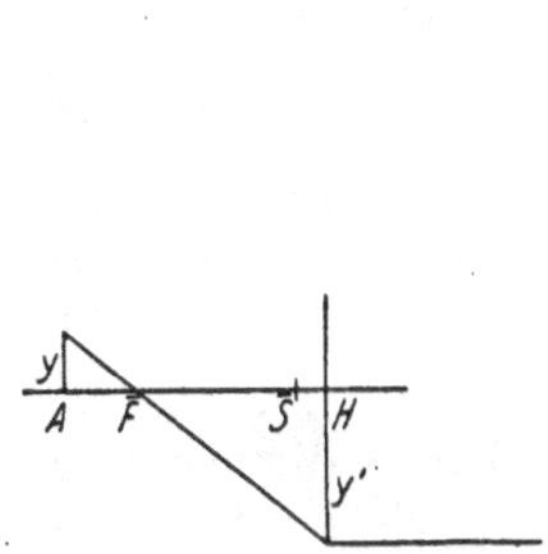

Abb. 116. Zur Bestimmung der Lage der Hauptpunkte eines optischen Systems mit dem Abbeschen Fokometer.

Um das hier auftretende s zu messen, stellt man nach Ausführung der Messung von y' und y bzw. z das Ablesemikroskop zunächst auf den bildseitigen Scheitel S_1 ein, entfernt dann das optische System und verschiebt das Mikroskop, bis der Maßstab scharf erscheint. Nennen wir diese Verschiebung $\Delta (> 0)$, so ist $s = -(\Delta - d)$, wo d die mit einem Dickenmesser zu messende Dicke $\overline{S S'}$ des Systems ist. Für die Abhängigkeit der Genauigkeit von s_H gilt

$$|ds_H| \leq \left|\frac{2z}{y'} df'\right| + \left|\frac{f'}{y'} dy\right| + \left|\frac{y}{y'^2} f' dy'\right| + |ds|.$$

Um s_H mit der gleichen Genauigkeit zu erhalten, mit der f' bestimmt ist, soll nach KESSLER z etwa auf 1 bis 2 Tausendstel mm genau ermittelt werden.

Um auch die Lage des anderen Hauptpunktes zu bestimmen, ist das System umzukehren und die Messung zu wiederholen, falls nicht aus früheren Messungen der Brennweite bereits der Abstand der beiden Hauptpunkte voneinander bekannt ist.

Mit der ABBEschen Methode im wesentlichen identisch ist die von HARTMANN angegebene Methode zur Bestimmung der Lage der Hauptpunkte. HARTMANN stellt zunächst ein Mikroskop auf den Nullstrich einer auf einem Schlitten liegenden Teilung ein (Abb. 117), bringt dann zwischen Teilung und Mikroskop das Prüfobjektiv, so daß beide optischen Achsen zusammenfallen. Dies läßt sich dadurch prüfen, daß der Nullstrich der Teilung auch nach Zwischenbringung des Prüfobjektivs noch die gleiche Lage im Bildfeld des Mikroskops haben muß wie vorher. Das Prüfobjektiv ist also so lange zu verschieben, bis dieses Kriterium erfüllt ist. Verschiebt man den Schlitten mit Teilung und Prüfobjektiv unter dem Mikroskop um die Strecke y' und liest man jetzt im Mikroskop die Zahl y der Teilung ab, so gilt wieder wie oben die Formel

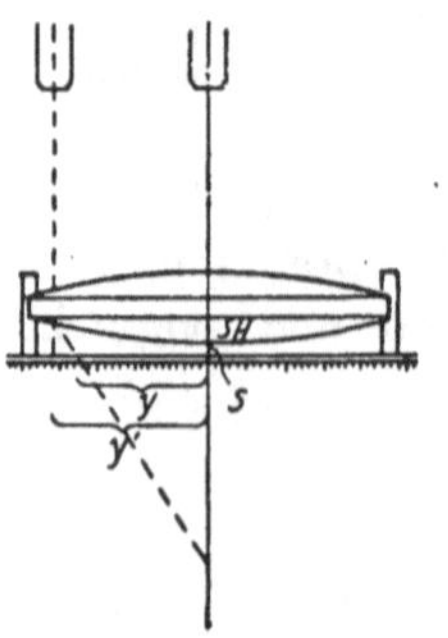

Abb. 117. Zur Bestimmung der Lage der Hauptpunkte nach der Methode von HARTMANN.

$$s_H = \frac{y' - y}{y'} f'_{y'} + s,$$

wo $s (< 0)$ wieder der Abstand der Teilung vom objektseitigen Scheitel des Prüfsystems ist und in gleicher Weise wie oben als $-(\Delta - d)$ gemessen wird. $f'_{y'}$ ist die zur Einfallshöhe y' gehörige Brennweite, die aus irgendeiner Brennweitenmessung entnommen werden kann und nicht mit besonders großer Genauigkeit bekannt zu sein braucht, da sie mit dem im allgemeinen sehr kleinen Faktor $\frac{y' - y}{y'}$ multipliziert wird. Damit dieser Faktor genügend klein ist, soll das Prüfsystem bzw. sein objektseitiger Scheitel der als Objekt dienenden Teilung möglichst nahe liegen.

Zur Bestimmung der Lage der Knotenpunkte — die ja für objekt- und bildseitig gleiche Medien mit den Hauptpunkten identisch sind — kann man nach

HARTMANN folgendermaßen verfahren: Man stelle in großem Abstande a vom zu untersuchenden Objektiv (Abb. 118) einen Gegenstand bekannter Größe y auf,

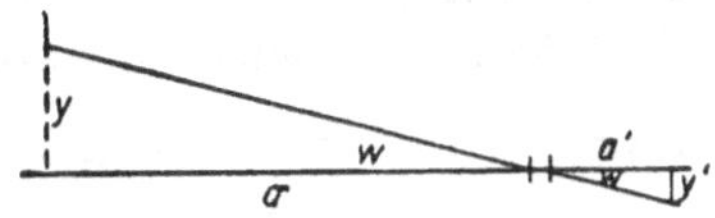

Abb. 118. Zur Bestimmung der Lage der Knotenpunkte eines optischen Systems nach HARTMANN aus einem (sehr großen) Objektabstand a, Objekt- und Bildgröße y bzw. y' und Bildabstand s' vom letzten Linsenscheitel.

den man für diese Messung vorteilhaft als eine in gerader Linie angeordnete Reihe von rückseitig beleuchteten Lochblenden wählt. Dann messe man mit einem Okularmikrometer die Bildgröße y' aus. Aus der Eigenschaft der Knotenpunkte folgt

$$\operatorname{tg} w = \frac{y}{a} = \frac{y'}{a'},$$

$$a' = y' \frac{a}{y},$$

so daß aus a, y, y' der Bildabstand a' vom hinteren Knotenpunkt (Hauptpunkt) berechnet werden kann. Mißt man außerdem den Abstand s' des Bildes vom Scheitel S', so ist $a' - s'$ der gesuchte Abstand des bildseitigen Knotenpunktes vom Scheitel S'.

Man bestimme s' so, daß man das Ablesemikroskop, das ja zunächst auf das Bild eingestellt war, ohne Änderung der Fokussierung verschiebt, bis der letzte Linsenscheitel S' scharf erscheint. Der Betrag, um den hierbei das Mikroskop verschoben wurde, gibt s'.

Der in der Formel auftretende Wert a braucht nicht mit besonders großer Genauigkeit bekannt zu sein, da er mit dem sehr kleinen Wert $\frac{y'}{y}$ multipliziert wird. Es genügt daher, statt a den Abstand s des Objektes vom vorderen Linsenscheitel $\overline{S}$ zu nehmen.

Der Meßfehler ist etwa $1\,^0/_{00}$ der Brennweite.

Ein weiteres Verfahren zur Bestimmung der Lage der Knotenpunkte (bzw. Hauptpunkte), das gleichfalls von HARTMANN angegeben wurde, benutzt ein Objekt bekannter Größe y — etwa eine Testplatte mit zwei feinen, von hinten be-

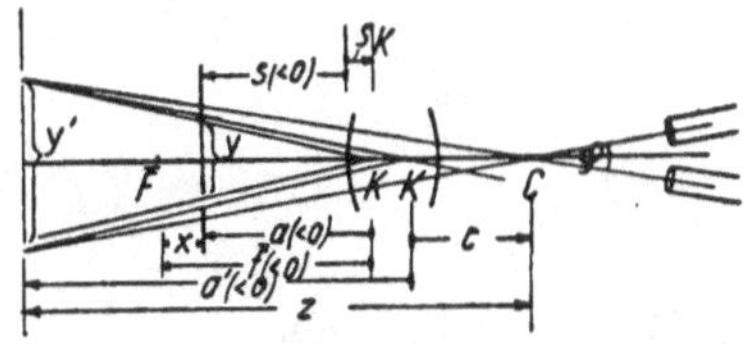

Abb. 119. Zur Bestimmung der Lage der Knotenpunkte eines optischen Systems (nach HARTMANN) aus dem Scheitelabstand s_1 eines Objektes, das sich etwas innerhalb der Brennweite des Systems befindet, der Objektgröße y und dem Winkel φ, unter dem das durch das zu prüfende System erzeugte (virtuelle) Bild dieses Objektes von einem (nahe dem bildseitigen Knotenpunkt gelegenen) Punkt aus erscheint.

leuchteten parallelen Linien, deren Abstand gleich y ist —, das etwas innerhalb der vorderen Brennweite des Prüfobjektivs aufgestellt wird. Das (virtuelle) Bild dieses Objektes wird durch ein Fernrohr beobachtet, das um einen auf der optischen Achse liegenden Punkt C drehbar ist (Abb. 119). Man benutzt hierzu vorteilhaft das Fernrohr eines Spektrometers bzw. Theodoliten. Wir stellen das Fernrohr nacheinander auf die beiden Striche, die unsere Objektgröße bezeichnen, ein und messen den Winkel, um den wir hierbei das Fernrohr verschwenken müssen. Der Winkel sei φ. Bezeichnen wir den Abstand des (virtuellen) Bildes vom Drehpunkt des Fernrohrs durch z, so ist $\operatorname{tg}\varphi = \frac{y'}{z}$. Andererseits ist $y' = y\frac{a'}{a}$, wenn a der Abstand des Objektes von dem vorderen, a' der des Bildes von dem hinteren Knotenpunkt ist. Nennen wir den Abstand des Fernrohrdrehpunktes vom hinteren Knotenpunkt c, so ist weiter $z = c - a'$ und wegen $\frac{1}{a'} - \frac{1}{a} = \frac{1}{f'}$ noch $a' = \frac{af'}{a+f'}$. Wir erhalten also

$$\operatorname{tg}\varphi = y\frac{a'}{a}\cdot\frac{1}{c-a'} = y\frac{1}{c\frac{a}{a'} - a} = y\frac{1}{\frac{c(a+f')}{f'} - a}.$$

Hierin ist $a + f' = a - \bar{f} =$ dem Abstand des Objektes vom vorderen Brennpunkt. Dieser Abstand, den wir durch x bezeichnen, kann leicht ermittelt werden, indem man mit einem auf Unendlich eingestellten Fernrohr und einer Testplatte die Lage des vorderen Brennpunktes bestimmt, wie oben wiederholt beschrieben. Es ist daher

$$\operatorname{tg}\varphi = y\frac{1}{\frac{cx}{f'} - a}, \quad \text{d. h.} \quad a = -\frac{y}{\operatorname{tg}\varphi} + \frac{c}{f'}x.$$

In dieser Formel für a ist y, x, φ gemessen. Den Bruch $\frac{c}{f'}$ können wir aus zwei Messungen, bei denen wir die Lage des Objektes, also x ändern (x_1 und x_2), leicht ermitteln. Es wird nämlich

$$a_1 = -\frac{y}{\operatorname{tg}\varphi_1} + \frac{c}{f'}x_1,$$

$$a_2 = -\frac{y}{\operatorname{tg}\varphi_2} + \frac{c}{f'}x_2,$$

und da

$$a_2 - a_1 = x_2 - x_1$$

ist, so wird

$$\frac{c}{f'} = y\frac{\frac{1}{\operatorname{tg}\varphi_2} - \frac{1}{\operatorname{tg}\varphi_1}}{x_2 - x_1} + 1.$$

Damit ergibt sich

$$a_1 = -\frac{y}{\operatorname{tg}\varphi_1} + \frac{yx_1}{\operatorname{tg}\varphi_2(x_2 - x_1)} - \frac{yx_1}{\operatorname{tg}\varphi_1(x_2 - x_1)} + x_1$$

$$= \frac{y}{x_2 - x_1}\left(\frac{x_1}{\operatorname{tg}\varphi_2} - \frac{x_2}{\operatorname{tg}\varphi_1}\right) + x_1.$$

Messen wir nun noch den Abstand s_1 des Objektes vom Scheitel $\overline{S}$ bei der ersten Objektlage, so ist der Abstand s_K des objektseitigen Knotenpunktes vom vorderen Scheitel $\overline{S}$ gegeben durch den Ausdruck

$$s_K = s_1 - a_1 .$$

Um das Korrektionsglied $\frac{c}{f'} x$ in dem Ausdruck für a möglichst klein zu halten, es also evtl. völlig vernachlässigen zu können, wähle man c und x möglichst klein, also den Drehpunkt des Fernrohrs möglichst nahe dem hinteren Knotenpunkt und das Objekt möglichst nahe dem vorderen Brennpunkt des Systems.

Die Meßgenauigkeit dieses Verfahrens ist wieder durch den Meßfehler bestimmt, der etwa 0,1‰ der Brennweite ist.

IV. BESTIMMUNG DES ÖFFNUNGSVERHÄLTNISSES APERTUR, NUMERISCHE APERTUR

Das von einem Objektpunkt ausgehende und durch ein optisches System hindurchgehende Strahlenbündel wird in seiner „Öffnung", d. h. in dem räumlichen Winkel, den die das Strahlenbündel begrenzenden Strahlen einschließen, bei einem aus einer einzelnen Linse ohne zusätzliche Blende bestehenden optischen System durch die Berandung dieser Linse und den Abstand des Objektpunktes von der Linse bestimmt.

Besteht das optische System aus mehreren Linsen und evtl. aus zwischen den (oder zwischen einigen der) Linsen angeordneten Blenden, so ist unter diesen Linsen- oder Blendenberandungen eine, deren durch alle vorherstehenden Linsen in den Objektraum entworfenes (reelles oder virtuelles) Bild vom Objektpunkt aus unter dem kleinsten (räumlichen) Winkel erscheint (Abb. 120). [Hierbei ist allerdings noch vorausgesetzt, daß es sich um einen Objektpunkt handelt, der auf der optischen Achse des optischen Systems liegt.] Dieses im Objektraum gelegene (reelle oder virtuelle) Bild bezeichnet man als „Eintrittspupille" (E.P.) des optischen Systems. Durch ihre Größe ist die vom optischen System durchgelassene Lichtmenge — und dadurch auch die Helligkeit des Bildes — wesentlich mitbestimmt.

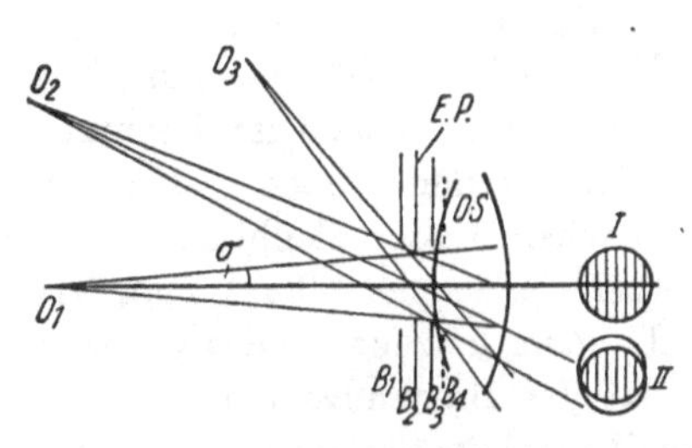

Abb. 120. Zur Definition der Eintrittspupille (E.P.), der Öffnungsblende, der „Öffnung" des abbildenden Strahlenbündels und der Vignettierung des einen außeraxialen Objektpunkt abbildenden Strahlenbündels durch Blenden oder Linsenberandungen.

Dieselbe Blenden- oder Linsenberandung, deren Objektraum-Bild die E.P. bildet, besitzt ein von allen im Sinne der Lichtrichtung folgenden Linsen in den Bildraum entworfenes reelles oder virtuelles Bild, das von dem dem Objektpunkt optisch konjugierten Bildpunkt aus gesehen unter dem kleinsten räumlichen Winkel erscheint. Dieses Bildraum-Bild bezeichnet man als Austrittspupille (A.P.).

Die A.P. ist demnach auch das mittels des ganzen optischen Systems entworfene Bild der E.P. Und umgekehrt ist die E.P. das durch das optische System entworfene Bild der Austrittspupille. Diese letzte Bemerkung ist wichtig, wenn — wie im allgemeinen bei den holländischen oder Galilei-Fernrohren durch die Augenpupille — das Bildraum-Strahlenbündel durch eine im Bildraum angebrachte, als A.P. wirkende Blende begrenzt wird. E.P. ist dann das von dieser A.P. (z. B. der Augenpupille) durch das optische System in den Objektraum entworfene reelle oder virtuelle Bild[1]).

Die materielle Blenden- oder Linsenberandung, deren Objektraum- bzw. Bildraum-Bild die E.P. bzw. A.P. darstellt, bezeichnet man als „Öffnungsblende". Denn die „Öffnung" des vom Objektpunkt durch das Linsensystem hindurchgehenden Strahlenbündels ist — außer durch den *Abstand* des Objektpunktes vom Ort der E.P. — durch die Größe der E.P. bestimmt[2]) und demnach mittelbar durch die Größe der zugehörigen materiellen Blenden- oder Linsenberandung, der „Öffnungsblende", gegeben.

Aus der Definition der E.P., der A.P., der Öffnungsblende und der Öffnung folgt zunächst, daß diese vier Größen auch von der Lage des (auf der optischen Achse gelegenen) Objektpunktes abhängen, also keine für das optische System selbst charakteristischen Größen und Lagen darstellen bzw. besitzen.

Es muß noch erwähnt werden, daß für außerachsiale Objektpunkte die Öffnung des zugehörigen Strahlenbündels oft nicht durch eine in einer achsensenkrechten Ebene liegende (kreisförmige) Kurve (wie es die E.P. ist) begrenzt wird, sondern durch Stücke solcher in verschiedenen achsensenkrechten Ebenen liegender Kurven, die Teile der (reellen oder virtuellen) Objektraum-Bilder verschiedener Blenden- oder Linsenberandungen darstellen (Abb. 120). Man spricht in diesem Fall davon, daß die zu außerachsialen Objektpunkten gehörigen Strahlenbündel „vignettiert", d. h. abgeschattet werden.

Während die Öffnung, der Öffnungswinkel des Objektraum-Strahlenbündels ein räumlicher Winkel ist, benutzt man auch häufig zur Kennzeichnung der Größe der Öffnung den Winkel σ, den die Randstrahlen des — zur optischen Achse symmetrischen — Strahlenbündels mit der optischen Achse bilden. Den Sinus dieses Achsenwinkels bezeichnet man als die „Apertur" des Strahlenbündels bzw. — nicht ganz korrekt — des optischen Systems.

Ist der Brechungsindex n des Objektraumes von 1 verschieden, wie dies oft bei Mikroskopobjektiven der Fall ist, so ist für die durch das Objektiv hindurchgehende Lichtmenge das Produkt $n \sin \sigma$ maßgebend. Diese Größe $n \sin \sigma$ bezeichnet man als „numerische Apertur A".

[1]) Das holländische Fernrohr allein, also ohne Hinzunahme des Beobachterauges, besitzt auch eine A.P., das vom Okular entworfene Bild der als E.P. wirkenden Objektivberandung. *Diese* A.P. liegt aber zwischen Objektiv und Okular und kommt bei der *Benutzung* des Fernrohres nicht als wirkliche Strahlenbegrenzung in Betracht.

[2]) Die „Öffnung" ist also — bei kreisförmiger E.P. vom Durchmesser $\varnothing$ — gegeben durch den zugehörigen Achsenwinkel $\bar{\sigma}$ der Randstrahlen

$$\bar{\sigma} = \operatorname{arc\,tg} \frac{\varnothing}{|g|},$$

wenn g den Abstand des (Achsen-) Punktes von der E.P. bedeutet.

Handelt es sich um sehr weit entfernte Objektpunkte, wie dies z. B. bei photographischen Objektiven, Fernrohren, Theodoliten usw. der Fall ist, so wird der Öffnungswinkel, die Apertur des eintretenden Strahlenbündels sehr klein. Man benutzt in diesen Fällen zur Kennzeichnung der vom optischen System hindurchgelassenen Lichtmenge das als „Öffnungsverhältnis" bezeichnete Verhältnis des Durchmessers der E.P. zur Brennweite des Systems[1]), da dies Verhältnis für die Helligkeit des entstehenden Bildes wesentlich maßgebend ist. Denn da die Bilder, die von einem weit entfernten Objekt durch zwei optische Systeme gleich großer E.P., aber verschiedener Brennweite erzeugt werden, in ihrer Größe den Brennweiten der beiden optischen Systeme proportional sind, so verteilt sich die gleiche Lichtmenge — falls die Licht*verluste* in beiden Systemen den gleichen Wert besitzen — auf zum *Quadrat der Brennweite* f proportionale Flächen. Andererseits sind die durch die optischen Systeme hindurchgelassenen Lichtmengen den *Quadraten der Durchmesser* $\varnothing$ der E.P. proportional. Das Quadrat des Verhältnisses $\frac{\varnothing}{f}$ ist also als Maß für die Helligkeit des durch das optische System erhaltenen Bildes geeignet.

Zur Bestimmung des Öffnungsverhältnisses ist es daher notwendig, den Durchmesser der E.P. und die Brennweite zu bestimmen. Die Brennweitenbestimmung geschieht nach einem der in C. II angegebenen Verfahren.

Um den Durchmesser der E.P. zu bestimmen, haben wir das optische System so gegen den Himmel oder einen (rückseitig beleuchteten) hellen Hintergrund zu halten, daß das System von der Bildraum-Seite her vom Licht durchsetzt wird. Man sieht dann, indem man von der Objektraum-Seite auf das optische System blickt und das Auge an die Stelle des Objektpunktes bringt, mit Bezug auf den die E.P. bestimmt werden soll[2]), einen hellen Kreis, der von einem scharfen Rand begrenzt wird, und zwar ist dieser dunkle Rand entweder ein reelles oder ein virtuelles Bild der als Öffnungsblende wirkenden Linsen- oder Blendenberandung.

Ist dieses Bild der Öffnungsblende reell, so läßt es sich unmittelbar ausmessen, indem man einen Maßstab an die Stelle dieses Bildes der Öffnungsblende bringt und an ihm mit bewaffnetem oder unbewaffnetem Auge den Durchmesser unmittelbar abliest.

Bei virtuellem Bilde der Öffnungsblende benutzt man etwa ein mit Okularmikrometer versehenes Beobachtungsfernrohr, das man auf das Bild scharf, d. h. parallaxenfrei einstellt. Mit dem Okularmikrometer mißt man die Größe der E.P., indem man die Fäden (oder den Faden nacheinander) auf zwei diametral gegenüberliegende Stellen der E.P. einstellt. Bringt man dann nachher vor das Beobachtungsfernrohr einen Maßstab in eine solche Entfernung, daß er ohne Einstelländerung des Beobachtungsfernrohres durch dieses scharf gesehen wird, so geben

[1]) Vgl. S. 142, Absatz 3.

[2]) Bei unendlich oder doch sehr weit entferntem Objektpunkt bringt man das Auge in den Brennpunkt eines vor dem optischen System angeordneten Hilfssystems.

die mit den Fäden des Okularmikrometers zusammenfallenden Maßstabstriche unmittelbar den Durchmesser der E.P.

Endlich ist es auch möglich, mit einem Beobachtungsfernrohr mit festem Fadenkreuz den Durchmesser der E.P. eines optischen Systems zu bestimmen, wenn dieses Fernrohr in Richtung senkrecht zu seiner optischen Achse meßbar verschiebbar ist (Komparator).

Man stellt das Fernrohr auf das als E.P. wirkende Blendenbild scharf ein und verschiebt es längs des Komparator-Maßstabes so, daß der Faden im Fernrohrokular den Rand der E.P. einmal auf der einen Seite, dann — nach entsprechender Verschiebung des Fernrohrs — auf der diametral gegenüberliegenden Seite berührt. Der Betrag, um den das Fernrohr hierbei verschoben werden mußte, gibt den Durchmesser der E.P.

Nach SEARLE[1]) läßt sich der Durchmesser der E.P. — bei Bezug auf weit entfernte Objektpunkte — auch in der Weise bestimmen, daß man in die Bildraum-Brennebene eine kreisförmige Blende von bekanntem Durchmesser d_1 stellt (Abb. 121). Auf einer nahe dem vorderen Flächenscheitel des Objektivs aufgestellten Mattscheibe mit Maßstab (Skala) erhält man einen hellen Kreis, dessen Durchmesser c_1 an der Skala abgelesen wird. Ist es nun noch möglich, den Abstand x der Mattscheibe von der Ebene der E.P. zu bestimmen, so ergibt sich der Durchmesser $\varnothing$ der E.P. zu

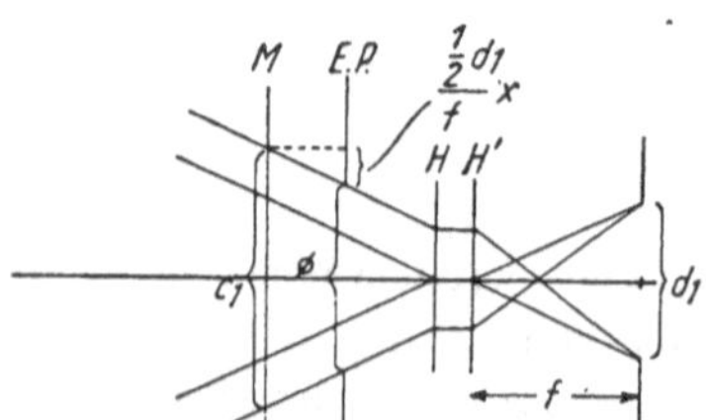

Abb. 121. Zur Messung des Durchmessers der E.P. nach SEARLE.

$$\varnothing = c_1 - \frac{d_1}{f} x .$$

Die Feststellung von x läßt sich vermeiden, wenn man zwei Blenden mit den Öffnungsdurchmessern d_1 und d_2 benutzt. Sind dann c_1 und c_2 die Durchmesser der zugehörigen hellen Kreise auf der Mattscheibe, so gilt für den Durchmesser $\varnothing$ der E.P.

$$\varnothing = c_1 - \frac{d_1 (c_1 - c_2)}{d_1 - d_2} .$$

Handelt es sich bei einem im Endlichen gelegenen Objektpunkt um die Bestimmung des Öffnungswinkels bzw. der Öffnung des optischen Systems, so läßt sich diese gleichfalls in einfacher Weise durchführen. Wir benutzen in diesem Fall das Fernrohr eines Spektrometers oder eines Theodoliten und stellen das zu untersuchende optische System in einen solchen Abstand vom Drehpunkt des Fernrohrs, wie er durch den vorgeschriebenen Abstand des Objektpunktes vom optischen System angegeben ist. Durch Verschwenken des Fernrohrs um die Spektrometer-

[1]) G. F. C. SEARLE, The determination of the effective aperture of the stop of a photographis lens. Proc. Cambridge Phil. Soc. **18**, 195—206, 1915 [**1**, 838].

oder Theodolitdrehachse bringen wir den feststehenden Faden des Fernrohrokulars wieder in Deckung einmal mit einer Stelle des Randes der E.P., ein zweites Mal mit der diametral gegenüberliegenden Stelle des Randes der E.P. Der Winkel, um den hierbei das Fernrohr verschwenkt werden muß, gibt den gesuchten Öffnungswinkel 2σ [1]).

Um den Winkel σ zu messen, kann man auch an die Stelle, an der sich sonst das zu beobachtende Objekt befindet, eine kleine Lochblende (Abb. 122) bringen, deren Öffnung wenigstens angenähert auf der Achse des optischen Systems, z. B. des Mikroskopobjektivs, liegt, für das σ bestimmt werden soll. Man bringe nun in zur Brennweite des Objektivs großem Abstand vor das Objektiv einen Maßstab. Damit sich die Lochblende in dem richtigen Abstand vom Objektiv befindet, wird man bei Mikroskopobjektiven das Mikroskop auf die Lochblende scharf einstellen und erst hierauf das Okular des Mikroskopes entfernen. Das durch das Objektiv entworfene Bild des Maßstabes liegt in der Nähe des Bildraum-Brennpunktes des Objektivs und kann von der Stelle aus, an der sich das Bild der Lochblende befindet, mit dem bloßen (oder bewaffneten) Auge beobachtet werden. Die beiden äußersten, noch sichtbaren Stellen des Maßstabes werden abgelesen. Die Differenz der beiden abgelesenen Maßstabzahlen ergibt, durch den Abstand des Maßstabes von der Lochblende geteilt, den Wert $2\operatorname{tg}\sigma$.

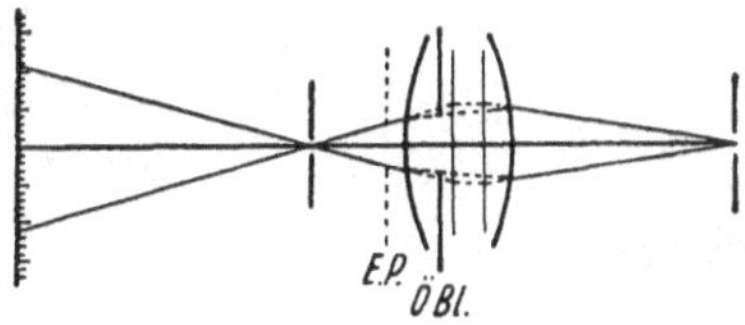

Abb. 122. Zur Bestimmung der Öffnung, mit der ein optisches System für einen bestimmten Objektabstand wirkt.

Um zu verhindern, daß das Auge bei der Maßstab-Ablesung schräg durch das Objektiv oder genauer durch die als Objekt dienende Lochblende hindurch auf den Maßstab sieht und durch ein Hin- und Herbewegen des Auges eine falsche

[1]) In einer Arbeit A. Bouwers, A. C. S. van Heel, On the luminosity of optical systems. Physica, The Hague, **10**, 714—719, 1943 [—, —], in der auch darauf hingewiesen wird, daß der dort als „relative Öffnung" bezeichnete Wert $a = \frac{\varnothing}{f}$ (mit f = Brennweite) nur für sehr weit entfernte Objektpunkte maßgebend ist, wird noch eine „generalisierte relative Öffnung"

$$a_m = \frac{\varnothing m}{f}$$

eingeführt, in der $\varnothing_m$ der Durchmesser des von dem Achsenpunkt des Objektes in das optische System fallenden Lichtkegels ist, gemessen in der Objektraum-Hauptebene. Hier ist $m = -\frac{1}{\beta'}$ gleich dem reziproken Wert des der Objektentfernung entsprechenden Vergrößerungsverhältnisses des optischen Systems. Ist $\varnothing$ der Durchmesser des vom Achsenpunkt des Objektes in das optische System fallenden Lichtkegels, gemessen in der Eintrittspupille (E.P.), so ist

$$a_m = \frac{(m+1)\cdot\varnothing}{(m+1)f - d},$$

wenn d den Abstand zwischen Objektraum-Hauptebene und E.P. bezeichnet.

Ablesung hervorgerufen wird, bringt man noch an die Stelle des Bildes der genannten Lochblende eine weitere Lochblende, deren Öffnung also wieder mit der Achse des Objektivs zusammenfällt.

Ist die Brennweite des Objektivs sehr klein, so wird auch das Bild des Maßstabes so klein, daß man es mit bloßem Auge nicht mehr genügend genau erkennen kann. Man benutzt dann zur Betrachtung des Maßstabbildes ein Hilfsmikroskop mit langbrennweitigem Objektiv, das an das Okularauszugsrohr des zu prüfenden Mikroskopes angebracht wird.

Zur Vereinfachung der Messung hat ABBE ein Hilfsinstrument, das Apertometer, entwickelt. Dies ist eine etwas überhalbkreisgroße zylindrische Platte (Abb. 123). Längs eines Durchmessers des Kreises ist unter 45° eine Fläche angeschliffen, die genau in dem Punkte, in dem sie von der Zylinderachse durchstoßen wird, einen kleinen kreisförmigen versilberten Fleck hat, der die Rolle der oben benutzten, an die Stelle des Objektes zu bringenden kleinen Blendenöffnung spielt. Auf der Zylinderfläche der Platte ist als Marke ein dünner Draht, der der Zylinderachse parallel läuft, verschiebbar, während sich auf der Oberfläche der Platte zwei Teilungen befinden, von denen die eine direkt die Aperturzahl angibt, die andere die den Winkeln im Glas entsprechenden Winkel in Luft. Ein Zeiger, der mit dem erwähnten dünnen Draht fest verbunden ist, gestattet die Ablesung der Drahtstellung an den Skalen.

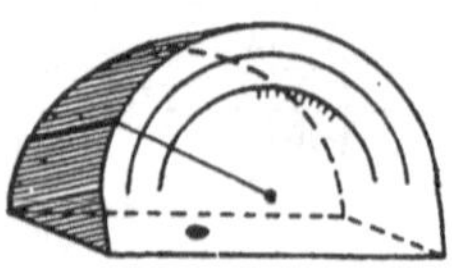

Abb. 123. Darstellung des ABBEschen Apertometers zur Bestimmung der Apertur bzw. des Öffnungswinkels eines Mikroskopobjektivs.

Das Apertometer wird so auf den Mikroskopobjekttisch gebracht, daß die versilberte Stelle der schrägen Fläche sich an der Stelle befindet, an der sonst das zu beobachtende Objekt liegt. Das Mikroskop wird auf diese versilberte Stelle scharf eingestellt, sodann wird das Okular entfernt und statt dessen eine kleine Lochblende bzw. bei sehr kurzbrennweitigem Mikroskopobjektiv ein dem Apertometer mitgegebenes Hilfsmikroskop auf den Okularauszug gesetzt, wie dies schon oben beschrieben. Man sieht dann die an der versilberten Stelle gespiegelte Zylinderfläche des Apertometers bzw. den darauf verschiebbaren Faden, dessen Bild sich wieder in der Nähe des bildseitigen Brennpunktes des Objektivs befindet. Man verschiebt den Faden nun nach beiden Seiten so weit, bis er aus dem Gesichtsfeld verschwindet, und liest an der Skala den zugehörigen Aperturwert ab. Die halbe Summe der den beiden äußersten Stellen zugeordneten Ablesungen an der Aperturskala gibt die Apertur des Mikroskopobjektivs, während die Summe der Ablesungen an der Winkelskala den objektseitigen Öffnungswinkel 2σ, bezogen auf Luft, gibt[1]).

[1]) Über die Messung der numerischen Apertur s. a. CHESHIRE, The Experimental Determination of the Simple Optical Constants of a Microscope System. The Optician **60,** 85—89, 1920 [**2,** 114]. — R. BRUCE HORSFALL jr., Measurement of numerical aperture. Journ. Opt. Soc. Amer. **30,** 655, 1940 [**22,** 2227]. — Ein von dem ABBEschen abweichendes Apertometer (in zwei verschiedenen Ausführungen) wird beschrieben in: MAURICE FRANCON

Bei Mikroskopobjektiven mit Immersion ist natürlich auch bei der Aperturbestimmung die Immersionsflüssigkeit zwischen Objektiv und Apertometer zu bringen. Daß Aperturwerten > 1 natürlich kein reeller Aperturwinkel in Luft mehr entspricht, braucht wohl kaum besonders erwähnt zu werden.

Zum Schluß dieses Abschnittes sei noch erwähnt, daß die Größe der A.P. naturgemäß nach den gleichen, vorstehend angegebenen Methoden bestimmt werden kann wie die Größe der E.P.

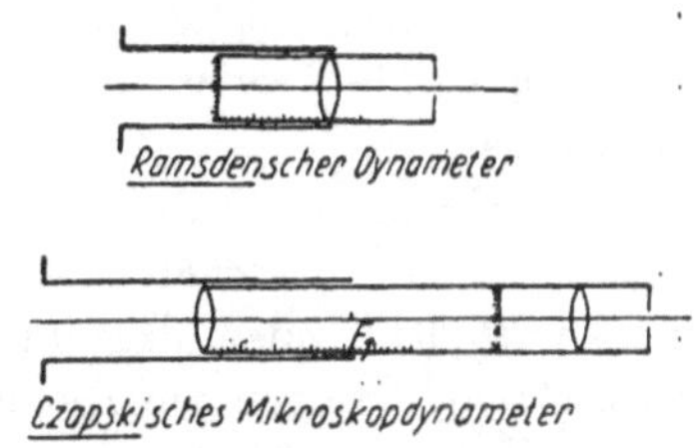

Abb. 124. Schematische Darstellung des Ramsdenschen und der Czapskischen Mikroskopdynameters zur Bestimmung der Größe und Lage der A.P. eines optischen Systems.

Häufig benutzt man zur Bestimmung von Größe und Lage der A.P. das sogenannte „Dynameter“, und zwar entweder in der Ausführung von Ramsden oder in der von Czapski (Abb. 124).

Bei den Dynametern handelt es sich um eine Lupe, in derem Bildraum-Brennpunkt eine Blende angeordnet ist, die objektseitig einen telezentrischen Strahlengang gewährleistet. Im Objektraum-Brennpunkt befindet sich senkrecht zur Achse eine etwa 10 mm lange $\frac{1}{10}$ mm-Teilung. Das im Bildraum-Brennpunkt befindliche Auge des Beobachters sieht diese Teilung — bei entspannter Akkomodation — scharf. Bei reeller A.P. des zu prüfenden optischen Systems bringt man diese in die Ebene der Teilung, so daß sie mit dieser zusammen scharf erscheint und ihr Durchmesser an der Teilung abgelesen werden kann (Ramsdensche Ausführung).

Bei virtueller A.P. benutzt man die als „Mikroskopdynameter“ bezeichnete Czapskische Ausführungsform, bei der sich *vor* der Lupe noch ein verhältnismäßig langbrennweitiges Objektiv der Brennweite f_1 befindet, das von der Teilung den Abstand $2 f_1$ besitzt, so daß also die virtuelle A.P. durch das Objektiv mit der Vergrößerung -1 in der Ebene der Teilung abgebildet und mit dieser zusammen scharf gesehen wird.

In beiden Fällen läßt sich das Dynameter noch in einem Rohrstutzen meßbar verschieben, so daß durch anschließende Scharfeinstellung auf den Fassungsrand der Abstand der A.P. von diesem gemessen werden kann.

Natürlich kann das Dynameter auch zur Bestimmung von Größe und Lage der E.P. benutzt werden.

V. BESTIMMUNG DER LICHTSTÄRKE

Von der Öffnung, der Apertur des optischen Systems, ist — worauf bereits kurz hingewiesen wurde — seine Lichtstärke abhängig. Allerdings ist sie nicht allein durch die Öffnung und demnach nicht allein durch die Größe der Eintritts-

et Georges Nomarski, Transformateur d'ouvertüre numérique pour objectif de microscope. C. R. **230**, 2166—2168, 1950 [**29**, 1782]. — Ferner wurde von C. Metz ein Apertometer entwickelt, das von den Leitz-Werken, Wetzlar, angefertigt wird (vgl. F. Rinne-M. Berek, Anleitung zu optischen Untersuchungen mit dem Polarisationsmikroskop [Verlag Dr. Max Jänecke, Leipzig 1934] S. 191).

pupille (E.P.) bestimmt, sondern außerdem von der Absorption und der Streuung des Lichtes im Glase sowie von der Reflexion an den Linsenoberflächen abhängig[1]). Der durch Absorption, Streuung und Reflexion verursachte Lichtverlust bestimmt die „Durchlässigkeit" des optischen Systems. Die Bestimmung dieser Glaseigenschaften wurde bereits in B.V und B.VI behandelt, worauf hier besonders verwiesen sei.

Die Abhängigkeit der Lichtstärke von der Öffnung des Strahlenbündels, der „Apertur" des optischen Systems, ergibt sich aus der Formel für die Beleuchtungsstärke B' des Bildes, d. h. aus dem auf ein Flächenelement des Bildes fallenden Lichtstrom, bezogen auf die Flächeneinheit.

Ist K die „spezifische Intensität der Gesamtstrahlung" des in Luft befindlichen Objekt-Oberflächenelementes, d. h. der pro sec in Richtung der Normalen jenes Oberflächenelementes „innerhalb eines Raumwinkels 1"[2]) ausgesandte, aber auf die Flächen*einheit* bezogene Lichtstrom, $A = n \sin \sigma$ die numerische Apertur des optischen Systems (mit Bezug auf den Abstand des Objektes), n der Objektraum-Brechungsindex, so geht von der Flächeneinheit der Objektoberfläche durch die E.P. des optischen Systems ein Lichtstrom

$$B = \pi A^2 K.$$

Dieser Lichtstrom verteilt sich, wenn das lineare Vergrößerungsverhältnis, mit der das optische System das Objekt abbildet, β' ist, auf eine β'^2 mal größere Fläche des Bildes, so daß sich der Lichtstrom, der die Flächeneinheit des Bildes trifft, ergibt zu

$$B' = \pi \frac{A^2}{\beta'^2} K.$$

Die Beleuchtungsstärke des Objektes verhält sich also — wenn von den durch Absorption und Reflexion des Lichtes bedingten Verlusten abgesehen wird — zu der des Bildes wie $1 : \frac{1}{\beta'^2}$ oder wie $\beta'^2 : 1$.

Es ist demnach $\frac{B}{B'} = \beta'^2$.

Für zwei Objektive verschiedener numerischer Apertur, aber gleicher Brennweite verhalten sich also die Lichtstärken wie die Quadrate der Aperturen oder — z. B. bei photographischen Objektiven — wie die Quadrate der relativen Öffnungen $\frac{\varnothing}{f}$, wo $\varnothing$ den Durchmesser und f die Brennweite des Objektivs bezeichnet.

Bei teleskopischem Strahlengang, d. h. einem Strahlengang, bei dem einem parallelen Strahlenbündel des Objektraumes ein paralleles Strahlenbündel des Bild-

[1]) In einer Arbeit von W. SCHMITZ, Lichtstärkemessungen an photographischen Objektiven — Verh. D. Phys. Ges. (3) **20,** 78, 1939 [**21,** 932] — wird z. B. angegeben, daß mittels eines Luxmeters angestellte Lichtstärkemessungen photographischer Objektive bis zu 50% Abweichung des wirklichen von dem aus dem Öffnungsverhältnis allein ermittelten theoretischen Wert ergaben.

[2]) D. h. „auf den Raumwinkel 1 umgerechnet" oder — was damit identisch ist — „durch den bei der Messung benutzten, sehr kleinen Raumwinkel dividiert".

raumes optisch konjugiert ist, ist die „relative“ Lichtstärke — die durch die geometrische Strahlenbegrenzung allein bestimmte „Lichtstärke“ — durch die Fläche der Austrittspupille gegeben, deren Größenbestimmung wir bereits oben kennenlernten. Die relative Lichtstärke ist daher dem in mm^2 ausgedrückten Flächeninhalt der Austrittspupille proportional, und zwar sagt man, ein Fernrohr habe die Lichtstärke 1, wenn der Durchmesser der A.P. gleich 1 mm ist, so daß einer A.P. von 2 mm Durchmesser z. B. eine Lichtstärke 4 entspricht. [Für die visuelle Benutzung des optischen Instruments ist es bezgl. der auf der Netzhaut vorhandenen Bildhelligkeit natürlich wichtig, daß alle durch die A.P. des Instrumentes gegangenen Lichtstrahlen der abbildenden Bündel tatsächlich in das Auge des Beobachters gelangen, von der Augenpupille des Beobachters also nicht abgeblendet werden (vgl. C. IV).]

Die durch Reflexionsverluste bedingte Herabsetzung der Lichtstärke ist von dem Einfallswinkel der einzelnen Strahlen abhängig und durch die FRESNELschen Reflexionsformeln gegeben. Für nahezu senkrechten Einfall, d. h. bei paraxialem Strahlengang, kann man die Reflexionsverluste an jeder einzelnen gegen Luft grenzenden Fläche gleich $\left(\frac{n-1}{n+1}\right)^2$ setzen. Für $n = 1{,}5$ ist dies 4%, für $n = 1{,}65$ etwa 6%. Für nicht an Luft grenzende Flächen (z. B. verkittete Flächen) gilt in gleicher Näherung $\left(\frac{n'-n}{n'+n}\right)^2$, wo n und n' die Brechungszahlen aufeinanderfolgender Medien sind.

Ist D die Durchlässigkeit des Glasmaterials, bezogen auf 1 mm Plattendicke, so ist der Absorptionsverlust bei der Dicke d gegeben durch die Gleichung

$$A = 1 - D^d.$$

Das Produkt aus der relativen Lichtstärke und dem durch Reflexion und Absorption (einschl. Streuung) bedingten Verlustfaktor bezeichnet man als „absolute“ Lichtstärke.

Um die Lichtstärke *experimentell* zu bestimmen, kann man nach KRÜSS folgendermaßen vorgehen: Handelt es sich nur um einen *Vergleich* der Lichtstärke zweier optischer Systeme (Fernrohre), so benutzt man einen auf Unendlich eingestellten Kollimator mit beleuchteter (etwa kreisförmiger) Mattscheibe als Objekt (Abb. 125). Das vom Kollimator kommende Licht geht dann durch das zu prüfende Fernrohr. Alles in das Fernrohr eintretende Licht geht, soweit es nicht durch Reflexion, Absorption oder Streuung verlorengegangen ist, durch die Austrittspupille. Diese wird durch ein Hilfssystem [() in Abb. 125] auf dem Schirm eines Photometers abgebildet. Auf der anderen

Abb. 125. Zum Vergleich der Lichtstärken mehrerer optischer Instrumente nach KRÜSS.

Seite dieses Schirmes befindet sich eine Lichtquelle, deren Abstand verändert wird, bis die Beleuchtungsstärke auf dem Schirm auf beiden Seiten gleich ist, was sich z. B. durch Unsichtbarwerden eines auf dem Schirm befindlichen Fettfleckes anzeigt. Tauscht man jetzt das erste gegen das mit ihm zu vergleichende Fernrohr aus, und sorgt man dafür, daß das Bild der Austrittspupille auf dem Schirm wieder die gleiche Größe hat wie im ersten Fall — bei Fernrohren mit verschiedener Austrittspupille ist dies zu beachten —, so wird man im allgemeinen den Abstand der *Lichtquelle* vom Schirm verändern müssen, um auf dem Schirm wieder beiderseits gleiche Beleuchtungsstärke zu haben. Das Verhältnis der Quadrate der beiden Lichtquellenabstände gibt dann das Verhältnis der aus den beiden zu vergleichenden Fernrohren austretenden Gesamtlichtmengen[1]).

Handelt es sich um die *absolute* Bestimmung der Lichtstärke eines Fernrohrs, so läßt sich diese durchführen, falls man noch ein gleiches zweites Fernrohr besitzt[2]). Man stellt (Abb. 126) beide Fernrohre entgegengesetzt hintereinander, so daß die A.P. beider Fernrohre zusammenfallen. Dann ist das Objektiv des zweiten Fernrohres die A.P. des Gesamtsystems und der E.P. flächengleich. Unmittelbar hinter diese A.P. bringe man eine Mattscheibe und bilde sie durch das Hilfsobjektiv — in der Abbildung durch ( ) angedeutet — auf den Photometerschirm ab. Die auf der anderen Seite des Schirmes stehende Lichtquelle verschieben wir wieder, bis gleiche Beleuchtungsstärke $B = B_{2F}$ auf beiden Seiten des Schirmes vorhanden ist. Dann entfernen wir die beiden Fernrohre und bringen an die Stelle des Objektivs des zweiten Fernrohrs eine Blende gleicher Größe und Lage wie die Austrittspupille der aus beiden Fernrohren bestehenden Kombination. Hinter diese Blende bringen wir wieder die Mattscheibe, die — wie oben — durch das Hilfsobjektiv auf den Photometerschirm abgebildet wird, während der Kollimator so weit an die Blende heranzuschieben ist, daß der Abstand: Kollimatorobjektiv → Blende gleich dem Abstand: Kollimatorobjektiv → Objektiv des ersten Fernrohrs (im ersten Versuch) ist. Wir verschieben nun die

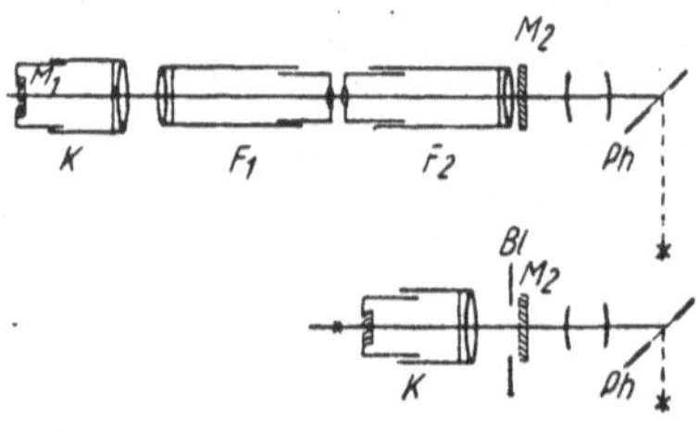

Abb. 126. Zur Bestimmung der absoluten Lichtstärke eines optischen Instrumentes, das in zwei Exemplaren vorhanden ist.

[1]) Vgl. hierzu auch G. W. MOFFITT und PAUL B. TAYLOR, The Measurement of Transmission in Instruments. Journ. Opt. Soc. Amer. 8, 511—518, 1924 [5, 1154]. — Hier wird besonders darauf hingewiesen und begründet, daß es im allgemeinen nicht angängig ist, statt des Kollimators (mit diffus leuchtender Fläche in seiner Brennebene) eine diffus leuchtende Fläche unmittelbar in die E.P. des zu prüfenden optischen Instrumentes zu bringen.

[2]) Ist dies nicht der Fall, sind aber von einem anderen (zweiten) Fernrohr zwei Exemplare vorhanden, so bestimmt man zunächst deren absolute Lichtstärke und anschließend nach dem zuvor genannten Verfahren das Verhältnis der Lichtstärke des ersten zu der des zweiten Fernrohrs, woraus sich durch Multiplikation mit der absoluten Lichtstärke des zweiten Fernrohrs die absolute Lichtstärke des ersten Fernrohrs unmittelbar ergibt.

Lichtquelle, bis auf beiden Seiten des Schirmes wieder gleiche Beleuchtungsstärke B_{Bl} vorhanden ist. Das Verhältnis der Beleuchtungsstärke B_{2F} zu B_{Bl} sei V, wo V gleich dem Quadrat des Verhältnisses der Abstände der Vergleichslichtquelle bei dem ersten und zweiten Versuch ist. Dann ist die Durchlässigkeit (Lichtstärke) eines einzigen Fernrohres $L_F = \sqrt{V}$.

Eine weitere Methode zur Bestimmung der Lichtstärke wird von HRDLICKA[1]) angegeben. Er setzt (Abb. 127) eine kleine Lochblende L in den Brennpunkt des Objektivs, die von einer beliebigen Lichtquelle beleuchtet wird. Dicht vor dem Objektiv O, im Abstande r_1 von L, wird eine Blende Bl angebracht, deren Durchmesser $\varnothing_e$ kleiner als der des Objektivs sein soll, und die als E.P. wirkt. Dicht hinter dem Objektiv, im Abstande l von Bl, befindet sich eine photographische Platte P. Diese wird mit einer bestimmten Belichtungszeit belichtet und liefert in dem Durchmesser des geschwärzten Plattenfeldes den Durchmesser $\varnothing_a$ der A.P. Man entfernt nun das Prüfobjektiv und ermittelt durch mehrere Probeaufnahmen diejenige Entfernung r_2 der photographischen Platte P von L, in der *bei gleicher Belichtungszeit* die *gleiche Plattenschwärzung* erzielt wird wie bei der ersten Aufnahme. Die durch Reflexion, Absorption usw. im Objektiv eintretende Lichtschwächung ist dann gegeben durch den Faktor

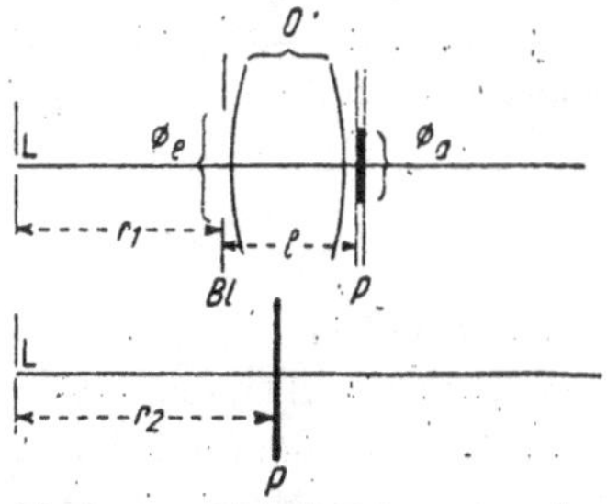

Abb. 127. Zur Bestimmung der absoluten Lichtstärke eines optischen Instrumentes nach HRDLICKA.

$$\left(\frac{\varnothing_a}{\varnothing_e}\right)^2 \cdot \left(\frac{r_1}{r_2}\right)^2.$$

RONCHI[2]) weist darauf hin, daß für die Benutzung eines optischen Instrumentes in der Praxis nicht so sehr die von der geometrischen Strahlenbegrenzung und den Lichtverlusten im Instrument bestimmte Lichtstärke von Wichtigkeit ist, sondern die von ihm als „Luminosität" bezeichnete Eigenschaft des Instrumentes, die außer von den genannten Größen noch von dem Korrektionszustand des Instrumentes abhängt. Er setzt die Luminosität gleich dem Produkt aus dem Quadrat des Durchmessers der A.P. und einer Größe, die er als „photometrische Effizienz", als „photometrische Leistung" des betreffenden optischen Instrumentes bezeichnet, und die die gesamten Lichtverluste in dem optischen Gerät ausdrückt,

[1]) J. HRDLICKA, Une méthode pour la mesure de la clarté efficace des objectifs photographiques. C. R. **189**, 153—155, 1929 [**11**, 1354].

[2]) VASCO RONCHI, Sulla efficienza fotometrica e la luminosità degli strumenti ottici. Cim. (N. S.) **7**, 374—379, 1930 [**12**, 916]. — VASCO RONCHI, Sull efficienza fotometrica e la luminosità degli strumenti ottici. Lincei Rend. (6) **12**, 663—667, 1930 [**12**, 2808]. — VASCO RONCHI, Über die Luminosität der Bilder in Fernrohren. ZS. f. Instrkde. **58**, 316 bis 321, 1938 [**20**, 783].

die durch Reflexionen, Absorption, Streuung, teilweise Undurchlässigkeit — bedingt z. B. durch kleine Steinchen im Glasmaterial — und mangelhafte Bildfehlerkorrektion bedingt sind. Diese photometrische Apparatkonstante ist umgekehrt proportional der Leuchtdichte einer anvisierten Lichtquelle, die so weit abgedunkelt ist, daß ihr Bild auf der Netzhaut des Beobachterauges gerade an der Empfindungsschwelle liegt.

Zur Bestimmung der Luminosität hat RONCHI[1]) ein als „Diafanometer" bezeichnetes Gerät entwickelt, das ein mit speziellen Zusätzen für die Lichtschwächung versehener Kollimator ist, bei dem ein Fernrohr bestimmter Konstruktion als Standard gewählt und diesem die Luminosität 1 zugeordnet wird.

Es wird festgestellt, bei welchem — durch die Winkelstellung zweier Nicols ausgedrückten — Verdunkelungsgrad der anvisierten Lichtquelle die Empfindungsschwelle des Beobachterauges erreicht ist, einmal bei Benutzung des Standardfernrohres, ein zweites Mal bei Benutzung des zu prüfenden Gerätes.

In manchen Fällen der Praxis kommt es auch nicht so sehr auf die Lichtstärke des optischen Systems und ebenso nicht so ausschlaggebend auf die Luminosität, sondern besonders auf die mit dem Instrument erzielte Kontrastwirkung[2]) an. Da wir deren Messung schon in B VI besprochen haben, sei hier nur nochmals kurz darauf hingewiesen.

Statt der bei den verschiedenen Lichtstärke-Meßmethoden erwähnten Photometer (beliebiger Art) lassen sich grundsätzlich auch die bekannten Photozellen verwenden. Es ist hierbei nur darauf zu achten, daß das auftreffende Licht gleichmäßig über die ganze Zellenoberfläche ausgebreitet ist, um von den örtlichen Zellenschwankungen unabhängig zu sein, die sich leider nicht vermeiden lassen und unkontrollierbar sowie unkorrigierbar sind. Notfalls muß also eine ULBRICHTsche Kugel zwischengeschaltet oder von dem Lichtfleck durch ein Hilfssystem ein Bild auf die Photozelle entworfen werden. Ein solches Hilfssystem ist schon deswegen notwendig, weil das Bild der Lichtquelle auf dem Photometerschirm sowohl mit als ohne Prüfgerät die gleiche Größe haben muß.

Die Zwischenschaltung eines abbildenden Hilfssystems bedeutet natürlich eine neue Fehlerquelle. Nach einem Vorschlag von HANSEN[3]) läßt sich diese aber —

[1]) VASCO RONCHI, Il „Diafanometro Ronchi" Strumento per misurare la efficienza fotometrica e la luminosità degli strumenti telescopici. Not. per i laboratori scient. e. indust. a cura delle Officine Galileo **12**, 1—5, 1932 [—, —]. — VASCO RONCHI, Über die Luminosität der Bilder in Fernrohren. ZS. f. Instrkde **58**, 316—321, 1938 [**20**, 783]. — A. S. JABIN, Die Untersuchung der Teleskopsysteme mit dem Diafanometer von RONKA. Opt.-mech. Ind. (russ.) 1938, Nr. 3, 4—6 (Orig. russ.) [**20**, 348]. — Während die Arbeit von RONCHI über erfolgreiche Anwendung des Diafanometers durch eine Reihe von Mitarbeitern seines Institutes berichtet, lehnt JABIN die Benutzung des Diafanometers im Betrieb als wenig geeignet ab.

[2]) HERBERT SCHOBER, Photometrische Messungen an optischen Geräten. Das Licht **14**, 27—32, 1944 [**25**, 322].

[3]) Angegeben in der oben erwähnten Arbeit von H. SCHOBER.

wenn auch nicht vollständig, so doch weitgehend — ausschalten. Man muß sowohl bei der Messung mit als auch bei der ohne Prüfgerät dasselbe abbildende Hilfssystem benutzen, was sich in folgender Weise bewerkstelligen läßt: Ist β' die Vergrößerung des zu prüfenden Gerätes, so benutzt man ein aus zwei Brillengläsern gebildetes Fernrohrsystem der Vergrößerung $\sqrt{\beta'}$, benutzt dieses aber im umgekehrten Strahlengang, so daß es verkleinernd, also mit der Vergrößerung $\frac{1}{\sqrt{\beta'}}$ wirkt. Die aus Prüfsystem und Hilfssystem bestehende Kombination hat dann also die Vergrößerung

$$\frac{\beta'}{\sqrt{\beta'}} = \sqrt{\beta'}.$$

Bei der Vergleichsmessung *ohne* Prüfgerät wird das Hilfssystem im richtigen Strahlengang, also mit der Vergrößerung $\sqrt{\beta'}$ benutzt, so daß mit demselben Hilfssystem beide Male gleich große Bilder erzielt werden. Die Durchlässigkeit der Hilfsfernrohre wird als Meßkonstante bestimmt.

Da die Lichtstrahlen die beiden Teile des Hilfssystems bei den beiden Anordnungen verschieden durchsetzen, so sind die durch Reflexion usw. an den Linsenflächen entstehenden Lichtverluste sowie die dadurch bedingte Kontraständerung usw. in beiden Fällen ein wenig verschieden, so daß der Meßfehler hierdurch, wenn auch weitgehend, so doch nicht vollständig aufgehoben ist.

VI. BESTIMMUNG DES GESICHTSFELDES

Wenn wir von der Bestimmung des Gesichtsfeldes eines optischen Systems oder eines optischen Gerätes (Instrumentes) sprechen, so können wir entweder an die Aufgabe denken, festzustellen, für welches Gesichtsfeld das betreffende optische System oder Gerät korrigiert ist, d. h. welchen — linear oder angular gemessenen — Achsenabstand die abzubildenden Objektpunkte besitzen dürfen, um noch praktisch einwandfrei abgebildet zu werden. Hierbei handelt es sich also um eine Frage, deren Beantwortung wesentlich von der Abbildungsgüte und demnach vom Betrage der Abbildungsfehler abhängt und die sich durch die Untersuchung der optischen Systeme auf Abbildungsfehler beantwortet, auf die später (Band 2) einzugehen ist.

Wir können bei der Bestimmung des Gesichtsfeldes aber auch an die Aufgabe denken, bei einem vorgegebenen optischen Instrument, z. B. einem Fernrohr, einem Mikroskop, auch einem Photoapparat usw., die Größe des Gesichtsfeldes zu bestimmen, das dies Instrument infolge der vorhandenen Blenden usw. besitzt. Mit dieser Frage wollen wir uns hier beschäftigen.

Zunächst haben wir zu beachten, daß eine scharfe Begrenzung des Gesichtsfeldes nur vorliegt, wenn eine von der Mitte der E.P. aus gesehen kleinste Blende (oder Linsenberandung bzw. Fassungsrand) existiert, deren objektseitiges Bild in der abzubildenden Objektebene, deren bildseitiges Bild in der Bildebene liegt, oder wenn die das Gesichtsfeld bestimmende Blende selbst in der Bild- oder der

Objektebene liegt. In allen anderen Fällen ergibt sich eine unscharfe Begrenzung des Gesichtsfeldes.

Weiter haben wir noch zwischen dem „wahren" und dem „scheinbaren" Gesichtsfeld zu unterscheiden. Als „wahres Gesichtsfeld" bezeichnet man den Winkel w, unter dem diese „Gesichtsfeldblende" vom Mittelpunkt der Eintrittspupille (E.P.) des optischen Instrumentes aus erscheint. Das scheinbare Gesichtsfeld dagegen ist durch den Winkel w' definiert, unter dem die Gesichtsfeldblende von der Mitte der Austrittspupille (A.P.) des optischen Gerätes aus durch das zwischen A.P. und Gesichtsfeldblende liegende optische Teilsystem (z. B. das Okular) hindurch erscheint[1]).

Das *vor* der Gesichtsfeldblende gelegene optische Teilsystem entwirft ein Bild der Gesichtsfeldblende in die Objektebene (Abb. 128). Dieses Bild, das den vom optischen System abgebildeten Teil des Objektes begrenzt, heißt Eintrittsluke (E.L.).

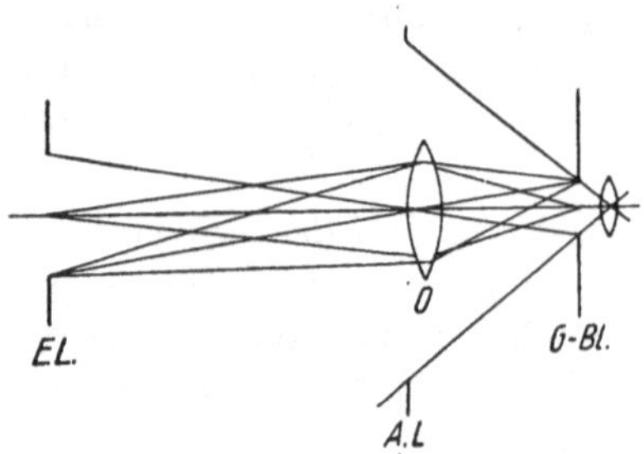

Abb. 128. Zur Definition der Gesichtsfeldblende (G.Bl.) und der „Eintrittsluke" (E.L.).

Entsprechend bezeichnet man das Bild der Gesichtsfeldblende, das von dem hinter ihr folgenden optischen Teilsystem entworfen wird, als Austrittsluke (A.L.). Die A.L. ist Bild der E.L. und liegt als solches in der vom Gesamtsystem erzeugten Bildebene des Objektes. Sie begrenzt gleichzeitig das vom Objekt entworfene Bild.

Begrenzt eine andere Blende das Bildfeld stärker als die in der Bild- bzw. Brennebene des Objektivs liegende Gesichtsfeldblende[2]), so bildet das — mit dem Objekt nicht zusammenfallende — Bild dieser Blende, vom Mittelpunkt der E.P. aus auf die Objektebene projiziert, die E.L. Das Bild, das von *dieser* E.L. in der Ebene der Gesichtsfeldblende entsteht, ist dann die wirkliche Gesichtsfeldblende. Und entsprechend ist das Bild dieser E.L., das in der Ebene der A.L., also in der dem Objekt konjugierten Bildebene des Gesamtsystems entsteht, die wahre A.L.[3]).

Bei fernoptischen Geräten, also solchen, die zur Abbildung weit entfernter Objekte gedacht sind, kann man das wahre Gesichtsfeld in der Weise bestimmen, daß man in großer bekannter Entfernung E von der Eintrittspupille annähernd

[1]) Bei dem holländischen Fernrohr, bei dem ja die Augenpupille des Beobachters als A.P. wirkt (und sich demnach etwa 10 mm hinter dem Okular befindet), liegen besondere Verhältnisse vor. Denn hier wirkt die A.P. des holländischen Fernrohrs, die ja allein, also ohne Hinzunahme des Beobachterauges, zwischen Objektiv und Okular liegt, zusammen mit der Augenpupille des Beobachters und ihrem Abstand von jener virtuellen A.P. des Fernrohrs auf die Begrenzung des Gesichtsfeldes, die hier indessen verhältnismäßig unscharf und auch nicht eindeutig ist, da die Augenpupille bei verschiedenen Beobachtern und auch bei demselben Beobachter zu verschiedenen Zeiten (Tag, Nacht) verschieden groß ist.

[2]) Das ist z. B. auch der Fall, wenn sich bei einem Fernrohr das Auge des Beobachters — oder bei großem Abstand der A.P. vom Okular: der Augendrehpunkt — nicht in der A.P. befindet.

[3]) In diesem Fall ist das Gesichtsfeld gleichfalls nur unscharf begrenzt.

senkrecht zur optischen Achse einen Maßstab aufstellt und ihn durch das Instrument hindurch beobachtet und dabei feststellt, welche Teilstriche des vom Objektiv entworfenen Bildes des Maßstabes beiderseits mit dem Rande der Gesichtsfeldblende zusammenfallen. Ist der Abstand dieser Striche $2y$, so ist

$$\operatorname{tg}\frac{w}{2}=\frac{y}{E}.$$

Statt des Maßstabes können auch irgendwelche anderen Objekte benutzt werden, wenn es nur möglich ist, den Abstand der beiden in gleicher Entfernung vom Instrument liegenden Gegenstände zu bestimmen, deren Bilder mit zwei diametral gegenüberliegenden Randstellen der Blende zusammenfallen. Besonders wird dieser Ersatz gewählt werden, wenn man eine große Objektentfernung E benutzt. Und eine solche ist wieder nötig, da sonst Bildebene und Blendenebene nicht genügend eng zusammenfallen, die Begrenzung des Gesichtsfeldes durch die Gesichtsfeldblende also verschwommen wird.

Man kann die Messung durch Zuhilfenahme eines auf Unendlich eingestellten langbrennweitigen Kollimators vereinfachen, in dessen Brennebene sich eine Teilung befindet (Abb. 129). Die Brennweite des Kollimators sei f'. Beobachtet man mit dem zu prüfenden Instrument durch das Kollimatorobjektiv hindurch die Skala und ist wieder $2y$ der Abstand der beiden Skalenpunkte, die mit zwei diametral gegenüberliegenden Punkten der Gesichtsfeldblende zusammenfallen, so ist

$$\operatorname{tg}\frac{w}{2}=\frac{y}{f'}.$$

Man kann dies Verfahren auch umkehren und mit einem auf Unendlich eingestellten Fernrohr, in dessen Bildebene sich eine Skala oder ein Meßfaden befindet, durch das Objektiv des zu prüfenden Instrumentes auf die Gesichtsfeldblende einstellen und so den Durchmesser $2y$ des Blendenbildes bestimmen.

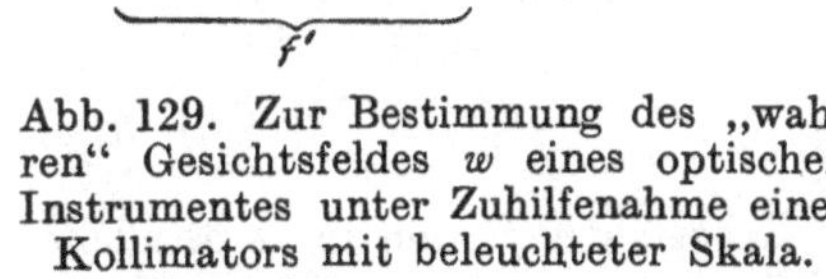

Abb. 129. Zur Bestimmung des „wahren" Gesichtsfeldes w eines optischen Instrumentes unter Zuhilfenahme eines Kollimators mit beleuchteter Skala.

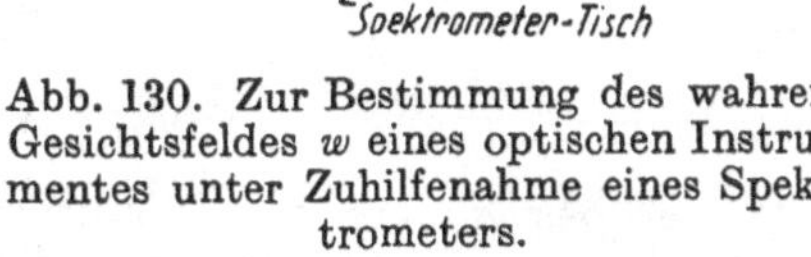

Abb. 130. Zur Bestimmung des wahren Gesichtsfeldes w eines optischen Instrumentes unter Zuhilfenahme eines Spektrometers.

Endlich können wir zur Bestimmung des wahren Gesichtsfeldes das Fernrohr so auf den Tisch eines Spektrometers setzen, daß sich seine E.P. über dem Drehpunkt des Spektrometers befindet (Abb. 130). Richtet man das auf Unendlich eingestellte Spektrometerfernrohr nacheinander auf zwei (durch das Objektiv des zu prüfenden Fernrohrs hindurch beobachtete) einander diametral gegenüberliegende Stellen der Gesichtsfeldblende, so gibt der Winkel, um den hierbei das Spektrometerfernrohr verschwenkt werden mußte, direkt das wahre Gesichtsfeld w.

Bei holländischen Fernrohren[1]), bei denen ja eine Gesichtsfeldblende in der — im Sinne der Lichtrichtung hinter dem Okular liegenden — Bild- bzw. Brennebene des Objektivs nicht vorhanden ist, lassen sich die vorstehend angegebenen Methoden nicht unmittelbar anwenden. Trotzdem kann man mit hinreichender Näherung sowohl das zuletzt erwähnte Verfahren mittels Spektrometer als auch das der Beobachtung einer in der Kollimator-Brennebene befindlichen Skala benutzen, wobei man aber an die Stelle der Augenpupille eine kleine Blende von etwa 10 mm Durchmesser zu setzen hat. Bei der Spektrometermethode ist natürlich darauf zu achten, daß nicht das Objektiv, sondern das als Eintrittspupille wirkende Bild der vor dem Okular angebrachten Blende (s. o.) über dem Drehpunkt des Spektrometers liegen muß.

Auf die Bestimmung des Gesichtsfeldes eines Photoapparates, einer Projektionsvorrichtung usw. braucht nicht besonders eingegangen zu werden, da sich dieses unmittelbar aus dem (diagonalen) Durchmesser des Bildes und seiner Entfernung von der A.P. durch Division ergibt.

Bei einem Mikroskop — und jedem zusammengesetzten optischen Instrument, das für die Abbildung endlich entfernter Objekte bestimmt ist (Ablesefernrohr usw.) — findet man das wahre Gesichtsfeld, indem man einen fein unterteilten Maßstab in die betreffende endliche Objektentfernung bringt und feststellt, welche Teilstriche bei der Beobachtung mit zwei diametral gegenüberliegenden Randstellen der Gesichtsfeldblende zusammenfallen. Aus dem Abstand $2y$ jener Teilstriche und dem Abstand E des benutzten Maßstabes von der E.P. des Instrumentes ergibt sich wieder der Winkel w des Gesichtsfeldes aus der Formel

$$\operatorname{tg} \frac{w}{2} = \frac{y}{E}.$$

Auch das Spektrometerverfahren läßt sich hier wieder in gleicher Weise wie oben benutzen.

Bei der Bestimmung des *scheinbaren* Gesichtsfeldes finden ganz ähnliche Methoden Anwendung. Man kann z. B. das Fernrohr wieder auf dem Tisch eines Spektrometers befestigen, jetzt aber so, daß die Austrittspupille über dem Drehpunkt liegt (Abb. 131), und dann das Spektrometerfernrohr nacheinander auf zwei diametral gegenüberliegende Stellen der Gesichtsfeldblende (durch das Okular des zu prüfenden Fernrohrs hindurch) einstellen. Der Winkel, um den hierbei das Spektrometerfernrohr zu schwenken ist, ist das scheinbare Gesichtsfeld w'.

Auch mit einem Maßstab, der von der Austrittspupille des auf Unendlich eingestellten zu prüfenden Fernrohrs den großen bekannten Abstand E hat, läßt sich

[1]) Siehe die Anmerkungen S. 142 und 154 sowie S. 158, Absatz 1.

das scheinbare Gesichtsfeld bestimmen (Abb. 132), indem man durch das umgekehrt benutzte Fernrohr den Maßstab betrachtet und feststellt, welchen Abstand $2y$ die beiden äußersten noch beobachtbaren Punkte des Maßstabes haben. Da

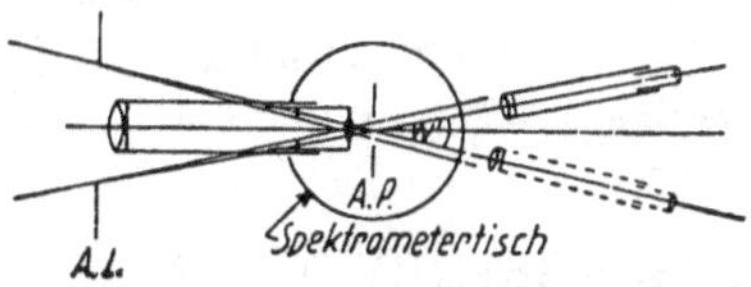

Abb. 131. Zur Bestimmung des scheinbaren Gesichtsfeldes w' eines optischen Instrumentes unter Zuhilfenahme eines Spektrometers.

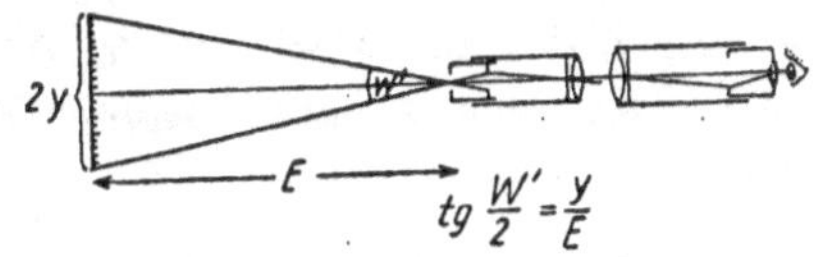

Abb. 132. Zur Bestimmung des scheinbaren Gesichtsfeldes w' mit Benutzung eines weit entfernten Maßstabes.

aber hierbei der Maßstab stark verkleinert erscheint, so ist es erforderlich, die Beobachtung mit einem zweiten gleichfalls auf Unendlich eingestellten Fernrohr von größerem Gesichtsfeld und möglichst von stärkerer Vergrößerung auszuführen. Das scheinbare Gesichtsfeld ist dann wieder gegeben durch

$$\operatorname{tg} \frac{w'}{2} = \frac{y}{E}.$$

Endlich sei noch ein anderes Verfahren erwähnt, das einen Prismenwürfel mit halb durchlässig versilberter Diagonalfläche benutzt. Bekanntlich sieht man ja, wenn man ein Fernrohr gegen den hellen Hintergrund hält, die Gesichtsfeldblende. Bringt man nun vor das Okular den Prismenwürfel und in einen Abstand E vom Prismenwürfel (in Richtung $\perp$ zum Fernrohr) eine Skala (Abb. 133), so beobachtet man bei Betrachten der Skala durch den Prismenwürfel hindurch gleichzeitig durch Spiegelung an der halbdurchlässig versilberten Diagonalfläche des Würfels die Gesichtsfeldblende. Man bestimmt dann die Strecke $2y$, die durch die Gesichtsfeldblende scheinbar aus dem Maßstab herausgeschnitten wird.

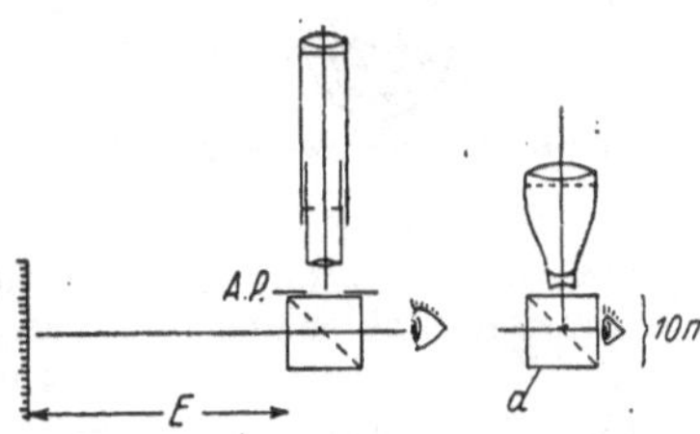

Abb. 133. Zur Bestimmung des scheinbaren Gesichtsfeldes w' eines optischen Instrumentes (Fernrohrs) unter Zuhilfenahme eines Würfels mit halbdurchlässig verspiegelter Diagonalfläche und eines Meßstabes.

Dann ist

$$\operatorname{tg} \frac{w'}{2} = \frac{y}{E}.$$

Hierbei ist noch darauf zu achten, daß E von der Stelle ab zu messen ist, an der sich das gespiegelte Bild der Austrittspupille des zu prüfenden Fernrohrs befindet.

Das vorstehend beschriebene Verfahren ist übrigens auch auf holländische Fernrohre sowie auf Mikroskope anwendbar. Während man aber bei dem Kepplerschen Fernrohr und beim Mikroskop die A.P. auf eine der beiden Seitenflächen des Prismenwürfels fallen läßt, ist bei einem holländischen Fernrohr der Prismenwürfel so zu stellen, daß die Fläche *a* des Würfels sich in 10 mm Abstand vom Okular befindet. Das Auge ist dann möglichst nahe an das Spiegelbild der Fläche *a* heranzubringen.

VII. BESTIMMUNG DES AUFLÖSUNGSVERMÖGENS BZW. DER TRENNFÄHIGKEIT EINES OPTISCHEN INSTRUMENTES

Als Auflösungsvermögen eines optischen Systems bezeichnet man den kleinsten Abstand, den zwei Objektpunkte haben dürfen, wenn sie bei Abbildung durch das optische System noch getrennt werden sollen.

Bekanntlich ist das Bild eines Objektpunktes, eines punktförmigen Objektes, auch bei idealer, fehlerfreier Abbildung nicht punktförmig, sondern ein kleines kreisförmiges Lichtscheibchen, dessen Durchmesser von der Öffnung, dem Öffnungswinkel des abbildenden Strahlenbündels und daher auch von der Öffnung des abbildenden optischen Systems sowie von der Wellenlänge des benutzten Lichtes abhängt, und das noch von hellen Kreisringen umgeben ist, die durch dunkle Ringe voneinander getrennt sind und in ihrer Intensität schnell abnehmen (Abb. 134).

Abb. 134

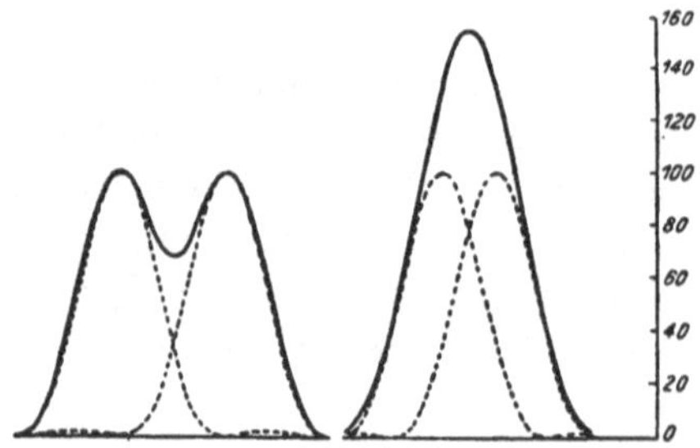

Abb. 135

Abb. 134. Schematische Darstellung der Lichtverteilung im Bilde eines punktförmigen Objektes: ein von dunklen und — in ihrer Intensität (räumlich) abnehmenden — hellen Ringen umgebenes Licht*scheibchen*.

Abb. 135. Zur Veranschaulichung der Überlagerung der Lichtverteilungskurven zweier benachbarter Objektpunkte in Abhängigkeit von der Größe ihres gegenseitigen Abstandes und der dadurch bedingten Beschränkung des Auflösungsvermögens eines optischen Gerätes.

Auch die Intensität, die Flächenhelligkeit des Kreisscheibchens nimmt von der Mitte zum Rande hin ab, so daß bei geringer Intensität im allgemeinen die Ringe und oft auch die Randpartien des Kreisscheibchens nicht mehr die Wahrnehmungsschwelle des menschlichen Auges, der photographischen Platte usw. erreichen. In diesem Fall scheint also der Durchmesser des Kreisscheibchens kleiner zu sein als bei einem helleren Objektpunkt, trotz gleicher Öffnung des abbildenden Systems.

Haben wir es nun mit zwei benachbarten, aber noch getrennten Objektpunkten zu tun, so überlagern sich die Bildscheibchen (Abb. 135). Von dem Abstand der Objektpunkte und ihren Helligkeiten hängt es ab, ob die überlagerten Bildscheibchen noch als getrennte Bildpunkte wahrgenommen werden, also noch zwei ausgesprochene Intensitätsmaxima aufweisen, getrennt durch ein deutlich wahrnehmbares relatives Intensitätsminimum, oder ob die Überlagerung nur ein einziges mehr oder weniger breites Intensitätsmaximum ergibt. In diesem letzten Fall sind die beiden benachbarten Objektpunkte nicht mehr als getrennte Objekte erkennbar. Das Auflösungsvermögen des optischen Systems war dann zu gering.

Das Auflösungsvermögen eines optischen Instrumentes hängt daher von der — mit Bezug auf den Objektabstand zu bestimmenden — Öffnung des optischen Systems, der Wellenlänge des benutzten Lichtes, den Licht- oder Beleuchtungsstärken der zu trennenden Objekte und dem Verhältnis jener Licht- oder Beleuchtungsstärken sowie der Beleuchtungsstärke des Umfeldes, bis zu einem gewissen Grade auch von den Schwellenwerten des Bildempfängers (Auge, photographische Platte usw.) sowie von anderen Größen[1]) ab[2]).

---

[1]) Z. B. den Bildfehlern des optischen Systems, der Richtungsabhängigkeit der Intensitätsverteilung im abbildenden Bündel, die etwa durch die in Mitte und Randbereichen der Linsen verschieden große Absorption und Reflexion des Lichtes bedingt ist, usw.

[2]) Vgl. zu diesen Ausführungen auch Charles Fabry, Vision in optical instruments. Proc. Phys. Soc. **48**, 747—762, 1936 [**18**, 60]. - Die hier entwickelten Grundsätze werden u. a. angewandt in: Howard S. Coleman and Samuel W. Harding, A method für making precise resolution measurements. Journ. Opt. Soc. Amer. **37**, 263—281, 1947 [**28**, 347]. — H. Schober und H. Jung, Die Ursachen der verschiedenen Sehschärfe des menschlichen Auges bei weißem und farbigem Licht. ZS. f. techn. Phys. **17**, 84—93, 1936 [**17**, 1713]. — K. B. Merling-Eisenberg, Diffraction Experiments on the Resolving Power of Telescopes and Microscopes. Nature **139**, 416—417, 1937 [**18**, 1059]. — A. P. H. Trivelli, Photomicrographic investigations on the resolving power of microscope objectives with the violet mercury monochromat. Scient. Publ. Kodak **14**, 215—218, 1931 [**13**, 659]. — Albert Driesen, Der Einfluß einiger Abbildungsfehler eines Mikroskopobjektivs auf die Abbildung eines Beugungsgitters. ZS. f. Phys. **18**, 131—168, 1923 [**6**, 922]. — H. Roeder, Das Auflösungsvermögen bei der photographischen Aufnahme (das Schärfendetail). Photogr. Ind. **39**, 1941, 26 S. [**23**, 226]. — G. Hansen, Das Auflösungsvermögen bei der photographischen Aufnahme. Zeiß-Nachr. 4. Folge, 129—137, 1942 [**24**, 1325]. - Bericht über durchgeführte Bestimmung des Auflösungsvermögens eines Photoobjektivs mit Benutzung eines Strichrasters. Vergleich mit theoretisch zu erwartendem Auflösungsvermögen und Hinweis, daß für die Beurteilung der „Schärfe" eines Objektivs oft nicht so sehr das Auflösungsvermögen, sondern mehr die Größe des Zerstreuungskreises maßgebend sei. — A. Köhler, Die Änderung des Auflösungsvermögens mit der Lage des Objekts im Sehfeld. Ein Demonstrationsversuch. Zeiß-Nachr. 5. Folge, 102—104, 1944 [**26**, 224]. - Aperturblende des Beleuchtungskegels soll annähernd in die Aperturblende des (Mikroskop-)Objektivs abgebildet werden, um Auflösungsvermögen des Objektivs auszunutzen. — Howard S. Coleman, Madeline F. Coleman and Samuel W. Harding, The influence of magnification on revolting power of telescoping systems for Foucault-testobjects of different inherent contrast. Journ. Opt. Soc. Amer. **39**, 771—774, 1949 [**29**, 1040]. - Die Verff. finden u. a., daß in Abhängigkeit vom Kontrast eine Optimalvergrößerung existiert und daß bei geringkontrastigen Objekten Mikroskope kleinerer Vergrößerung Objekteinzelheiten besser erkennen lassen als Mikroskope starker Vergrößerung. — L. Wegmann, Zur Bsstimmung des Auflösungsvermögens mit Hilfe der Fresnelschen Beugung. Optik **7**, 254, 1950 [**30**, 1761] - ein unzulässiges Verfahren, wie an licht- und elektronenoptischen Versuchen nachweisbar. — H. K. Bourne, An improved method of illuminating resolution charts. Journ. scient. Instr. **21**, 162, 1944 [**26**, 228] - diskutiert den Einfluß der Beleuchtung der Testzeichnung auf das Ergebnis der Messung des Auflösungsvermögens.

Im allgemeinen beschränkt man sich bei der Angabe des (theoretischen und praktischen) Auflösungsvermögens auf die Voraussetzung gleicher Intensität der von den Objektpunkten ausgehenden Lichtstrahlung. Ebenso läßt man den Einfluß des Umfeldes usw. unberücksichtigt.

Theoretisch findet man so, daß zwei Objektpunkte noch getrennte Bildpunkte geben, wenn der lineare Abstand ihrer Bildpunkte gleich dem Radius ϱ des einem der Objektpunkte entsprechenden Beugungsscheibchens ist, wobei

$$\varrho = \frac{3{,}83}{\pi} \lambda \frac{a'}{\varnothing_H} = 1{,}22\, \lambda \frac{a'}{\varnothing_H}.$$

Hierin bedeutet wieder a' den Abstand der Bildpunkte von der Bildraum-Hauptebene des optischen Gesamtsystems, $\varnothing_H$ den Durchmesser des abbildenden Bündels in der (Bildraum-)Hauptebene und λ die Wellenlänge des benutzten Lichtes.

Der zugehörige Winkelabstand der Bild- und demnach (bei gleichem Brechungsindex des Objekt- und Bildraumes) auch der Objektpunkte muß daher $\geqq \alpha$ sein, wo

$$\alpha = \frac{\varrho}{a'} = \frac{y'}{a'} = \frac{y}{a} = 1{,}22 \frac{\lambda}{\varnothing_H}.$$

Führen wir die — auf den Abstand der Objektpunkte bezogene — Apertur A des optischen Systems ein, so ist theoretisch das Auflösungsvermögen des optischen Systems durch den linearen Mindestabstand $y_{\min}$ der im Bilde noch trennbaren Objektpunkte gegeben, so daß

$$y \geqq y_{\min} \quad \text{mit} \quad y_{\min} \approx \frac{\lambda}{2A}$$

sein muß.

Da das Auflösungsvermögen eines optischen Systems um so *größer*, die „Auflösung" der Objekteinzelheiten also um so *besser* ist, je *kleiner* $y_{\min}$ ist, so ist es vielleicht vorteilhafter, das optische System durch den „Verschmierungsabstand" $y_{\min}$ oder durch die dem Verschmierungsabstand *reziproke* Trennfähigkeit zu kennzeichnen. Das optische System ist dann um so besser, je größer die Trennfähigkeit $\frac{1}{y_{\min}}$ und je kleiner der Verschmierungsabstand $y_{\min}$ ist.

Um das Auflösungsvermögen oder die Trennfähigkeit $\frac{1}{y_{\min}}$ z. B. eines Mikroskopobjektivs experimentell zu bestimmen, benutzt man ein (natürliches oder künstliches) Testobjekt, das eine größere Zahl paralleler Striche von sehr geringem bekanntem Strichabstand hat, und stellt fest, ob diese Striche im Bilde noch einwandfrei getrennt sind.

Von natürlichen Testobjekten kommen hier vor allem Diatomeen, aber auch Insektenschuppen in Frage. Wir nennen einige Diatomeen:

Navicula elliptica (in Balsam)	Streifenabstand	0,00111	mm
Pleurosigma formosum (in Balsam) . .	„	0,00083	„
Pleurosigma angulatum (trocken) . . .	„	0,00046	„
Frustulia saxonica	„	0,00029	„

Als künstliches Testobjekt wird die NOBERTsche Testplatte oder auch das GRAYSONsche Testgitter benutzt, die aus einer größeren Zahl von Strichgruppen bestehen, die mit Diamant in Glas bzw. in eine Filmschicht eingeritzt sind. Bei den NOBERTschen Gittern besitzt die Gruppe größten Strichabstandes den Strichabstand 0,00256 mm, während der kleinste Abstand 0,0001128 mm ist. Entsprechend ändert sich auch die Strichstärke. Die GRAYSONschen Testplatten[1]) enthalten Gruppen von 5000 bis 120000 Linien pro engl. Zoll. Die Gruppe, deren Striche gerade noch einwandfrei trennbar sind, liefert durch ihren Strichabstand den Verschmierungsabstand, der das Auflösungsvermögen des Mikroskops kennzeichnet und dessen reziproker Wert die Trennfähigkeit des Mikroskops angibt.

Das Auflösungsvermögen, die Trennfähigkeit von Fernrohr- und photographischen Objektiven kann gleichfalls und in gleicher Weise mit Benutzung von Testobjekten geprüft werden, die aus einer größeren Zahl von Strichgruppen jeweils gleichen, für die verschiedenen Gruppen aber verschiedenen Strichabstandes bestehen[2]).

Statt Testtafeln aus einzelnen Gruppen paralleler Linien sind besondere Anordnungen vorgeschlagen, die z. B. aus konzentrischen Kreisen bestehen, die voneinander gleichen, in verschiedenen Sektoren aber verschiedenen Abstand besitzen (Abb. 136)[3]).

Häufig benutzt man als Testobjekt auch den sogenannten „SIEMENS-Stern“[4]), der aus radialen, zur Mitte hin sich keilförmig verjüngenden schwarzen (evtl. auch einfarbigen) Linien und entsprechenden hellen Zwischenräumen besteht (Abb. 137).

---

[1]) Über ihre Herstellung vgl. L. C. MARTIN, Note on the preparation of test plates for the microscope. Journ. scient. instr. **10**, 187—188, 1933 [**14**, 1473].

[2]) Siehe z. B.: HOWARD S. COLEMAN and DAVID G. CLARK, The production and calibration of FOUCAULT-testobjekts of various contrasts. Journ. Opt. Soc. Amer. **37**, 272 bis 274, 1947 [**28**, 345]. — CHR. v. HOFE, Prüfung der Bildqualität von Fernrohren. Wehr u. Waffen **12**, 1—8, 1934 [—, —].

[3]) G. v. KUJAWA, Das Auflösungsvermögen von photographischen Objektiven. ZS. f. techn. Phys. **12**, 440—444, 1931 [**12**, 2643]; Veröff. wissensch. Zentral-Lab. Agfa **4**, 242—250, 1935 [**17**, 100]. — G. v. KUJAWA, Zur Bewertung photographischer Optik. Photogr. Ind. 1931, Heft **46** [—, —]. — RAFFAELLO BRUSCAGLIONI, Il Risolvimetro I. N. D. O. Bollett. dell' Assoc. Ottica Ital. **11** (1—12), 1933 (Nr. 6) [—, —]. - Hier wird eine Testtafel benutzt, auf der der „Abstand“ der kreisförmigen Linien sich von 0—360° kontinuierlich ändert.

[4]) S. z. B. W. STRÖBLE, Verfahren zur serienmäßigen Prüfung und Einstellung von Aufnahmeobjektiven. ZS. f. techn. Phys. **19**, 332—336, 1938 [**20**, 2330]. — G. KORFF, Die Prinzipien des Radialrasterverfahrens zur Prüfung photographischer Objektive. ZS. f. Instrkde **61**, 400—408, 1941 [**23**, 824]. — H. ROEDER, Das Auflösungsvermögen bei der photographischen Aufnahme (das Schärfendetail). s. S. 159, Anm. 2. — Vgl. auch G. MUSCO, Un metodo di esame degli obbiettivi fotografici. Publ. R. Istituto Naz. Ottica, Serie 2 a, Nr. 307; auch Ottica **4**, Nr. 4, 1941, 24 S. (Nach ZS. f. Instrkde **62**, 393, 1942 [**24**, 659]). — Bei STRÖBLE wird darauf hingewiesen, daß der Stern bereits früher von NUTTING und JEWELL benutzt wurde.

In dem vom optischen Prüfsystem entworfenen Bilde erscheinen die Strahlen dieses Sternes in seinen Randpartien einwandfrei getrennt, während innerhalb eines zum

Abb. 136. Beispiel einer Testtafel zur Bestimmung des Auflösungsvermögens eines optischen Gerätes.

Abb. 137. Darstellung des sogenannten JEWELL- oder SIEMENS-Sternes zur Bestimmung des Auflösungsvermögens eines optischen Instrumentes.

Sternmittelpunkt konzentrischen Kreises die Strahlen nicht mehr trennbar sind. Man bestimmt den Durchmesser ϱ dieses Kreises; aus ihm und der Anzahl N der dunklen Strahlen ergibt sich der Verschmierungsabstand zu

$$y_{\min} = \frac{\pi}{N}\,\varrho,$$

d. h. die Trennfähigkeit $= \dfrac{N}{\pi\varrho}$.

Eine andere Form des Strichrasters wurde von G. SCHUMANN[1]) angegeben: Hier bilden die (abwechselnd hellen und dunklen) Linien *gleicher* Strichstärke ein regelmäßiges Sechseck. Die Strichstärke der einzelnen (ineinanderliegenden) Sechsecke nimmt mit abnehmender Seitenlänge, also zum Mittelpunkt des Rasters hin, mehr und mehr in bestimmter Gesetzmäßigkeit ab, derart, daß sich der Abstand der Striche vom Nullpunkt zur Strichstärke wie 20 : 1 verhält.

Die Trennfähigkeit von Fernrohr- und photographischen Objektiven läßt sich auch in der Weise prüfen, daß man zwei feine Löcher sehr kleinen bekannten Abstandes (in einer Aluminiumfolie) von hinten beleuchtet, diese Löcher durch das

[1]) GERHARD SCHUMANN, Ein neues Testobjekt zur Messung des Auflösungsvermögens photographischer Emulsionen. Photo-Technik u. Wirtschaft 1951, Nr. 7, und Hausmittlg. Jos. SCHNEIDER & Co., **4**, 75—80, 1952 [—, —]. - Hier wird auch das Verfahren zur Herstellung derartiger Raster besprochen.

betreffende Objektiv abbildet und das Bild durch ein Vergrößerungssystem betrachtet. Hierbei ist natürlich darauf zu achten, daß das Auflösungsvermögen des Hilfssystems das des Prüfsystems nicht beschränkt. Es ist also der Abstand der beiden durch das Prüfsystem entworfenen Bilder zu berechnen und ein Hilfssystem zu wählen, dessen Trennfähigkeit noch größer ist als der reziproke Wert des Abstandes dieser Bildpunkte. Man verändert nun den Abstand der beiden leuchtenden Objektpunkte vom Prüfobjektiv so lange, bis sie nicht mehr trennbar sind. Der reziproke Wert des Winkels, unter dem die beiden Punkte vom Objektiv aus erscheinen, wenn sie im Bilde gerade noch getrennt wahrnehmbar sind, gibt die angulare Trennfähigkeit des Prüfobjektivs und kennzeichnet daher sein Auflösungsvermögen.

Wird die Bestimmung der Trennfähigkeit nicht visuell, sondern photographisch vorgenommen, so ist noch besonders darauf zu achten, daß die photographische Schicht infolge der Größe ihrer Körner gleichfalls nur eine begrenzte Trennfähigkeit besitzt[1]). Es ist also in diesem Fall darauf zu achten, daß die Trennfähigkeit der benutzten Photoplatte oder des benutzten Photofilmes größer ist als die des zu prüfenden optischen Systems.

VIII. BESTIMMUNG DER VERGRÖSSERUNG

Bevor wir die Methoden zur Bestimmung der Vergrößerung eines optischen Instrumentes besprechen, müssen wir auf die verschiedenen Arten der Vergrößerung und ihre Unterscheidung hinweisen. Wir unterscheiden zwischen: Fernrohrvergrößerung Γ', Lupen-(Mikroskop-)Vergrößerung $\bar{\Gamma}'$ und Ablesevergrößerung $\bar{\bar{\Gamma}}'$, von denen uns hier nur die beiden ersten interessieren.

Die Fernrohrvergrößerung ist bezogen auf unendliche Entfernung, die Ablesevergrößerung auf eine endliche Entfernung und die Lupenvergrößerung auf eine konventionelle Entfernung von 250 mm (deutliche Sehweite).

Die Fernrohrvergrößerung ist das Verhältnis der Tangente der Hälfte des Winkels w_1', unter dem das Bild eines Gegenstandes von der Mitte der Austrittspupille aus erscheint, zu der Tangente der Hälfte des Winkels w_1, unter dem der Gegenstand von der Eintrittspupille aus erscheint. Es ist also

$$\Gamma' = \frac{\operatorname{tg} \frac{w_1'}{2}}{\operatorname{tg} \frac{w_1}{2}}.$$

[1]) Vgl. z. B. G. v. KUJAWA, Lichthof und Auflösungsvermögen von photographischen Schichten. Veröff. Wiss. Zentral-Lab. Agfa **2,** 104—110, 1931 [**12,** 2449]. — G. v. KUJAWA, Das Auflösungsvermögen von photographischen Objektiven. s. o. S. 161, Anm. 2. — G. v. KUJAWA, Zur Bewertung photographischer Optik. s. o. S. 161, Anm. 2. — H. FRIESER, Bestimmung des Auflösungsvermögens photographischer Schichten. ZS. f. techn. Phys. **12,** 661—663, 1931; Berichtigung ebenda **13,** 102, 1932 [**13,** 569].

Da wir als „Objekt" das ganze Gesichtsfeld nehmen können, so ergibt sich der Wert Γ' also aus der Messung von $\operatorname{tg}\frac{w'}{2}$ und $\operatorname{tg}\frac{w}{2}$, die wir in C.VI kennengelernt haben, und es ist

$$\Gamma' = \frac{\operatorname{tg}\frac{w'}{2}}{\operatorname{tg}\frac{w}{2}}.$$

Da bei einem Fernrohr das Objekt in sehr großer Entfernung, das vom Objektiv entworfene Bild also in nächster Nähe des Bildraum-Brennpunktes des Objektivs liegt, der mit dem Objektraum-Brennpunkt des Okulars zusammenfällt[1]), so ergibt sich sofort (Abb. 138), daß

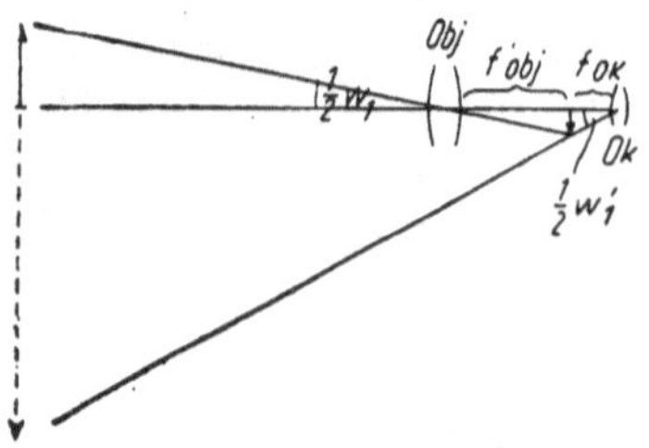

Abb. 138. Zur Bestimmung der Vergrößerung eines Fernrohrs aus Objekt- und Okularbrennweite.

$$\Gamma' = \frac{f'_{\mathrm{Obj}}}{f'_{\mathrm{Ok}}}.$$

Durch Bestimmen der Brennweiten des Objektivs und des Okulars läßt sich also gleichfalls die Fernrohrvergrößerung berechnen.

Eine andere Methode zur Bestimmung der Fernrohrvergrößerung beruht auf der Messung des Durchmessers der Eintritts- und Austrittspupille. Es ist

$$\Gamma' = \frac{\varnothing_{\mathrm{E.P.}}}{\varnothing_{\mathrm{A.P.}}}.$$

Man erkennt dies leicht folgendermaßen: Da bei einem Fernrohr im allgemeinen das Objektiv die E.P. ist, so ist ihr Abstand von der Objektraum-Hauptebene des Okulars:

$$a = -(f'_{\mathrm{Obj}} + f'_{\mathrm{Ok}}).$$

Der Abstand a' der A.P. vom Okular ergibt sich daher zu

$$a' = \frac{a \cdot f'_{\mathrm{Ok}}}{a + f'_{\mathrm{Ok}}} = \frac{f'_{\mathrm{Ok}}}{f'_{\mathrm{Obj}}}(f'_{\mathrm{Obj}} + f'_{\mathrm{Ok}}).$$

[1]) Das in terrestrischen Fernrohren vorhandene Umkehrsystem ist hier nicht berücksichtigt, da es im allgemeinen nur der Bildumkehr dient, also mit der Vergrößerung -1 arbeitet. Hat das Umkehrsystem, dessen Brennweite durch f'_{Umk} bezeichnet sei, einen Einfluß auf die Gesamtvergrößerung des Fernrohrs, so ändert sich obige Formel um den Faktor $\beta'_{\mathrm{Umk}} = \left(\frac{a'}{a}\right)_{\mathrm{Umk}}$, wo a' und a die Abstände der Objektiv- bzw. der Okularbrennebene von der Objektraum- bzw. Bildraum-Hauptebene des Umkehrsystems sind.

Es ist demnach

$$\frac{\varnothing_{\text{E.P.}}}{\varnothing_{\text{A.P.}}} = \left|\frac{a}{a'}\right| = \frac{f'_{\text{Obj}}}{f'_{\text{Ok}}} = \Gamma'.$$

Die Größen der Eintritts- und Austrittspupille lassen sich meist in einfacher Weise nach C IV bestimmen, bei telezentrischem Strahlengang am genauesten wohl mit Hilfe des Dynameters bzw. des Mikroskopdynameters.

Zur näherungsweisen Bestimmung der Vergrößerung eines Fernrohrs kann man auch mit diesem eine Teilung beobachten und mit dem freien Auge gleichzeitig die Teilung direkt betrachten und hierbei versuchen, die beiden Bilder zur Deckung zu bringen. Man kann dann feststellen, wie viele (m) Intervalle der direkt beobachteten Teilung mit m' Intervallen der durch das Fernrohr beobachteten Teilung zusammenfallen. Dann ist

$$\Gamma' = \frac{m}{m'}.$$

Erleichtern kann man sich diese Messung noch dadurch, daß man zwischen Okular und Auge einen (kleinen)[1]) Prismenwürfel mit halbdurchlässig versilberter Diagonalfläche bringt und etwas seitlich einen unter 45° geneigten Spiegel. Man sieht dann mit dem gleichen Auge die Teilung gleichzeitig direkt und durch das Fernrohr (Abb. 139).

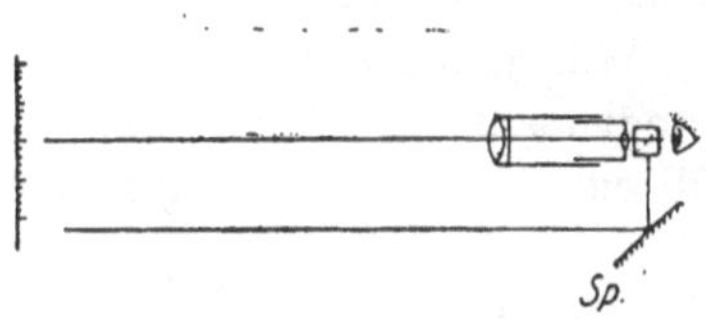

Abb. 139. Zur näherungsweisen Bestimmung der Vergrößerung eines Fernrohres.

Die Vergrößerung $\overline{\Gamma}'_L$ einer Lupe ist definiert durch das Verhältnis des Winkels w', unter dem ein durch die Lupe gesehener Gegenstand der Größe y mm erscheint, zu dem Winkel $\frac{y}{250}$, unter dem der betreffende Gegenstand in deutlicher Sehweite (250 mm) erscheinen würde. Es ist also

$$\overline{\Gamma}'_L = \frac{w'}{\frac{y}{250}} = 250\,\frac{w'}{y} \approx \frac{250}{f'},$$

da sich ja das durch die Lupe gesehene Objekt ungefähr in deren Brennpunkt befindet. Um die Vergrößerung einer Lupe zu bestimmen, genügt es also, deren

[1]) Damit der Abstand der Augenpupille des Beobachters, die ja bei den für visuellen Gebrauch gedachten Instrumenten mit der A.P. des Instrumentes zusammenfallen soll, von dieser nicht zu groß wird.

Brennweite f' nach einem der früher besprochenen Verfahren zu bestimmen, in Millimeter auszudrücken und den Quotienten $\frac{250}{f'}$ zu bilden.

Man kann die Vergrößerung der Lupe auch direkt unter Benutzung zweier Millimeterteilungen bestimmen, von denen die eine durch die Lupe betrachtet, die andere in die deutliche Sehweite (250 mm) gebracht wird. Man versucht dann mit dem einen Auge die eine Teilung durch die Lupe, mit dem anderen die andere Teilung gleichzeitig direkt zu betrachten und beide zur Deckung zu bringen. Fallen hierbei m' Teile der ersten mit m Teilen der direkt gesehenen Teilung zusammen, so ist

$$\bar{\Gamma}'_L = \frac{m}{m'}.$$

Hat die A.P. der Lupe einen genügend großen Abstand vom letzten Flächenscheitel, so kann durch Zwischenschaltung eines halbdurchlässig versilberten Prismenwürfels und eines seitlich angebrachten Spiegels, der unter 45^0 geneigt ist, wieder eine Vereinfachung der Messung erzielt werden.

Will man die in 250 mm Abstand befindliche Teilung mit auf Unendlich akkomodiertem Auge betrachten, so muß man sie in die Brennebene einer Linse von 25 cm Brennweite bringen und durch diese Linse beobachten[1]).

Die Vergrößerung eines Mikroskops ist ebenso wie die der Lupe definiert durch das Verhältnis des Winkels w', unter dem ein Gegenstand (der Größe y) durch das Mikroskop gesehen wird, zu dem Winkel, unter dem er dem unbewaffneten Auge in deutlicher Sehweite erscheint. Da sich auch beim Mikroskop das Objekt angenähert im Brennpunkt des Gesamtsystems befindet, so ist, wenn f' die bildseitige Brennweite des Mikroskops ist, die Mikroskopvergrößerung

$$\bar{\Gamma}'_M = \frac{250}{f'}.$$

Ist nun t die „reduzierte Tubuslänge", d. h. der in Millimeter gemessene Abstand zwischen den einander zugekehrten Brennpunkten von Objektiv und Okular (im allgemeinen gleich 160 mm oder 170 mm) und f'_{Obj} die in Millimeter gemessene Objektivbrennweite, f'_{Ok} die in Millimeter gemessene Okularbrennweite, so ist

$$f' = -\frac{f'_{\mathrm{Obj}} f'_{\mathrm{Ok}}}{t}.$$

---

[1]) Wilhelm Volkmann, Die Vergrößerung der Lupe. D. Opt. Wochenschr. 1919, 121—123 [1, 295].

Denn für die Zusammensetzung zweier optischer Systeme gilt die Formel

$$\frac{1}{f'} = \frac{1}{f'_1} + \frac{1}{f'_2} - \frac{d}{f'_1 f'_2},$$

wo d der Abstand zwischen den einander zugekehrten Hauptpunkten der beiden optischen Systeme ist[1]). Nun ist

$$d = t + f'_{\mathrm{Obj}} + f'_{\mathrm{Ok}},$$

so daß

$$\frac{1}{f'} = \frac{1}{f'_{\mathrm{Obj}}} + \frac{1}{f'_{\mathrm{Ok}}} - \frac{t + f'_{\mathrm{Obj}} + f'_{\mathrm{Ok}}}{f'_{\mathrm{Obj}} f'_{\mathrm{Ok}}} = - \frac{t}{f'_{\mathrm{Obj}} f'_{\mathrm{Ok}}}$$

ist. Mit diesem Werte wird die Mikroskopvergrößerung

$$\overline{\Gamma}'_M = \frac{250 \cdot t}{f'_{\mathrm{Obj}} \cdot f'_{\mathrm{Ok}}}.$$

Nach dieser Formel genügt es also, wenn t bekannt ist, f'_{Obj} und f'_{Ok} (in Millimeter ausgedrückt) nach bekannten Methoden zu bestimmen, um die Vergrößerung $\overline{\Gamma}'_M$ berechnen zu können.

Der Quotient $\frac{250}{f'_{\mathrm{Ok}}}$ ist die Vergrößerung $\overline{\Gamma}'_{\mathrm{Ok}}$ des Okulars, das ja als Lupe für das vom Mikroskopobjektiv entworfene Bild wirkt. $\frac{t}{f'_{\mathrm{Obj}}}$ ist der Abbildungsmaßstab, mit dem das Objekt durch das Mikroskopobjektiv abgebildet wird. Wir nennen es β'_{Obj}, so daß

$$\overline{\Gamma}'_M = \beta'_{\mathrm{Obj}} \cdot \overline{\Gamma}'_{\mathrm{Ok}}.$$

Man erhält daher die Mikroskopvergrößerung auch, indem man die Lupenvergrößerung des Okulars nach einer der zuvor erwähnten Methoden bestimmt und sie mit dem Abbildungsmaßstab multipliziert, mit dem ein Objekt bekannter Größe durch das Objektiv abgebildet wird. Hierbei kann die Bildgröße mit einem Okularmikrometer ausgemessen werden.

Die Zerlegung

$$\overline{\Gamma}'_M = \beta'_{\mathrm{Obj}} \cdot \overline{\Gamma}'_{\mathrm{Ok}}$$

empfiehlt sich besonders, weil das Mikroskop im allgemeinen mit Okularen verschiedener (Lupen-)Vergrößerung $\overline{\Gamma}'_{\mathrm{Ok}}$ benutzt wird.

Man kann $\overline{\Gamma}'_M$ natürlich auch — rein formal — in anderer Art in zwei Faktoren zerlegt denken

$$\overline{\Gamma}'_M = \frac{250}{f'_{\mathrm{Obj}}} \cdot \frac{t}{f'_{\mathrm{Ok}}} = \overline{\Gamma}'_{\mathrm{Obj}} \cdot \Gamma'_{\mathrm{Ok}}.$$

---

[1]) Dabei ist angenommen — wie dies bei einem Mikroskop der Fall ist —, daß sich zwischen beiden optischen Systemen Luft befindet. Bei einem Zwischenmedium vom Brechungsindex n ist d durch $\delta = \frac{d}{n}$ zu ersetzen (vgl. S. 132).

Diese Zerlegung von $\overline{\Gamma}'_M$ entspricht der — sachlich unrichtigen — Auffassung

$$\text{Mikroskop} = \text{Lupe} + \text{Fernrohr},$$

während die zuerst angegebene Zerlegung von $\overline{\Gamma}'_M$ der (berechtigten) Auffassung

$$\text{Mikroskop} = \text{Projektionssystem} + \text{Lupe}$$

entspricht.

Zum Schluß dieses Abschnittes sei noch darauf hingewiesen, daß die Beugungserscheinungen im Mikroskop oft noch eine zusätzliche Bildvergrößerung bewirken, die gleichfalls bestimmt werden muß, wenn man aus dem Bilde auf die wirkliche Größe des Objektes schließen will.

Um diese zusätzliche Bildvergrößerung zu bestimmen, beobachte man nach F. Ehrenhaft[1]) *zwei* (kugelförmige) Objekte gleicher Größe (oder ein Objekt bekannter, eins unbekannter Größe) gleichzeitig unter dem Mikroskop. Jedes der beiden Bilder wird durch Beugungserscheinungen vergrößert erscheinen. Bringt man nun beide Objekte zur gegenseitigen Berührung, so werden sich die zugehörigen Bilder gegenseitig durchdringen, ineinander übergreifen. Dem durch den Berührungspunkt beider Körper (Objekte) gelegten Durchmesser entspricht im Bilde eine Länge, die kleiner ist als die Summe der entsprechenden Bildlängen bei getrennten Objekten, da von jeder der beiden beidseitigen Beugungserscheinungen eine fortgefallen ist. Die rein geometrisch-optische Bildlänge des betreffenden Durchmessers ist dann nochmals um den gleichen Betrag kleiner als der gemessene Bilddurchmesser. Ist daher die Größe des einen Objektes (in der betreffenden Richtung) bekannt oder sind beide gleich, so läßt sich die unbekannte Größe hiernach angeben.

IX. PRÜFUNG AUF ERFÜLLUNG DER SINUSBEDINGUNG

Als Sinusbedingung bezeichnet man bekanntlich die an ein optisches System zu stellende Forderung, daß

$$\frac{n \sin \sigma}{n' \sin \sigma'} = \beta'$$

ist, worin n der objektseitige, n' der bildseitige Brechungsindex, σ der Achsenwinkel der vom Achsenpunkt des Objektes ausgehenden Strahlen, σ' der Achsenwinkel der zugehörigen Bildstrahlen und $\beta' = \frac{y'}{y}$ das Abbildungsverhältnis ist. Diese Sinusbedingung setzt eine von sphärischer Aberration freie Abbildung des Achsenpunktes des Objektes voraus. Sind *beide* Bedingungen erfüllt, so heißt dies, daß dann nicht nur der Achsenpunkt des Objektes, sondern auch das achsensenkrechte Flächenelement fehlerfrei abgebildet wird. Die Bedingung bezieht sich auf *alle* vom Achsenpunkt ausgehenden Lichtstrahlen, muß also für die verschie-

[1]) F. Ehrenhaft, Une méthode expérimentale pour trouver les erreurs de détermination de la grandeur d'un object par le microscope. C. R. **204**, 40—41, 1937 [**18**, **846**].

denen σ, σ' erfüllt sein. Für paraxiale Strahlenbündel ist sie von selbst erfüllt, da ja für solche Bündel die bekannte Beziehung

$$n'\sigma' y' = n \sigma y$$

gilt und für kleine Werte von $\sigma(\sigma')$ der Sinus mit dem Bogen vertauscht werden kann. Außerdem ist die Sinusbedingung für die sogenannten „aplanatischen Punkte" einer brechenden Fläche erfüllt, die durch den Scheitelabstand

$$s = r + \frac{n'}{n} r; \qquad s' = r + \frac{n}{n'} r$$

(Abb. 140) gegeben sind. Allgemein heißen Punkte, für die die Sinusbedingung erfüllt ist, aplanatische Punktepaare.

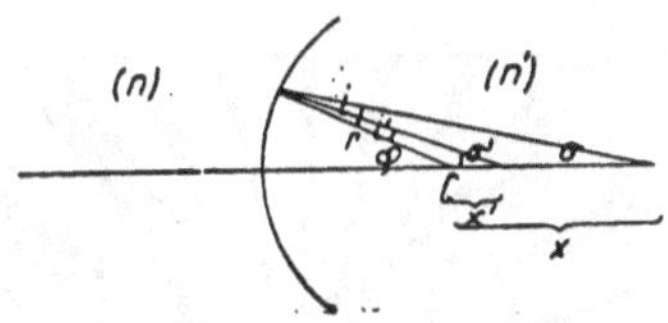

Abb. 140. Zur Definition der aplanatischen Punktepaare einer brechenden Fläche.

Aus $s = r + x$, $s' = r + x'$ und $\frac{x}{r} = \frac{\sin i}{\sin \sigma}$, $\frac{x'}{r} = \frac{\sin i'}{\sin \sigma'}$ folgt $\frac{s' - r}{s - r} = \frac{n \sin \sigma}{n' \sin \sigma'}$.

Ist dies — *unabhängig von* σ — *konstant* $(= \beta')$, so folgt aus $\frac{n'}{s'} - \frac{n}{s} = \frac{n' - n}{r}$, daß *unabhängig von* σ die Beziehung gilt: $s' = s \frac{n'}{n} \beta'$.

Im Gegensatz zu den aplanatischen Punktepaaren sind die orthoskopischen Punktepaare dadurch ausgezeichnet, daß für sie nicht das Verhältnis $\frac{\sin \sigma'}{\sin \sigma}$, sondern das Verhältnis $\frac{\operatorname{tg} \sigma_B'}{\operatorname{tg} \sigma_B}$ der Tangenswerte der *Haupt*strahlen konstant sein soll.

Diese orthoskopische Bedingung bezieht sich auf die durch die Mitten der Eintritts- und Austrittspupille (E.P. und A.P.) gehenden Hauptstrahlen des objektseitigen bzw. bildseitigen Bündels, während sich die Sinusbedingung auf die Aperturstrahlen bezog. Die orthoskopische oder Tangensbedingung muß erfüllt sein, wenn das durch die Abbildung entstehende Bild dem Objekt ähnlich sein soll. Ist die Tangensbedingung nicht erfüllt, so ist das Bild verzerrt.

Die Prüfung auf Erfülltsein der Sinusbedingung, die vorzunehmen nur Zweck hat, wenn die Öffnung des Bündels genügend groß ist (also z. B. bei Mikroskopobjektiven), beruht nun darauf, daß man die *aplanatischen* Punkte als *Hauptstrahlschnittpunkte* benutzt. Da für sie die orthoskopische Bedingung natürlich nicht erfüllt ist — es ist ja für sie die Erfüllung der Sinusbedingung gefordert —, so wird die Abbildung verzerrt sein. Es läßt sich aber im voraus die Verzerrung berechnen. Benutzt man als Objekt zwei Scharen sich rechtwinklig kreuzender Hyperbeln, die nach der Gleichung

$$y = \frac{\Delta}{a} \sqrt{x^2 - a^2} \qquad \text{mit} \qquad a = \frac{\Delta \cdot \sigma}{\sqrt{1 - \sigma^2}},$$

also

$$y = \sqrt{\frac{x^2}{\sigma^2} - (x^2 + \Delta^2)}$$

konstruiert sind (z. B. Abb. 141), bringt diese als Objekt in einen Abstand Δ vom objektseitigen aplanatischen Punkt und sorgt durch eine im Bildpunkt des aplanatischen Punktes angeordnete Blende dafür, daß der objektseitige aplanatische Punkt Schnittpunkt der Hauptstrahlen ist, so wird die Abbildung so verzerrt, daß man zwei Scharen sich rechtwinklig kreuzender Geraden konstanten Abstandes sieht. Dieses gilt indessen nur dann, wenn die Sinusbedingung für die betreffenden Punkte wirklich erfüllt ist. Ist dies nicht der Fall, so macht sich dies durch Abweichungen von der Geradlinigkeit im Bilde bemerkbar.

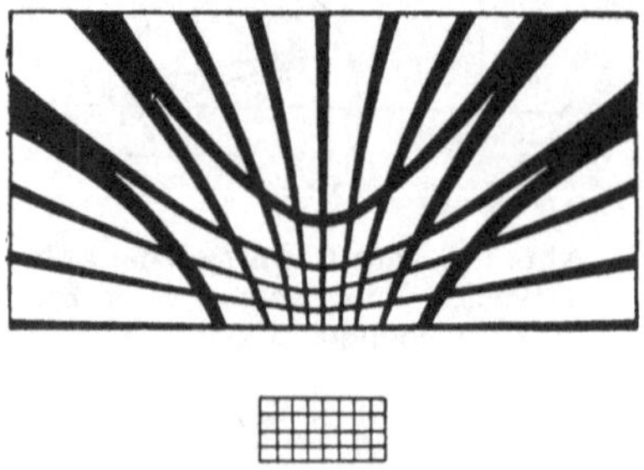

Abb. 141. Testobjekt zur Prüfung eines Mikroskopobjektives auf Erfüllung der Sinusbedingung. In einen bestimmten Abstand vom zu prüfenden Mikroskopobjektiv gebracht, müssen die diesem Abstand entsprechend konstruierten Hyperbeln als geradliniges Kreuzgitter konstanten Linienabstandes erscheinen, wenn das abbildende Strahlenbündel durch eine in den normalen Objektpunkt (oder in den Bildpunkt) des Mikroskopobjektivs gestellte, zur Achse konzentrische Blende begrenzt wird und für *diese* Punkte die Sinusbedingung erfüllt ist.

Die Beobachtung des Bildes geschieht so, daß das Auge an die Stelle gebracht wird, an der bei der sonst üblichen Benutzung des Mikroskopobjektivs das Bild des Objektpunktes liegt. Das Auge des Beobachters soll sich also ungefähr an der Stelle des bildseitigen aplanatischen Punktes befinden. Ist die Brennweite des Mikroskopobjektivs indessen sehr klein (< 3 mm), so wird das Bild zu klein, um mit bloßem Auge beobachtet werden zu können. Man beobachtet daher in diesem Fall das Bild mit einem an die Stelle des Okulars gebrachten Hilfsmikroskop.

Da die in der Sinusbedingung auftretende Konstante den Wert $\beta' = \frac{y'}{y} = \frac{a'}{a}$ hat, wo a, a' die Abstände des Objektes bzw. Bildes von den zugehörigen Hauptpunkten sind, so läßt sich die Sinusbedingung auch in der Form schreiben:

$$n' a' \sin\sigma' = n\, a \sin\sigma.$$

Ist die Sinusbedingung nicht erfüllt, so kann man schreiben

$$n' a' \sin\sigma' = n\, a \sin\sigma\,(1 + K \sin^2\sigma + \ldots),$$

wo K ein Koeffizient ist, der die Abweichung von der Sinusbedingung kennzeichnet.

Nach einem Vorschlag von C. R. Burch[1]) läßt sich dieser Koeffizient K durch Autokollimation mittels der Messerschneidenmethode bestimmen.

Man stelle (Abb. 142) das optische System auf eine optische Bank und hinter das optische System senkrecht zu seiner Achse einen ebenen Spiegel. Vor dem optischen System sei in seiner Brennweite eine (punktförmige) Lichtquelle derart angebracht, daß das Bild neben der Lichtquelle entsteht. Das optische System

[1]) C. R. Burch, Tolerances permissible in flats for autocollimation tests. Month. Not. **98**, 670—672, 1938 [**20**, 787].

sei bis auf drei Stellen abgeblendet: die paraxiale Zone und je eine Zone an den beiden Enden eines Durchmessers. Da der Strahlengang der beiden Rand-Strahlenbündel nicht zur optischen Achse symmetrisch ist — die Lichtquelle befindet sich ja auf der einen Seite, das Bild auf der anderen Seite der optischen Achse —, so treffen sie den paraxialen Strahl nicht im gleichen Punkt. Man bestimme nun — mittels der Messerschneidenmethode (s. C. I S. 100) — die „longitudinale Koma", d. h. den Betrag, um den der Schnittpunkt des einen (linken) Randstrahles mit dem paraxialen Strahl dem Beobachter näher liegt als der Schnittpunkt des anderen (rechten) Randstrahles mit dem paraxialen Strahl. Dieser Betrag sei x_0. Nun drehe man den ebenen Spiegel um die *vertikale* Achse, so daß sich das Bild um den Betrag ϱ nach links vom Beobachter bewegt. Nachdem ϱ bestimmt ist, mißt man erneut die longitudinale Koma in der oben angegebenen Weise. Ihr Wert sei x_ϱ. Bevor man x_ϱ mißt, kann man — ohne daß es jedoch erforderlich ist — die Lichtquelle so weit seitlich bewegen, bis der Abstand zwischen Lichtquelle und Bild wieder gering ist. Dann besteht die Beziehung

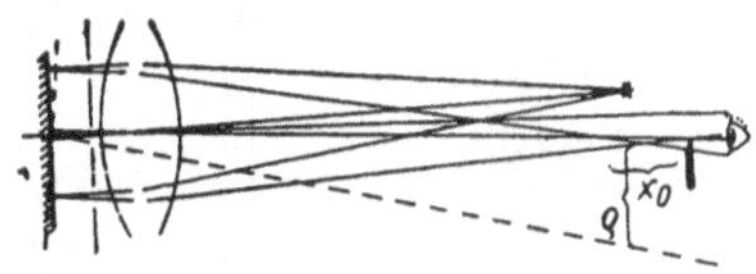

Abb. 142. Zur Bestimmung der Abweichung von der Sinusbedingung nach C. R. Burch mit Benutzung der Messerschneidenmethode.

$$x_\varrho - x_0 = 3\varrho \frac{\varnothing}{f} \cdot K,$$

worin f wieder die Brennweite und $\varnothing$ der Durchmesser des geprüften Systems, also der Abstand der beiden Randzonen ist.

NACHTRAG

Von Herrn Dr. Jancke vom Institut für Strahlungsquellen der Deutschen Akademie der Wissenschaften zu Berlin wurden mir noch einige, mir persönlich nicht bekannte Literaturstellen angegeben, in denen einschlägige Fragen behandelt sein sollen. Der Vollständigkeit wegen seien diese nachfolgend angegeben: N. N. Katschalow, Grundlagen des Schleif- und Polierprozesses. Akad. d. Wissensch. d. UdSSR, Moskau-Leningrad 1946. — G. J. Beloucow, Theorie und Anwendung von Probegläsern. Moskau-Leningrad 1933. — D. D. Maksutow, Optische Flächen, ihre Untersuchung und Herstellung. Leningrad 1934. — D. D. Maksutow, Handbuch des Optik-Mechanikers. (Red. Prof. Titow.) Moskau-Leningrad 1938. — S. E. Trozewitsch, Herstellung von Objektiven für Teleskope, Mikroskope und die Photographie. Warschau 1903. — S. E. Trozewitsch, Apparaturen und Methoden zur physikalisch-technischen Betriebskontrolle in der Glasindustrie. Arbeiten des wissenschaftlichen Forschungs-Instituts (der UdSSR) für Glas.

Namensverzeichnis

sowie Verzeichnis der mit Eigennamen verbundenen Methoden, Geräte, Hilfsmittel, Formeln und Erscheinungen

FSC
www.fsc.org
MIX
Papier | Fördert
gute Waldnutzung
FSC® C083411

Zeitfracht Medien GmbH
Ferdinand-Jühlke-Straße 7
99095 Erfurt, Deutschland
produktsicherheit@kolibri360.de